佐藤 敏明

文系編集者がわかるまで書き直した

理工学の基礎「線形代数」に心震える

「いまさら志学」は遅くない

$$A\vec{p} = \lambda\vec{p}$$

日本能率協会マネジメントセンター

はじめに

　線形代数は、理系の大学初年度で学ぶ数学の分野です。そのため、文系の人にとってはあまり馴染みがないのではないでしょうか。しかし、線形代数は高校で学ぶベクトルの延長線上にあるので、接してみると懐かしさを感じることもあります。ただ、線形代数では、ベクトル以外に行列(数を正方形や長方形の形に並べたもの)と行列式(1次連立方程式の解の分母に表れる数で、行列とはまったくの別物)が加わり、この三者が線形空間(ベクトル空間ともいう)の中で華麗に活躍し、創造的な世界をつくりあげています。

　しかし、ベクトル、行列、行列式は、それぞれ別々に発展してきました。ベクトルは、斜面上の物体の動きを調べるために考え出されました。その萌芽がガリレオ・ガリレイ(1564 〜 1642)の著作に現れています。行列式は、連立1次方程式を解くために考え出されました。行列式に大きく貢献したのがドイツのライプニッツ(1646 〜 1716)です。このライプニッツより前に、日本の関孝和(1642 ？ 〜 1708)が独自に行列式を考案しています。行列は、イギリスのアーサー・ケイリー(1821 〜 1895)による「行列論」の中で、現在の行列の姿が現れました。この論文が線形代数の紀元であるとも言われています。本書のカバーに掲載しているのが、アーサー・ケイリーの写真です。

　このように、ベクトル、行列、行列式はそれぞれ別々に発展してきましたが、それらが関連づけられ、線形代数が誕生しました。ベクトルが線形空間をつくり、行列が線形空間から線形空間への対応である線形写像を表し、行列式が線形写像の性質を決定しています。

　線形代数は、複数の変量を扱うためには、必要不可欠な道具であるので、物理や化学などの自然科学はもとより、経済学、経営学、心理学などの社会科学、さらには生産管理、輸送管理などさまざまなビジネスに関係した分野までに利用されています。

　本書は、高校を卒業して数学から離れたものの、「線形代数」を学び直したいという人を対象に、線形代数の基礎を学んでから、

$$\text{等式 } A\vec{p} = \lambda\,\vec{p}$$

を満たす固有値 λ、固有ベクトル $\vec{p}$ を求め、その簡単な応用を見ていくこと目的としています。固有値、固有ベクトルは、量子力学でも活躍する重要な概念です。

そのために、次の方針で書き進めました。

① 予備知識を前提としない

中学で習う基本的な事項から出発し、高校の数学、大学の初年度の数学までをわかりやすく解説しました。厳密な証明よりも、わかりやすさを重視した説明を心がけ、本書だけで「線形代数」の基礎が理解できるようにしました。

② 読者の目線に立って説明する

数学をある程度知っている人にとっては当たり前と思われる事柄が、数学から遠ざかっている人にはそうではないことがよくあります。そこで、文系の学部を卒業し、高校以来数学から遠ざかっていた編集者に原稿を読んでもらい、疑問点を指摘してもらいました。それにより、私の説明不足を補うことができました。

③ 数式の変形を１つひとつ丁寧に説明する

文系の人は、数式の変形が不得意であると思われるので、数式の変形を丁寧に説明するように心がけました。そのために数式が長くなる傾向がありますが、ゆっくりと式の変形を追っていただければ必ず理解でき、その変形の見事さに気づかれるでしょう。

④ 知識の定着を図る

説明を読んだだけでは、わかったつもりになり理解が浅くなるので、説明のあとに問題をつけました。問題を自ら解くことによって、理解が深まり知識の定着が図られます。ぜひ、鉛筆を持って問題を解くことをお勧めします。解答も丁寧に書いたので、自分で書いた解答と比較して

確かめてください。

　以上の方針にしたがって、本書の各章は次のような構成になっています。

　第1章は、ベクトルです。この章は、高校で学んだことの復習になります。丁寧に解説したので、高校時代で疑問に思っていたことも解消するでしょう。

　第2章は、行列です。

$$1次方程式\ ax=b\ の解は\ x=\frac{b}{a} \qquad ……①$$

を基本にして、連立方程式を行列で表し、①と同じように解く方法を見ていきます。

　第3章は、行列式です。行列式は、連立方程式を解くために考え出されたものです。ここでも、連立方程式を解くことを目標にして、行列式がどのように出現したか、どのように連立方程式を解くかを見ていきます。

　第4章は、線形空間と線形写像です。線形空間はベクトルがつくる空間です。ベクトルが線形空間をどのようにつくるかを見ていきます。線形写像は、線形空間から線形空間への写像です。その線形写像を具体的に表すのが行列です。行列がどのように線形写像を表すかを見ていき、線形写像の性質を調べます。

　第5章は、線形変換と固有値です。線形変換とは、線形空間から同じ線形空間への線形写像のことです。1つの線形変換を表す行列は無数にあります。しかし、これらの行列には共通の性質があるので、これらを1つのグループと考え、そこから代表を1つ選ぶことにします。ここで「固有値・固有ベクトル」が登場するのです。そして、この行列の代表を選ぶ様子を見ていきます。

　第6章は、データの分析です。統計学の基礎となる標準偏差や共分散、相関係数などをベクトルで表し、固有値の応用例である多変量解析の中の主成分分析を見ていきます。レストランで行ったアンケートをもとに、それらを分析することによって、アンケート結果に潜んでいる要因を探

し出します。

　最後に、貴重な助言や丁寧な校正をしてくださいました佐藤幹夫氏、本書執筆の機会を与えてくださり、的確な指摘をしてくださいました株式会社日本能率協会マネジメントセンターの渡辺敏郎氏、その他、ご協力下さいました多くの方に深く感謝いたします。

2024 年 1 月

佐藤敏明

第2章
行 列

第3章
行列式

第5章
線形変換と固有値

第1章
ベクトル

　ベクトルという言葉は、「私の興味のベクトルは数学に向いている」などのように、日常でも使われることがある。この場合のベクトルは、向き（方向）を意味している。

　数学では、ベクトルとは向きと大きさをもった量として定義される。このベクトルの表し方として、向きをもった線分（これを有向線分という）で表す方法と、数個の数の組（これを成分という）で表す方法の2通りある。歴史的には、物理学で有向線分を用いて表す方法から出発し、成分で表す方法へと発展してきた。

　そこで、本章でもベクトルの有向線分による表示から成分による表示へと、以下の順序で見ていくことにする。

---

1. 向きと大きさをもった量をベクトルという。向きをもった線分を有向線分といい、この有向線分の位置を考えないことによって、ベクトルを表すことができる。
2. 有向線分の位置を考えないことによって、ベクトルの足し算が導入できる。この足し算で、交換法則、結合法則が成り立つことを調べ、さらに、引き算も導入する。これによって、図形の性質をベクトルの計算によって証明することが可能になる。
3. ベクトルは有向線分で表す方法だけでなく、数個の数の組で表すこともできる。この数個の数の組を成分という。有向線分によって導入された足し算が、成分で表されたベクトルでも成り立つ。
4. ベクトルに掛け算と同じような性質をもつ内積を定義する。有向線分で表した内積から、成分で表された内積を導く。この内積の性質を調べてから、応用として平行四辺形の面積を内積で表す。そして、平行四辺形の面積は、第3章で登場する2次の行列式の絶対値であることを見ていく。

1. ベクトルとは

「今日の最高気温は30度になるそうだ」「この土地の面積は75 m²だ」「僕の体重はだいたい60 kgだ」などという意味はよくわかる。しかし、「この自動車が時速60 kmで1時間走るとどこにつくか?」という質問には答えられない。それは、走っている自動車の方向がわからないからだ(図1.1)。また、日常生活でも「冷蔵庫を廊下側に、2人がかりで押して移動させる」ことがある。これも、廊下の方向へ、2人の力の大きさで押すという、力の方向と大きさを考えている。

図1.1

このように、温度、面積、重さなどの量は、単位を決めてその大きさを1つの数値で表せば意味がわかる。大きさだけをもつ量をスカラー(scalar)という。これに対して、速度[注1.1]、力などは、大きさだけでは意味がはっきりせず、「速度ならば、どくらいの速さでどの方向へ進むのか」「力ならば、どれくらいの大きさでどの方向へ加えたのか」がわからないとその意味がわからない量である。この大きさと方向をもつ量をベクトル(vector)という。

スカラーならば1つの数値で表せばよいが、この大きさと方向をもった量ベクトルをどのように表したらよいか? そのことを、ここで考えよう。

有向線分とベクトル

2点 A、B において、点 A から点 B に向かう線分を**有向線分AB**という。

注1.1) 物理学では「速度」と「速さ」を区別している。「速度」は、大きさと方向をもったベクトル量であり、「速さ」は大きさだけをもったスカラー量として扱われる。「速さ」は「速度」の大きさである。

有向線分ABにおいて、Aをその**始点**、Bをその**終点**という。また、線分ABの長さを、有向線分ABの**大きさ**または**長さ**という。本書では有向線分を矢印で表す(図1.2)。

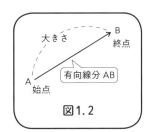

図1.2

有向線分では、位置が違うと異なる有向線分であるが、この位置を問題にしないで、向きと大きさだけを考えたものをベクトルとする(図1.3)。

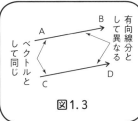

図1.3

そこで、図1.4のように、有向線分ABと同じ向きで同じ大きさをもつ有向線分すべてを**ベクトルAB**といい、$\overrightarrow{AB}$と表す。このことは、有向線分ABを平行移動して得られる有向線分のすべてが$\overrightarrow{AB}$であることを意味している。そこで、始点A、終点Bを用いずに、1つの文字aを用いて、**ベクトルa**といい、$\vec{a}$と表す。このとき、$\overrightarrow{AB}$と$\vec{a}$は同じベクトルであるから、

$$\vec{a} = \overrightarrow{AB}$$

と書く。また、有向線分の始点と終点をそれぞれベクトルの**始点**と**終点**という。

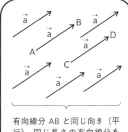

有向線分 AB と同じ向き（平行）、同じ長さの有向線分を$\overrightarrow{AB}$、または 1 つの文字で$\vec{a}$と表す。

図1.4

ベクトルの大きさ

$\vec{a} = \overrightarrow{AB}$のとき、有向線分$AB$の長さ(大きさ)を、$\vec{a}$または$\overrightarrow{AB}$の**大きさ**といい、それを$|\vec{a}|$や$|\overrightarrow{AB}|$と書く。とくに、大きさ1のベクトルを**単位ベクトル**という(図1.5)。

ベクトルの相等

2つのベクトル$\vec{a} = \overrightarrow{AB}$、$\vec{b} = \overrightarrow{CD}$において、

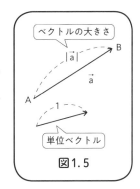

図1.5

$\vec{a}$ と $\vec{b}$ の向きが同じで大きさが等しいとき、$\vec{a}=\overrightarrow{AB}$ と $\vec{b}=\overrightarrow{CD}$ は等しいといい、

$$\vec{a}=\vec{b} \quad または \quad \overrightarrow{AB}=\overrightarrow{CD}$$

で表す（図 1.6）。

$\overrightarrow{AB}=\overrightarrow{CD}$ のときは、有向線分 AB を平行移動すれば、有向線分 CD に重なる。

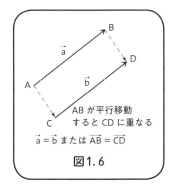

AB が平行移動
すると CD に重なる

$\vec{a}=\vec{b}$ または $\overrightarrow{AB}=\overrightarrow{CD}$

図1.6

有向線分とベクトルの違いは、ベクトルは向きと大きさだけを考え、その位置は問題にしないことである。そのために、ベクトルは足し算や引き算などが定義でき、計算することができる。

　ここでは、ベクトルをどのように計算するかを考えよう。そのための準備として、まず数について簡単に復習しておこう。

いろいろな数

　数というとまず思いつくのは、モノを数えるときに使う1、2、3、…という数ではないだろうか。このような数を**自然数**という。この自然数に、-1、-2、-3、…などの負の数と0を付け加えた数が**整数**である。

　次に、1つのモノを2等分する、3等分するときなどに使われる$\frac{1}{2}$、$\frac{1}{3}$、$\frac{2}{3}$、$-\frac{1}{2}$、…などを**分数**という。整数と分数を合わせて**有理数**という。

　ところが、紀元前500年頃に分数では表されない数が発見された。たとえば、2乗して2になる数である。面積が$2\,m^2$の正方形の1辺の長さを求めるとき、この数が必要になる。この数は分数$\frac{m}{n}$（mとnは整数で、$n \neq 0$）という数では表せない。そこで、この数を$\sqrt{2}$（ルート2と読む）と書く。一般に、正の数aに対して2乗してaになる正の数を$\sqrt{a}$と書く。このように分数$\frac{m}{n}$で表せない数を**無理数**という。有理数と無理数を合わせて**実数**という。

　さらに人類は、$x^2 = -1$という方程式を解くために、2乗して-1になる数を考える必要に迫られた。ところが、実数は2乗すると正の数になり、負の数になることはない。そこで、$x^2 = -1$を満たす数xを新たにiと書くことにした。つまり、$i^2 = -1$である。このiを**虚数単位**という。虚数単位iと実数a、bを用いて、$a + bi$の形で表される数を考え、この数を**複素数**という。

　　$b = 0$のとき、$a + 0i$は、**実数**aを表し、

　　$b \neq 0$のとき、$a + bi$を**虚数**という。

このいろいろな数をまとめると図1.7のようになる。本書では、複素数の範囲まで考えず、主に実数の範囲で考えることにする。

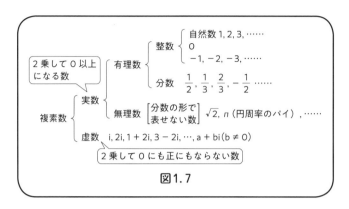

図1.7

ベクトルの加法

　ヨットが地点 A から地点 B に移動し、さらに地点 C に移動したとする。このことは、ヨットが地点 A から地点 C に直接移動したことと同じである。

　つまり、ヨットが $\overrightarrow{AB}$ だけ移動し、続いて $\overrightarrow{BC}$ だけの移動は、ヨットが $\overrightarrow{AC}$ だけ移動したことは等しいと考える(図1.8)。そこで、ベクトルの足し算を次のように定義する。

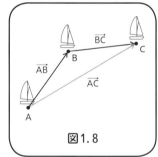

図1.8

$$\overrightarrow{AB} + \overrightarrow{BC} = \overrightarrow{AC}$$

ベクトルの和
A□ + □C = AC
ここが同じ点ならば、何でも良い

と書いて、$\overrightarrow{AC}$ を、$\overrightarrow{AB}$ と $\overrightarrow{BC}$ の**和**という。

　また、$\vec{a} = \overrightarrow{AB}$、$\vec{b} = \overrightarrow{BC}$、$\vec{c} = \overrightarrow{AC}$ とおくと、

$$\vec{a} + \vec{b} = \vec{c}$$

となる。したがって、$\vec{a} + \vec{b}$ は、$\vec{a}$ の終点に $\vec{b}$ の始点を合わせて、$\vec{a}$ の始点から $\vec{b}$ の終点に向かう有向線分によるベクトルである(図1.9)。

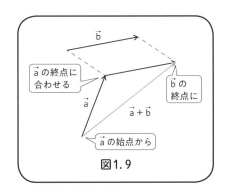

図1.9

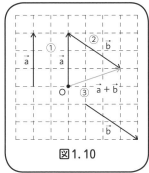

図1.10

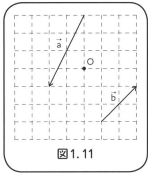

図1.11

例題1.1

$\vec{a}$、$\vec{b}$ が図1.10のように表されているとき、$\vec{a} + \vec{b}$ を点Oを始点として図示せよ。

《解答》

図1.10のように、

① O を始点とする $\vec{a}$ の有向線分を書く

② $\vec{a}$ の終点を始点とする $\vec{b}$ の有向線分を書く

③ O から $\vec{b}$ の終点に向かって有向線分を書く

問題1.1

$\vec{a}$、$\vec{b}$ が図1.11のように表されているとき、$\vec{a} + \vec{b}$ を点 O を始点として図示せよ。

このようにベクトルの加法を定義すると、数の加法と同じように交換法則、結合法則が成り立つ。

【ベクトルの加法】

(1) $\vec{a} + \vec{b} = \vec{b} + \vec{a}$（交換法則）

(2) $(\vec{a} + \vec{b}) + \vec{c} = \vec{a} + (\vec{b} + \vec{c})$（結合法則）

> 数について、
> 　交換法則は、
> 　　$2 + 3 = 3 + 2$
> 　結合法則は、
> 　　$(2 + 3) + 4 = 2 + (3 + 4)$
> が成り立つことをいう。

【証明】

(1) $\vec{a} = \overrightarrow{OA}$、$\vec{b} = \overrightarrow{OB}$ とする。図1.12のようにOA、OBを2辺とする平行四辺形OACBにおいて、

> 同じ点

> $\overrightarrow{OB} = \overrightarrow{AC}$ だから

$$\vec{a} + \vec{b} = \overrightarrow{OA} + \overrightarrow{OB} = \overrightarrow{OA} + \overrightarrow{AC} = \overrightarrow{OC}$$
$$\vec{b} + \vec{a} = \overrightarrow{OB} + \overrightarrow{OA} = \overrightarrow{OB} + \overrightarrow{BC} = \overrightarrow{OC}$$

右辺がともに $\overrightarrow{OC}$ だから、

> 同じ点

$$\vec{a} + \vec{b} = \vec{b} + \vec{a}$$

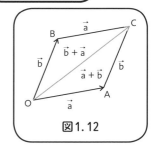

図1.12

(2) $\vec{a} = \overrightarrow{OA}$、$\vec{b} = \overrightarrow{AB}$、$\vec{c} = \overrightarrow{BC}$ とする。

図1.13①，②のようにOA、AB、BCを3辺とする四角形OABCにおいて、

① $(\vec{a} + \vec{b}) + \vec{c} = (\overrightarrow{OA} + \overrightarrow{AB}) + \overrightarrow{BC}$
$\qquad\qquad = \overrightarrow{OB} + \overrightarrow{BC} = \overrightarrow{OC}$

$\qquad\qquad\qquad\qquad$（図1.13①）

② $\vec{a} + (\vec{b} + \vec{c}) = \overrightarrow{OA} + (\overrightarrow{AB} + \overrightarrow{BC})$
$\qquad\qquad = \overrightarrow{OA} + \overrightarrow{AC}$
$\qquad\qquad = \overrightarrow{OC}$（図1.13②）

①、②より、右辺がともに $\overrightarrow{OC}$ だから、

$$(\vec{a} + \vec{b}) + \vec{c} = \vec{a} + (\vec{b} + \vec{c}) \qquad \textbf{（終）}$$

結合法則が成り立つことから、
$(\vec{a} + \vec{b}) + \vec{c}$ や $\vec{a} + (\vec{b} + \vec{c})$ を $\vec{a} + \vec{b} + \vec{c}$ と書く。

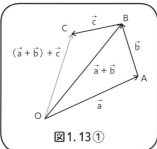

図1.13①

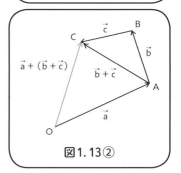

図1.13②

逆ベクトルと零ベクトル

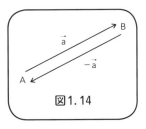

図1.14

$\vec{a}$ と大きさが等しく、向きが反対であるベクトルを $-\vec{a}$ で表し、これを a の**逆ベクトル**という（図1.14）。

$\vec{a} = \overrightarrow{AB}$ に対して、$\overrightarrow{BA} = -\vec{a} = -\overrightarrow{AB}$ であるから $\overrightarrow{BA} = -\overrightarrow{AB}$

大きさが0のベクトルを**零ベクトル**といい、$\vec{0}$ で表し、向きは考えない。$\vec{0}$ は始点と終点が一致したベクトルである。

たとえば、$\vec{0} = \overrightarrow{AA}$ である。

零ベクトルと逆ベクトルについて、次の式が成り立つ。

【逆ベクトルと零ベクトルの性質】

① $\vec{a} + \vec{0} = \vec{a}$　　② $\vec{a} + (-\vec{a}) = \vec{0}$

【証明】

$\vec{a} = \overrightarrow{AB}$ とすると、

> $\vec{0} = \overrightarrow{BB}$ だから

① $\vec{a} + \vec{0} = \overrightarrow{AB} + \overrightarrow{BB} = \overrightarrow{AB} = \vec{a}$

② $\vec{a} + (-\vec{a}) = \overrightarrow{AB} + (-\overrightarrow{AB}) = \overrightarrow{AB} + \overrightarrow{BA} = \overrightarrow{AA} = \vec{0}$ 　　　（終）

例題1.2

3点A、B、Cにおいて、$\overrightarrow{AB} + \overrightarrow{BC} + \overrightarrow{CA} = \vec{0}$ が成り立つことを示せ。

【証明】

図1.15の $\triangle ABC$ において、

$$\overrightarrow{AB} + \overrightarrow{BC} + \overrightarrow{CA} = (\overrightarrow{AB} + \overrightarrow{BC}) + \overrightarrow{CA}$$

$$= \overrightarrow{AC} + \overrightarrow{CA} = \overrightarrow{AA} = \vec{0}$$

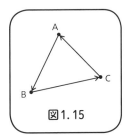

図1.15

したがって、　$\overrightarrow{AB} + \overrightarrow{BC} + \overrightarrow{CA} = \vec{0}$ 　　（終）

問題1.2

図1.16の四角形$ABCD$において、

$$\overrightarrow{AB} + \overrightarrow{CD} = \overrightarrow{AD} + \overrightarrow{CB}$$

が成り立つことを示せ。

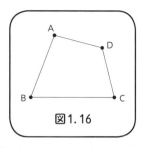

図1.16

ベクトルの減法

2つのベクトル$\vec{a}$、$\vec{b}$に対して、$\vec{a} + (-\vec{b})$を$\vec{a}$から$\vec{b}$を引いた**差**といい、$\vec{a} - \vec{b}$で表す。すなわち、

$$\vec{a} - \vec{b} = \vec{a} + (-\vec{b})$$

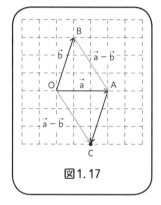

図1.17

である。

図1.17のように$\vec{a} = \overrightarrow{OA}$、$\vec{b} = \overrightarrow{OB}$とおいたとき、

$$\overrightarrow{OA} - \overrightarrow{OB} = \overrightarrow{OA} + (-\overrightarrow{OB}) = \overrightarrow{OA} + \overrightarrow{BO}$$
$$= \overrightarrow{OA} + \overrightarrow{AC} = \overrightarrow{OC} = \overrightarrow{BA}$$

よって、

> $\overrightarrow{BO} = \overrightarrow{AC}$ だから

$$\overrightarrow{OA} - \overrightarrow{OB} = \overrightarrow{BA}$$

> ベクトルの差
> $$\square A - \square B = \overrightarrow{BA}$$
> ここが同じ点ならば、何でも良い

が成り立つ。

以上のことから、ベクトルの和と差は、次のようになる。

図1.18のように$\vec{a} = \overrightarrow{OA}$、$\vec{b} = \overrightarrow{OB}$とし、四角形$OACB$が平行四辺形になるように点$C$をとると、

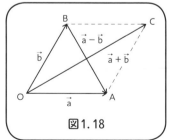

図1.18

22

$$\vec{a} + \vec{b} = \overrightarrow{OC}, \quad \vec{a} - \vec{b} = \overrightarrow{BA}$$

であり、共に平行四辺形$OACB$の対角線が表すベクトルである。

ベクトルの実数倍

$\vec{a}$と同じ向きで、大きさが$|\vec{a}|$の3倍であるベクトルを$3\vec{a}$で表し、$\vec{a}$と反対向きで、大きさが$|\vec{a}|$の3倍であるベクトルを$-3\vec{a}$で表す(図1.19)。

一般に、$\vec{a}$と実数kに対して、$k\vec{a}$を次のように決める。

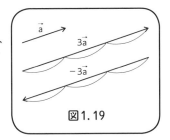

図1.19

【ベクトルの実数倍】

(1) $\vec{a} \neq \vec{0}$のとき
　①$k > 0$に対して、
　　$k\vec{a}$は$\vec{a}$と同じ向きで、大きさが$|\vec{a}|$のk倍
　②$k = 0$に対して、$0\vec{a} = \vec{0}$
　③$k < 0$に対して、$k\vec{a}$は$\vec{a}$と反対向きで、大きさが$|\vec{a}|$の$|k|$倍 (注1.2)

(2) $\vec{a} = \vec{0}$のとき
　任意の実数kに対して　$k\vec{0} = \vec{0}$

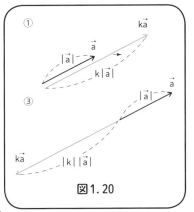

図1.20

注1.2)　実数aに対して、$|a|$を
　　　　$a \geqq 0$のとき　$|a| = a$、　　$a < 0$のとき　$|a| = -a$
　　で定義し、$|a|$をaの**絶対値**という。たとえば、
　　　$5 \geqq 0$だから$|5| = 5$、　$-5 < 0$だから$|-5| = -(-5) = 5$
　　となる。この定義より、
　　　①$|a|^2 = a^2$　②$|a||b| = |ab|$　③$|a| \geqq 0$　④$|a| \geqq a$
　　が成り立つ。
　　ベクトルの大きさの記号$|\vec{a}|$は、この絶対値の記号を用いた。

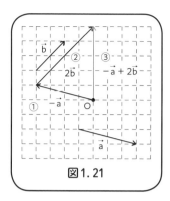

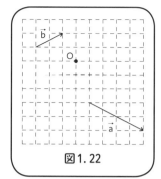

図1.21   図1.22

例題1.3

$\vec{a}$、$\vec{b}$が図1.21のように表されているとき、$-\vec{a}+2\vec{b}$を点Oを始点とする有向線分で表せ。

《解答》

図1.21のように、

① Oを始点とする$\vec{a}$と逆向きの有向線分を書く

② $-\vec{a}$の終点を始点とする$\vec{b}$の2倍の長さの有向線分を書く

③ Oから$2\vec{b}$の終点　に向かって有向線分を書く

問題1.3

$\vec{a}$、$\vec{b}$が図1.22のように表されているとき、$\frac{1}{2}\vec{a}-3\vec{b}$を点$O$を始点とする有向線分で表せ。

ベクトルと実数の乗法について、次の法則が成り立つ。

【実数倍の基本性質】

(1) $m(n\vec{a}) = (mn)\vec{a}$（結合法則）

(2) $(m+n)\vec{a} = m\vec{a} + n\vec{a}$（分配法則Ⅰ）

(3) $m(\vec{a}+\vec{b}) = m\vec{a} + m\vec{b}$（分配法則Ⅱ）

［説明］

　ここでは、わかりやすくするため証明ではなく、$m = 2$、$n = 3$として、(1)と(3)が成り立つことを図を用いて説明しよう。(2)は(1)と同じように図示できるので省略する。

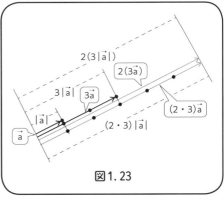

図 1.23

(1)の説明

　図1.23のように、$2(3\vec{a})$は、$\vec{a}$を3倍の長さに伸ばしてから、$3\vec{a}$を2倍に伸ばしたベクトルである。よって、$2(3\vec{a})$は$\vec{a}$を6倍に伸ばしたベクトルである。

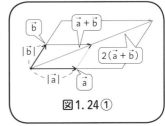

図 1.24①

　$(2\cdot3)\vec{a}$は、$\vec{a}$を$2\cdot3 = 6$倍の長さに伸ばしたベクトルである。

　したがって、　$2(3\vec{a}) = (2 \cdot 3)\vec{a}$

(3)の説明

① 　図1.24①のように、$2(\vec{a}+\vec{b})$は、$\vec{a}+\vec{b}$を2倍の長さに伸ばしたベクトルである。

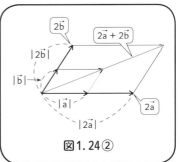

図 1.24②

② 　図1.24②のように、$2\vec{a}+2\vec{b}$は、$\vec{a}$を2倍の長さに伸ばしたベクトルと$\vec{b}$を2倍の長さに伸ばしたベクトルの和である。

　したがって、　$2(\vec{a}+\vec{b}) = 2\vec{a}+2\vec{b}$　　　　　　（終）

　この基本性質により、**実数とベクトルとの計算は、実数と文字の計算と同じようにできる。**

　次の式を簡単にせよ。

(1) $(5\vec{a} - 2\vec{b}) + (3\vec{a} - 4\vec{b})$　　(2) $3(-2\vec{a} + \vec{b}) - 4(\vec{a} - 3\vec{b})$

図形とベクトル

　今まで見てきたように、有向線分では足し算や引き算はできないが、ベクトルと考えることによって、足し算や引き算ができるようになる。このベクトルを利用して、図形の性質を計算によって証明することができる。

例題1.4

　平行四辺形OACBにおいて、対角線OCとABは互いに他を2等分することを証明せよ（図1.25）。

〈考え方〉

　対角線OCの中点をE、対角線ABの中点をFとする。対角線が互いに他を2等分するためには、$E = F$であることを示せばよい。そのために、$\overrightarrow{OE} = \overrightarrow{OF}$であることを示す（図1.26）。

【証明】

　$\vec{a} = \overrightarrow{OA}$、$\vec{b} = \overrightarrow{OB}$とおく。

① 対角線OCの中点をEとすると（図1.27①）、

$$\overrightarrow{OE} = \frac{1}{2}\overrightarrow{OC} = \frac{1}{2}(\vec{a} + \vec{b})$$

② 対角線ABの中点をFとすると（図1.27②）

$$\overrightarrow{OF} = \overrightarrow{OB} + \frac{1}{2}\overrightarrow{BA} = \vec{b} + \frac{1}{2}(\vec{a} - \vec{b})$$

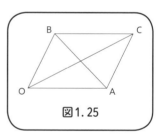

図1.25

同じ点であることを示す

図1.26

$$= \frac{1}{2}\vec{a} + \vec{b} - \frac{1}{2}\vec{b}$$

$$= \frac{1}{2}\vec{a} + \frac{1}{2}\vec{b} = \frac{1}{2}(\vec{a} + \vec{b})$$

①、②より、

$$\overrightarrow{OE} = \overrightarrow{OF}$$

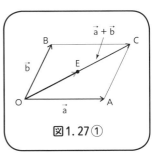

図1.27①

この式より、始点Oが一致しているから
終点も一致する。よって、点Eと点Fは同
じ点である。したがって、対角線は互いに
他を2等分する。　　　　　　（終）

このように、幾何学的性質を、ベクトル
を使うことによって代数的な方法で証明す
ることができる。そのため、有向線分で表
すベクトルを**幾何ベクトル**ということもあ

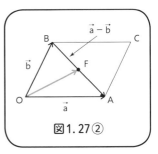

図1.27②

る。しかし、ベクトルには、この幾何ベクトルとは違ったもう1つの別
の顔がある。次の節で、このもう1つの顔からベクトルを見ていこう。

問題1.5

図1.28のように、平行四辺形$OACB$
の辺OA、BCの中点をそれぞれD、E
とするとき、$AE = BD$、$AE \parallel BD$[注1.3)]
であることを証明せよ。

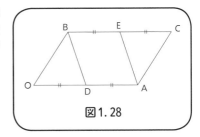

図1.28

注1.3)
記号AE = BDは、線分AEと線分BDの長さが等しいことを示している。
記号AE // BDは、線分AEと線分BDが平行であることを示している。

第1章　ベクトル

3. ベクトルの成分

私たちは、3次元空間で生活している。この3次元とは、前後、左右、上下の3方向に自由に動ける自由度の数を表している。2次元空間では、前後、左右の2方向に自由に動けるが上下には動けない。1次元空間では前後のみ動けるが、左右、上下には動けない。本書では、この3次元空間を単に空間という。平面は2次元空間であり、直線は1次元空間である。

前節では、平面上で有向線分によって表されるベクトルを見てきたが、ベクトルの良いところの1つは、次元に関係なくベクトルで表された式は同じ形をしていることである。したがって、前節で見たことは空間でも成り立つ。この節で見ていくように、次元によって異なるのは、空間のベクトルは3つの数の組で決まり、平面のベクトルでは2つの数の組で決まることである。空間のベクトルと平面のベクトルを区別するために、空間のベクトルを空間ベクトル、平面のベクトルを平面ベクトルと呼ぶ。

数直線

まず、直線の座標から始めよう。

直線上の点と実数は、1対1に対応する。そこで、直線上に1つの基準となる点Oを定め、点Oを**原点**という。原点Oに実数0を対応させ、Oを基準に、他の実数を直線上の点に対応させる。このように、直線上の点と実数を1対1に対応させた直線を**数直線**という。数直線上の点Aに対応する実数aを点Aの**座標**といい、その点を$A(a)$と書く（図1.29）。

座標平面

次に、平面の座標を考えよう。

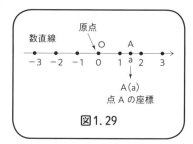

図1.29

平面上に1つの点Oを定め、**原点**と呼ぶ。平面の原点Oが数直線の原点となるように数直線ℓをひく。さらに、数直線ℓを原点Oを中心に数直線ℓのプラスの方向を反時計回りに90°回転させてできる数直線ℓ'を引く。数直線ℓを**x軸**、数直線ℓ'を**y軸**と呼ぶ。x軸とy軸を合わせて**座標軸**という。座標軸が定められた平面を**座標平面**という（図1.30）。

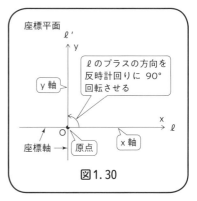

座標平面

ℓのプラスの方向を反時計回りに90°回転させる

y軸

x軸

座標軸→

原点

図1.30

座標平面上の任意の点Pを通りx軸に垂直な直線がx軸とaで交わり、点Pを通りy軸に垂直な直線がy軸とbで交わるとき、点Pの位置は2つの実数の組(a, b)で表すことができる。この(a, b)を点Pの座標といい、$P(a, b)$と書く。aをPの**x座標**、bをPの**y座標**という（図1.31）。原点の座標は$(0, 0)$である。

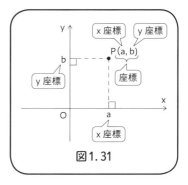

x座標　y座標

$P(a, b)$

y座標

座標

x座標

x座標

図1.31

座標空間

最後に、空間の座標を考えよう。

空間に1つの点Oを定め、**原点**という。点Oを座標平面の原点として、座標平面に垂直な直線を引き、それを**z軸**という。x軸の正の方向から、y軸の正の方向へ90°回転させたときにネジの進む方向を**z軸の正の方向**とする（図1.32①）。x軸、y軸、z軸をまとめて座標軸という。

x軸、y軸で決まる平面を**xy平面**
y軸、z軸で決まる平面を**yz平面**
z軸、x軸で決まる平面を**zx平面**

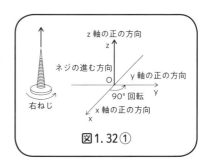

z軸の正の方向

ネジの進む方向

y軸の正の方向

90°回転

右ねじ

x軸の正の方向

図1.32①

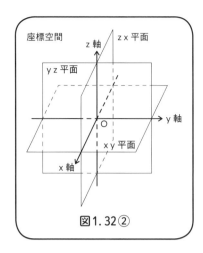

図1.32②

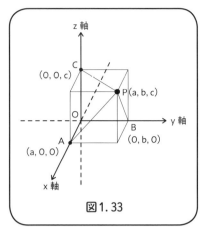

図1.33

という。この3つの平面をまとめて**座標平面**という。座標軸、座標平面が定められた空間を**座標空間**という（図1.32②）。

図1.33のように空間内の点Pから、x軸、y軸、z軸にそれぞれ下ろした垂線をPA、PB、PCとし、A、B、Cのx軸、y軸、z軸に関する座標をそれぞれa、b、cとすると、点Pに対して実数の組(a, b, c)が定まる。これを、点Pの**座標**といい、実数a、b、cをそれぞれ**x座標**、**y座標**、**z座標**という。原点の座標は$(0, 0, 0)$である。

例題1.5

図1.34のように、点P(2, 3, 4)に対して、Pからx軸、y軸、z軸に下ろした垂線をそれぞれPA、PB、PCとし、Pからxy平面、yz平面、zx平面に下ろした垂線をそれぞれPL、PM、PNとする。このとき、点Aと点Mの座標を求めよ。

《解答》

点Aはx軸上の点で、x軸上の点のy座標、z座標は0だから、$A(2, 0, 0)$

点Mはyz平面上で、yz平面上の点のx座標は0だから、$M(0, 3, 4)$

（終）

問題1.6

図1.34において、点B、C、L、Nの座標を求めよ。

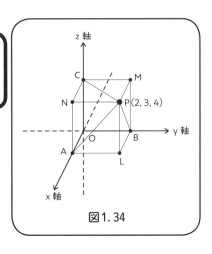

図1.34

平面ベクトルの成分

図1.35の座標平面上の有向線分
ABを見ると、有向線分ABは、x軸
の正の方向へ4進み、y軸の正の方
向へ2進んだ矢印になっている。こ
の有向線分ABと同じ方向で
同じ長さの有向線分$A'B'$を
見ると、やはり、x軸の正の
方向へ4進み、y軸の正の方
向へ2進んだ矢印になってい
る。さらに、有向線分ABと
同じ向きで同じ長さの有向線
分$A''B''$も同じである。つまり、
有向線分ABと同じ向きと同

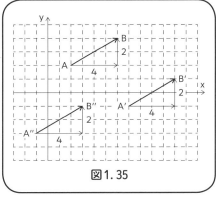

図1.35

**じ長さをもった有向線分はすべて2つの数の組(4, 2)と対応することが
わかる。** 同じ向き同じ長さをもった有向線分の集まりが1つのベクトル
だから、$\vec{a} = \overrightarrow{AB}$は2つの数
の組$(4, 2)$で決まる。

一般に、平面上の$\vec{a}$と2
つの数の組(a_1, a_2)とが1
対1に対応するから、$\vec{a}$は
2つの数の組(a_1, a_2)で決
まる。そこで

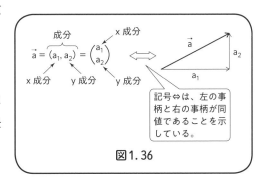

図1.36

$$\vec{a} = (a_1, a_2) \quad \text{または} \quad \vec{a} = \begin{pmatrix} a_1 \\ a_2 \end{pmatrix}$$

と書く。

　この 2 つの数の組 (a_1, a_2) や $\begin{pmatrix} a_1 \\ a_2 \end{pmatrix}$ を $\vec{a}$ の**成分**といい、a_1 を **x 成分**、a_2 を **y 成分**という（図 1.36）。

　ここで、2 つの数の組を横書き (a_1, a_2) と縦書き $\begin{pmatrix} a_1 \\ a_2 \end{pmatrix}$ の 2 通りで示したが、これは書き方の違いで、内容は同じである。どちらで書いてもかまわない。縦書きは、ベクトルを成分で計算するときには便利であるが、本のスペースをとるので、横書きを使う場合が多い。本書でも主に横書きを使うが、縦書きが必要な場合は、縦書きを使う。横書きと縦書きを区別するために、横書き (a_1, a_2) を**行ベクトル**、縦書き $\begin{pmatrix} a_1 \\ a_2 \end{pmatrix}$ を**列ベクトル**ということもある。（縦書きには、カンマ ", " がはいらない）

　また、有向線分で表したベクトルを幾何ベクトルと呼んだのに対して、成分で表したベクトルを**数ベクトル**と呼ぶ。

空間ベクトルの成分

　図 1.37 の空間にある有向線分 AB は、x 軸の正の方向へ 3、y 軸の正の方向へ 5、z 軸の正の方向へ 4 進んだ矢印になっている。図 1.38 において、有向線分 AB と同じ向きで同じ長さの有向線分 $A'B'$ を見ると、やはり x 軸の正の方向へ 3、y 軸の正の方向へ 5、z 軸の正の方向へ 4 だけ進んだ矢印になっている。このことは、平面の場合と同じように、空間にある有向線分 AB と同じ向きと同じ長さをもった有向線分は

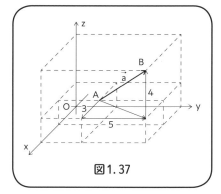

図 1.37

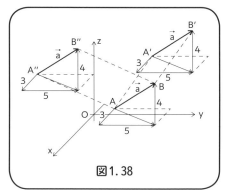

図 1.38

32

すべて 3 つの数の組 $(3, 5, 4)$ と対応することがわかる。このことから、平面の場合と同様に $\vec{a} = \overrightarrow{AB}$ は 3 つの数の組 $(3, 5, 4)$ で決まる。

このように、空間ベクトル $\vec{a}$ と 3 つの数の組 (a_1, a_2, a_3) とが 1 対 1 に対応する。そこで

$$\vec{a} = (a_1, a_2, a_3)$$

または

$$\vec{a} = \begin{pmatrix} a_1 \\ a_2 \\ a_3 \end{pmatrix}$$

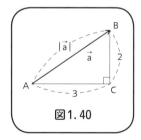

図1.39

と書く。平面の場合と同じように a_1 を **x 成分**、a_2 を **y 成分**、a_3 を **z 成分**といい、(a_1, a_2, a_3) や $\begin{pmatrix} a_1 \\ a_2 \\ a_3 \end{pmatrix}$ を $\vec{a}$ の**成分**という（図1.39）。

成分によるベクトルの大きさ

前節で見てきたように、$\vec{a} = \overrightarrow{AB}$ の大きさは、有向線分 $\overrightarrow{AB}$ の長さであった。そこで、$\vec{a}$ の大きさ $|\vec{a}|$ はピタゴラスの定理を用いて次のように求められる。

(1) 平面ベクトルの場合

たとえば、$\vec{a} = \overrightarrow{AB} = (3, 2)$ のとき、図1.40 のように三角形 ABC は直角三角形だから、ピタゴラスの定理[注1.4]より、

$$|\vec{a}|^2 = 3^2 + 2^2$$

よって、

図1.40

注1.4)
ピタゴラスの定理
$\angle C$ が直角である直角三角形 ABC において、$BC = a$、$CA = b$、$AB = c$ とおくと、
$$a^2 + b^2 = c^2$$
が成り立つ。

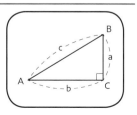

$$|\vec{a}| = \sqrt{3^2 + 2^2} = \sqrt{13}$$

このことから、一般に、

$$\vec{a} = (a_1, a_2) \text{ のとき } |\vec{a}| = \sqrt{{a_1}^2 + {a_2}^2}$$

が成り立つ。

(2) 空間ベクトルの場合

たとえば、$\vec{a} = \overrightarrow{AB} = (2, 4, 3)$ の とき、図1.41のように点Bからxy 平面に垂線BPを下ろし、点Aか ら直線BPに垂線AQを下ろす。さ らに点Aを通り、x軸に平行な直線 と点Qを通り、y軸に平行な直線の 交点をRとする。

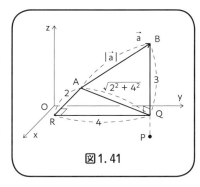

図1.41

このとき、$AR = 2$、$QR = 4$、$BQ = 3$ となる。

そして、$\triangle AQR$は直角三角形だから、ピタゴラスの定理より、

$$AQ^2 = AR^2 + QR^2 = 2^2 + 4^2$$

さらに、$\triangle ABQ$も直角三角形だから、ピタゴラスの定理より、

$$|\vec{a}|^2 = AB^2 = AQ^2 + BQ^2 = (2^2 + 4^2) + 3^2 = 2^2 + 4^2 + 3^2$$

$|\vec{a}| \geqq 0$だから、

$$|\vec{a}| = \sqrt{2^2 + 4^2 + 3^2} = \sqrt{29}$$

このことから、一般に、

$$\vec{a} = (a_1, a_2, a_3) \text{ のとき } |\vec{a}| = \sqrt{{a_1}^2 + {a_2}^2 + {a_3}^2}$$

が成り立つ。

以上をまとめると、

【成分によるベクトルの大きさ】

$\vec{a} = (a_1, a_2)$ のとき $\qquad |\vec{a}| = \sqrt{a_1{}^2 + a_2{}^2}$

$\vec{a} = (a_1, a_2, a_3)$ のとき $\qquad |\vec{a}| = \sqrt{a_1{}^2 + a_2{}^2 + a_3{}^2}$

問題1.7

次のベクトルの大きさを求めよ。

(1) $\vec{a} = (12, -5)$

(2) $\vec{b} = (-3, 2, -6)$

成分によるベクトルの相等

16ページで示したように、$\vec{a}$ と $\vec{b}$ が等しいのは、

「$\vec{a}$ と $\vec{b}$ の向きが同じで大きさが等しい」

ときであった。たとえば、図1.42のように、$\vec{a} = \overrightarrow{AB} = (4, 2)$、$\vec{b} = \overrightarrow{PQ}$

とすると、$AB /\!/ PQ$、$AB = PQ$ であるか

ら、$\triangle ABC$ と $\triangle PQR$ は合同[注1.5]になる

ので、

$$PR = AC = 4, \quad QR = BC = 2$$

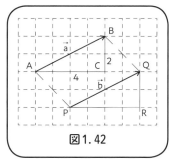

図1.42

したがって、$\vec{b} = \overrightarrow{PQ} = (4, 2)$ となる。

空間ベクトルについても同じだから、

2つのベクトルについて次のことが成り

立つ。

注1.5)

2つ以上の図形が、形と大きさが同じで、重ね合わせることができる

とき、それらの図形は合同であるという。

問題1.8

$\vec{a} = (x + 2y, \; -x + y, \; 8)$、$\vec{b} = (3, 3, -2z)$ のとき、$\vec{a} = \vec{b}$ となるような x、y、z を求めよ。

成分によるベクトルの足し算

空間ベクトルについても、平面ベクトルと同じように考えることができるので、ここでは平面ベクトルについて考える。

18ページで見てきたようにベクトルの足し算は、

「$\vec{a} + \vec{b}$ は、$\vec{a}$ の終点に $\vec{b}$ の始点を合わせて、$\vec{a}$ の始点から $\vec{b}$ の終点に向かう有効線分によるベクトル」

であった。このことを成分で表すとどのようになるか考えよう。

たとえば、$\vec{a} = (2, 3)$、$\vec{b} = (4, 1)$ としよう。

図1.43のように、$\vec{a}$ の終点に $\vec{b}$ の始点をつなぎ合わせ、$\vec{a}$ の始点から $\vec{b}$ の終点に向かう有向線分が $\vec{a} + \vec{b}$ となる。このとき、$\vec{a} + \vec{b}$ の x 成分は、$\vec{a}$ の x 成分 2 と $\vec{b}$ の x 成分 4 の和になり、$\vec{a} + \vec{b}$ の y 成分は、$\vec{a}$ の y 成分 3 と $\vec{b}$ の y 成分 1 の和になる。

そこで、

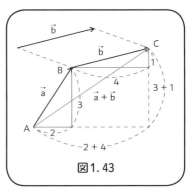

図1.43

$$\vec{a} + \vec{b} = (2, 3) + (4, 1)$$
$$= (2 + 4, 3 + 1) = (6, 4)$$

となり、ベクトルの和 $\vec{a}+\vec{b}=(6, 4)$ が求められる。

　空間ベクトルについても、同じことが成り立つから、一般に、ベクトルの成分についての和は、次のようになる。

【ベクトルの足し算】

　$\vec{a}=(a_1, a_2)$、$\vec{b}=(b_1, b_2)$ のとき、
　　$\vec{a}+\vec{b}=(a_1+b_1, a_2+b_2)$
　$\vec{a}=(a_1, a_2, a_3)$、$\vec{b}=(b_1, b_2, b_3)$ のとき、
　　$\vec{a}+\vec{b}=(a_1+b_1, a_2+b_2, a_3+b_3)$

　このように、ベクトルの成分での足し算は、各成分どうしの数の足し算になる。このことから、20ページの

　　交換法則　$\vec{a}+\vec{b}=\vec{b}+\vec{a}$
　　結合法則　$(\vec{a}+\vec{b})+\vec{c}=\vec{a}+(\vec{b}+\vec{c})$

が成り立つことがわかる。

　たとえば、交換法則については、

$$\vec{a}+\vec{b}=(a_1, a_2)+(b_1, b_2)=(a_1+b_1, a_2+b_2)$$
$$=(b_1+a_1, b_2+a_2)=(b_1, b_2)+(a_1, a_2)=\vec{b}+\vec{a}$$

数の交換法則　$2+3=3+2$

結合法則　$(\vec{a}+\vec{b})+\vec{c}=\vec{a}+(\vec{b}+\vec{c})$ についても同じように成り立つことがわかる。

問題1.9

　$\vec{a}=(a_1, a_2)$、$\vec{b}=(b_1, b_2)$、$\vec{c}=(c_1, c_2)$ として、上記の
　　結合法則　$(\vec{a}+\vec{b})+\vec{c}=\vec{a}+(\vec{b}+\vec{c})$
が成り立つことを示せ。

逆ベクトルと零ベクトルの成分

21ページで見てきたように、「$\vec{a}$ の逆ベクトル $-\vec{a}$ は $\vec{a}$ と逆向きで、同じ大きさのベクトル」である。たとえば、$\vec{a} = (3,\ 2)$ としたとき、図1.44のように、$\vec{a}$ は x 軸方向3、y 軸方向へ2進むから、逆ベクトルは、x 軸方向へ -3、y 軸方向へ -2 進むことになる。

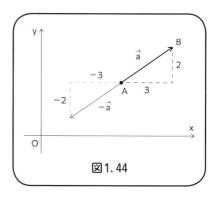

図1.44

したがって、$-\vec{a} = (-3,\ -2)$ である。

一般に、

$$\vec{a} = (a_1,\ a_2) \text{ の逆ベクトルは、} \quad -\vec{a} = (-a_1,\ -a_2)$$

である。

次に、21ページで示したように「大きさが0のベクトルを零ベクトルといい、$\vec{0}$ と表し、向きは考えない」であるから、$|\vec{0}| = 0$ である。

一方、$\vec{0} = (a_1,\ a_2)$ とおくと、$|\vec{0}| = \sqrt{a_1{}^2 + a_2{}^2}$

したがって、

$$\sqrt{a_1{}^2 + a_2{}^2} = 0$$

ここで、$a_1{}^2 \geqq 0$、$a_2{}^2 \geqq 0$ であることより、

$$a_1 = 0、a_2 = 0$$

> 0以上の2つの数を足し算して、0になることは、2数とも0である。

したがって、$\vec{0} = (0,\ 0)$

空間ベクトルでも同じであるから、以上をまとめると、

【逆ベクトルと零ベクトルの成分】

平面ベクトルでは、
$\vec{a} = (a_1, a_2)$ の逆ベクトルは、　$-\vec{a} = (-a_1, -a_2)$
零ベクトルは、　$\vec{0} = (0, 0)$
空間ベクトルでは、
$\vec{a} = (a_1, a_2, a_3)$ の逆ベクルは、　$-\vec{a} = (-a_1, -a_2, -a_3)$
零ベクトルは、　$\vec{0} = (0, 0, 0)$

成分によるベクトルの減法

22ページで見てきように、
「2つのベクトル$\vec{a}$、$\vec{b}$に対して$\vec{a} + (-\vec{b})$を$\vec{a}$から$\vec{b}$を引いた差といい、
$\vec{a} - \vec{b}$で表す」
であった。したがって、
$\vec{a} = (a_1, a_2)$、$\vec{b} = (b_1, b_2)$とおくと、

$$\vec{a} - \vec{b} = \vec{a} + (-\vec{b}) = (a_1, a_2) + (-b_1, -b_2) = (a_1 - b_1, a_2 - b_2)$$

となる。空間ベクトルについても同じであるから、これらをまとめると
次のようになる。

【ベクトルの引き算】

$\vec{a} = (a_1, a_2)$、$\vec{b} = (b_1, b_2)$のとき、
$$\vec{a} - \vec{b} = (a_1 - b_1, a_2 - b_2)$$
$\vec{a} = (a_1, a_2, a_3)$、$\vec{b} = (b_1, b_2, b_3)$のとき、
$$\vec{a} - \vec{b} = (a_1 - b_1, a_2 - b_2, a_3 - b_3)$$

ベクトルの実数倍

23ページで見てきたように、

「$\vec{a}$ と同じ向きで、大きさが $|\vec{a}|$ の3倍であるベクトルを $3\vec{a}$ で表し、$\vec{a}$ と反対向きで、大きさが $|\vec{a}|$ の3倍であるベクトルを $-3\vec{a}$ で表す」
であった。

たとえば、$\vec{a} = (3, 2)$ とすると、図1.45 において、

$$AC = |\overrightarrow{AC}| = 3|\vec{a}| = 3|\overrightarrow{AB}| = 3AB$$

であり、$\triangle ABD$ と $\triangle ACE$ は相似[注1.6]だから、

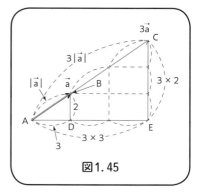

$$AE = 3AD = 3 \times 3 = 9$$
$$CE = 3BD = 3 \times 2 = 6$$

したがって

$$3\vec{a} = 3(3,\ 2) = (3 \times 3,\ 3 \times 2)$$
$$= (9, 6)$$

図1.45

となる。空間ベクトルについても同じだから、一般に次のことがいえる。

【ベクトルの実数倍】

$\vec{a} = (a_1, a_2)$、k を実数として、
$$k\vec{a} = k(a_1, a_2) = (k\,a_1, k\,a_2)$$
$\vec{a} = (a_1, a_2, a_3)$、k を実数として、
$$k\vec{a} = k(a_1, a_2, a_3) = (k\,a_1, k\,a_2, k\,a_3)$$

この式より **ページの実数倍の基本性質

(1) $m(n\vec{a}) = (mn)\vec{a}$ （結合法則）

(2) $(m + n)\vec{a} = m\vec{a} + n\vec{a}$ （分配法則 I）

(3) $m(\vec{a} + \vec{b}) = m\vec{a} + m\vec{b}$ （分配法則 II）

が成り立つことがわかる。たとえば、(1)は、

注1.6) 2つの図形で、片方の図形をある比率で拡大または縮小すると、他方の図形に重なるとき、その2つの図形を**相似**という。この比率を**相似比**という。

$\vec{a} = (a_1, a_2)$ として、

$$m(n\vec{a}) = m(n(a_1, a_2)) = m(na_1, na_2) = (mna_1, mna_2)$$
$$(mn)\vec{a} = (mn)(a_1, a_2) = (mna_1, mna_2)$$

右辺が共に等しいから、$m(n\vec{a}) = (mn)\vec{a}$

問題 1.10

$\vec{a} = (a_1, a_2)$、$\vec{b} = (b_1, b_2)$ として、上記の
実数倍の基本性質 (2) $(m+n)\vec{a} = m\vec{a} + n\vec{a}$
実数倍の基本性質 (3) $m(\vec{a}+\vec{b}) = m\vec{a} + m\vec{b}$
を示せ。

例題 1.6

$\vec{a} = (1, -2)$、$\vec{b} = (3, -1)$ のとき、$2\vec{a} - 3\vec{b}$ を成分で表せ。また、その大きさ $|2\vec{a} - 3\vec{b}|$ を求めよ。

《解答》
$$2\vec{a} - 3\vec{b} = 2(1, -2) - 3(3, -1)$$
$$= (2\cdot1, -2\cdot2) - (3\cdot3, -3\cdot1)$$
$$= (2-9, -4+3) = (-7, -1)$$
$$|2\vec{a} - 3\vec{b}| = \sqrt{(-7)^2 + (-1)^2} = \sqrt{50} = \sqrt{25 \times 2} = 5\sqrt{2}$$
(終)

問題 1.11

$\vec{a} = (-3, 2)$、$\vec{b} = (1, -1)$ のとき、$3\vec{a} - 2\vec{b}$ を成分で表せ。また、その大きさ $|3\vec{a} - 2\vec{b}|$ を求めよ。

　この節では、有向線分で表したベクトルの計算規則から、ベクトルを成分で表したときの計算規則を導いた。今後、この計算規則が重要な役割を担う。

4. 内積

　こ　こまでは、ベクトルの足し算、引き算、実数倍について見てきた。今度は掛け算の出番であるが、ベクトルには残念ながら数と同じ掛け算は存在しない。しかし、掛け算と同じような性質をもつ"掛け算もどき"がある。その1つが内積である。ここでは、この内積について見ていこう。ところが、内積を定義するためには三角比が必要なので、まず三角比からスタートしよう。

三角比

　図1.46のように∠Cが直角である直角三角形ABCにおいて、$BC = a$、$CA = b$、$AB = c$、∠$BAC = \theta$とするとき、辺の長さの比を用いて、

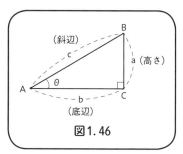

図1.46

$$\sin\theta = \frac{a}{c} = \frac{(高さ)}{(斜辺)}$$
$$\cos\theta = \frac{b}{c} = \frac{(底辺)}{(斜辺)}$$

で定義された$\sin\theta$、$\cos\theta$を**三角比**という。$\sin\theta$をサイン・シータ、$\cos\theta$をコサイン・シータと読む。

> 一般には、三角比に
> $$\tan\theta = \frac{a}{b} = \frac{(高さ)}{(底辺)}$$
> を含めるが、本書では使わないので、省略する。

　この定義式で分母のcを両辺に掛けて、

$$a = c\sin\theta \qquad b = c\cos\theta$$

で用いることもある（図1.47①）。

　とくに、$c = 1$ならば、

$$a = \sin\theta \qquad b = \cos\theta$$

である（図1.47②）。

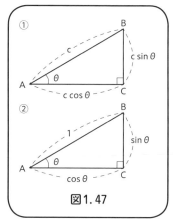

図1.47

三角比の値を求めよう。$0°$から$90°$までの三角比の値は、三角比の表に示されている。しかし、本書では、三角比の表を用いずに、$30°$と$45°$の整数倍の三角比の値を直角三角形の辺の長さの比から求めることにする。

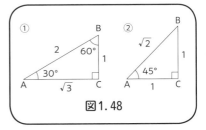

図1.48

直角三角形の内角の1つが$30°$または$45°$のときは、直角三角形の辺の長さの比が、

   ① 1つの内角が$30°$のとき、$1 : 2 : \sqrt{3}$ [注1.7]

   ② 1つの内角が$45°$のとき、$1 : 1 : \sqrt{2}$ [注1.7]

になる（図1.48）。

問題1.12

次の三角比の値を求めよ。

(1) $\sin 30°$ (2) $\cos 45°$

注1.7) 図①のように、1辺の長さが2の正三角形ABDで、BからADに垂線ACを下ろすと直角三角形ABCができ、

    $\angle A = 60°$、$\angle ABC = 30°$

である。さらにピタゴラスの定理より、

    $BC = \sqrt{2^2 - 1^2} = \sqrt{3}$

となり、$AC : AB : BC = 1 : 2 : \sqrt{3}$

図②のように、1辺の長さが1の正方形ACBDで対角線ABをひくと、直角二等辺三角形ABCができ、$\angle BAC = 45°$である。ピタゴラスの定理より、

    $AB = \sqrt{1^2 + 1^2} = \sqrt{2}$

となり、$AC : BC : AB = 1 : 1 : \sqrt{2}$

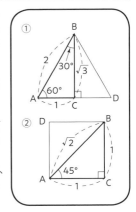

第1章 ベクトル

問題1.13

図1.49の直角三角形ABCで、$AB = 6$
$\angle B = 60°$ のとき、AC、BCの長さを求めよ。

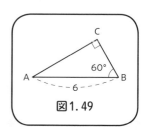

図1.49

三角比の拡張

前項で直角三角形を用いて$0°$から$90°$までの角の三角比を考えた。さらに、$90°$以上$180°$以下の角についての$\sin\theta$、$\cos\theta$を考えたい。そのためには、直角三角形では定義できないので、座標平面上の点を使って定義する。

図1.50①の直角三角形ABCを、②の図のように点Aを原点Oに、ACをx軸に重ねる。このとき、点Bの座標は$(4, 3)$である。

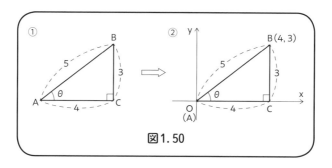

図1.50

①の直角三角形ABCにおける三角比の値は、

$$\sin\theta = \frac{3}{5}、\qquad \cos\theta = \frac{4}{5}$$

である。この三角比の値は、②の直角三角形OBCを見ると、

$$\sin\theta = \frac{B \text{の} y \text{座標}}{OB} 、 \qquad \cos\theta = \frac{B \text{の} x \text{座標}}{OB}$$

となっている。このことをもとに、$0° \leqq \theta \leqq$ 180°について、$\sin\theta$、$\cos\theta$を次のように点の座標を用いて定義する。

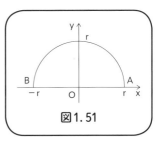

図1.51

　図1.51のように、座標平面の$y \geqq 0$の領域に、原点Oを中心とし、半径rの半円を描く。この半円とx軸の正の部分との交点をA、負の部分との交点をBとする。

　半円上に点$P(x, y)$をとり、$\angle AOP = \theta (0° \leqq \theta \leqq 180°)$としたとき、$\sin\theta$、$\cos\theta$を次のように定義する（図1.52①、②）。

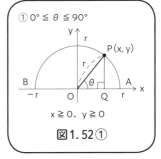

① $0° \leqq \theta \leqq 90°$

$x \geqq 0$、$y \geqq 0$

図1.52①

【三角比】

$$\sin\theta = \frac{y}{r} 、 \qquad \cos\theta = \frac{x}{r}$$

「サインはy」と覚える

本書では、この2つを三角比と呼ぶ。

x、yは点Pの座標なので、$0° \leqq \theta \leqq 180°$の範囲で、$y$は常に0以上の実数であるが、
① $0° \leqq \theta \leqq 90°$のときは$x \geqq 0$（図1.52①）
② $90° < \theta \leqq 180°$のときは$x < 0$（図1.52②）
となる。rは半円の半径だから、$r > 0$である。

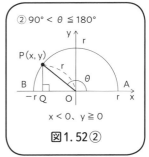

② $90° < \theta \leqq 180°$

$x < 0$、$y \geqq 0$

図1.52②

例題1.7

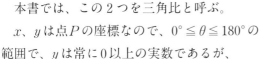

　θが次の角度のとき、三角比の値を求めよ。
(1) $\theta = 150°$ 　　　　　(2) $\theta = 0°$

《解答》

(1) 次の手順で、図を書くとわかりやす
  い（図1.53）。

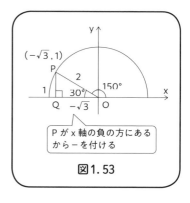
図1.53

① x 軸の正の方向から $150°$ のところ
  に半径 OP を引く。

② 点 P から x 軸に垂線 PQ を引く。

③ 直角三角形 OPQ において、
  $$\angle POQ = 180° - 150° = 30°$$
  だから、3辺の長さの比は、
  $$PQ : OP : OQ = 1 : 2 : \sqrt{3}$$

④ 点 P の x 座標は負、y 座標は正だから、点 P の座標は、$P(-\sqrt{3}, 1)$

⑤ 三角関数の値は次のようになる。
  $$\sin 150° = \frac{1}{2}、\qquad \cos 150° = \frac{-\sqrt{3}}{2} = -\frac{\sqrt{3}}{2}$$

(2) 次の手順で、図を書くとわかり
  やすい（図1.54）。

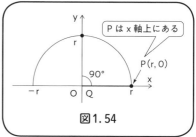
図1.54

① x 軸の正の方向から $0°$ のとこ
  ろに半径 OP を引く。

② 点 P は x 軸上にある。

③ 点 P の座標は $(r, 0)$ であるから、
  $$\sin 0° = \frac{0}{r} = 0、\cos 0° = \frac{r}{r} = 1$$

（終）

問題1.14

θ が次の角度のとき、$\sin\theta$、$\cos\theta$ の値を求めよ。

(1) $\theta = 135°$　　(2) $\theta = 90°$　　(3) $\theta = 180°$

この定義から、$\sin$ と $\cos$ のもっとも重要な次の相互関係が成り立つ。

【sin と cos の相互関係】

$$\sin^2\theta + \cos^2\theta = 1$$

【証明】

半径 r の半円で考えると、

$$\sin\theta = \frac{y}{r}、\quad \cos\theta = \frac{x}{r}$$

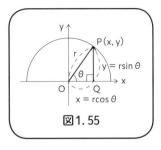

図1.55

より、$y = r\sin\theta$、$x = r\cos\theta$ ……①

であるから、図1.55の直角三角形 OPQ において、ピタゴラスの定理より、

$$x^2 + y^2 = r^2$$

であり、①を代入して、

$$(r\cos\theta)^2 + (r\sin\theta)^2 = r^2$$
$$r^2(\cos\theta)^2 + r^2(\sin\theta)^2 = r^2$$

両辺を r^2 で割って、

$$(\cos\theta)^2 + (\sin\theta)^2 = 1$$

$(\cos\theta)^2$ を $\cos^2\theta$、$(\sin\theta)^2$ を $\sin^2\theta$ と書き、$\sin$ と $\cos$ を入れ替えて

$\sin^2\theta = (\sin\theta)^2$
$\sin\theta^2 = \sin(\theta^2)$
のことだから、
$\sin^2\theta \neq \sin\theta^2$
に注意しよう！

$$\sin^2\theta + \cos^2\theta = 1$$

（終）

内積とは

ベクトルが、物理で速度や力などを表すのに用いられてきたように、内積も物理で「仕事」[注1.8]を表すのに用いられてきた。

たとえば、あるモノを F の力と同じ方向へ d だけ移動させると、Fd の仕事をしたという（図1.56）。

ところが、いつも力の方向とモノが動く方向が一致しているとは限ら

注1.8）物理の「仕事」は、日常で使われる仕事とは異なる。物理では、「物体に一定の力F(N)を加えながら、力の向きにd(m)動かしたとき力は物体にFd(N・m)の仕事をした」という。いくら力を加えても物体が動かなければ、仕事は0である。

ない。力の方向と移動する方向が角 θ だけ開いていると、$F\cos\theta$ の力が動く方向と一致する。そこで、$Fd\cos\theta$ の仕事をしたことになる（図1.57）。この $Fd\cos\theta$ こそが、$\vec{F}$ と $\vec{d}$ の内積である。

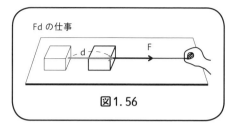

Fd の仕事

図1.56

それでは、あらためて内積の定義をしよう。$\vec{0}$ でない2つのベクトルを $\vec{a}$、$\vec{b}$ とする。1点 O を定め、$\vec{a}=\overrightarrow{OA}$、$\vec{b}=\overrightarrow{OB}$ となる点 A、B をとる。

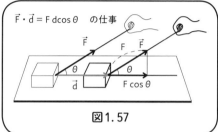

$\vec{F}\cdot\vec{d}=Fd\cos\theta$ の仕事

図1.57

このとき、$\angle AOB$ の大きさ θ のうち、$0° \leqq \theta \leqq 180°$ であるものを、2つのベクトル $\vec{a}$、$\vec{b}$ の**なす角**という（図1.58）。

このとき、$|\vec{a}||\vec{b}|\cos\theta$ を $\vec{a}$ と $\vec{b}$ の**内積**といい、記号 $\vec{a}\cdot\vec{b}$ で表す。

すなわち、

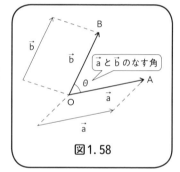

$\vec{a}$ と $\vec{b}$ のなす角

図1.58

【内積】

$\vec{0}$ でない2つのベクトル $\vec{a}$、$\vec{b}$ に対して、

$$\vec{a}\cdot\vec{b}=|\vec{a}||\vec{b}|\cos\theta \qquad (1.1)$$

を内積という。

また、$\vec{a}\cdot\vec{0}=\vec{0}\cdot\vec{a}=0$ とする。

数の掛け算を
$a\cdot b(=a\times b)$
と書くように、
ベクトルの内積も
$\vec{a}\cdot\vec{b}$
と書くので注意する。

内積は、ベクトルではなくスカラーである。このため、内積を**スカラー積**ということもある。

数の掛け算は、（数）×（数）＝（数）であるが、

内積は（ベクトル）・（ベクトル）＝（スカラー）

なので、数の掛け算と異なるものである。しかし、掛け算と似ている性質を持っている。

例題1.8

$|\vec{a}| = 3$、$|\vec{b}| = 2$ とし、$\vec{a}$ と $\vec{b}$ のなす角を $30°$ とする。内積 $\vec{a} \cdot \vec{b}$ を求めよ。

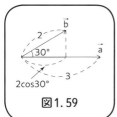

図1.59

《解答》

$$\vec{a} \cdot \vec{b} = |\vec{a}||\vec{b}|\cos\theta = 3 \cdot 2 \cos 30°$$
$$= 3 \cdot 2 \cdot \frac{\sqrt{3}}{2} = 3\sqrt{3} \qquad （終）$$

問題1.15

$|\vec{a}| = 3$、$|\vec{b}| = 2$ とし、$\vec{a}$ と $\vec{b}$ のなす角を θ とする。次の各場合について、内積 $\vec{a} \cdot \vec{b}$ を求めよ。

(1) $\theta = 120°$

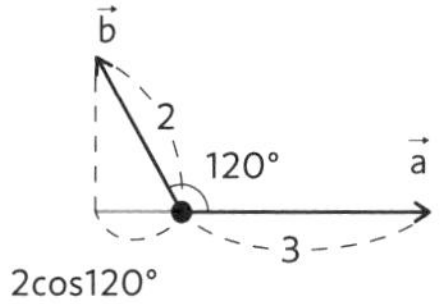

図1.60

(2) $\theta = 180°$

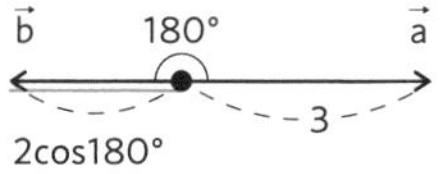

図1.61

内積の成分表示

内積を成分で表すと次のようになることを見ていこう。

【平面ベクトルの内積の成分表示】

$\vec{a} = (a_1, a_2)$、$\vec{b} = (b_1, b_2)$ のとき、
$$\vec{a} \cdot \vec{b} = a_1 b_1 + a_2 b_2 \qquad (1.2)$$

$\vec{a}$ と $\vec{b}$ のなす角を θ とすると、$\vec{a} \cdot \vec{b} = |\vec{a}||\vec{b}|\cos\theta$ だから、

$$|\vec{a}||\vec{b}|\cos\theta = a_1b_1 + a_2b_2 \qquad \cdots\cdots (a)$$

を示せばよい。(a)の左辺と右辺はまったく違った形をしているが、実は同じ式である。このことをこれから見ていこう。

（方針）

$\vec{a} = \overrightarrow{OA}$、$\vec{b} = \overrightarrow{OB}$ がつくる $\triangle OAB$ を考え、B から OA に垂線 BC を下ろすと、直角三角形 ABC ができる（図1.62）。この直角三角形にピタゴラスの定理を適用する。しかし、$\vec{a}$ と $\vec{b}$ のなす角 θ が鋭角と鈍角によって、三角形が (1) 鋭角三角形（図1.62(1)）と (2) 鈍角三角形（図1.62(2)）に分かれるので、それぞれの場合について考える。残り $\theta = 0°$、$90°$、$180°$ の場合は(a)に当てはめて確認する。

【証明】

（Ⅰ）$\vec{a}$ と $\vec{b}$ がともに $\vec{0}$ でない場合について考える。

$\vec{a}$ と $\vec{b}$ のなす角 θ が、

(1) $0° < \theta < 90°$　　(2) $90° < \theta < 180°$

(3) $\theta = 0°$　　　　(4) $\theta = 90°$

(5) $\theta = 180°$

の場合に分けて証明しよう。

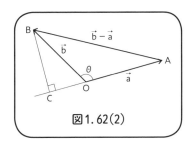

図1.62(1)

(1) $0° < \theta < 90°$ のとき

① 図1.63①において、$\vec{a} = \overrightarrow{OA}$、$\vec{b} = \overrightarrow{OB}$ とすると、

$$\vec{b} - \vec{a} = \overrightarrow{AB}$$

22ページ参照

である。

図1.62(2)

この△OABについて考える。

△OAB の3辺の長さは、

$$OA = |\vec{a}|,\ OB = |\vec{b}|,\ AB = |\vec{b} - \vec{a}|$$

である。

② 次に、図1.63②のようにBから辺OAに垂

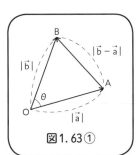

図1.63①

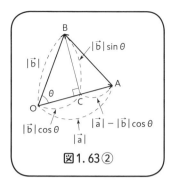

図1.63②

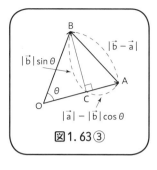

図1.63③

線BCを下ろし、直角三角形OBCにおいて、

$$BC = |\vec{b}|\sin\theta、\quad OC = |\vec{b}|\cos\theta$$

42ページ参照

であるから

$$AC = OA - OC = |\vec{a}| - |\vec{b}|\cos\theta \qquad \cdots\cdots(b)$$

③ 図1.63③の直角三角形ABCにおいて、ピタゴラスの定理より、

$$AB^2 = AC^2 + BC^2$$

だから、

$$|\vec{b} - \vec{a}|^2 = (|\vec{a}| - |\vec{b}|\cos\theta)^2 + (|\vec{b}|\sin\theta)^2 \qquad \cdots\cdots(c)$$

展開公式　$(a - b)^2 = a^2 - 2ab + b^2$

(c)の右辺

$$= (|\vec{a}|^2 - 2|\vec{a}||\vec{b}|\cos\theta + |\vec{b}|^2\cos^2\theta) + |\vec{b}|^2\sin^2\theta$$
$$= |\vec{a}|^2 - 2|\vec{a}||\vec{b}|\cos\theta + |\vec{b}|^2(\cos^2\theta + \sin^2\theta)$$
$$= |\vec{a}|^2 - 2|\vec{a}||\vec{b}|\cos\theta + |\vec{b}|^2 \cdot 1$$
$$= |\vec{a}|^2 + |\vec{b}|^2 - 2|\vec{a}||\vec{b}|\cos\theta$$

$\sin^2\theta + \cos^2\theta = 1$　より

よって、$|\vec{b} - \vec{a}|^2 = |\vec{a}|^2 + |\vec{b}|^2 - 2|\vec{a}||\vec{b}|\cos\theta$

この式より、$|\vec{a}||\vec{b}|\cos\theta = \dfrac{1}{2}(|\vec{a}|^2 + |\vec{b}|^2 - |\vec{b} - \vec{a}|^2)$　$\cdots\cdots(d)$

④ 次に、(d)の右辺を成分で表す。

$$\vec{a} = (a_1, a_2) 、 \vec{b} = (b_1, b_2) 、$$
$$\vec{b} - \vec{a} = (b_1, b_2) - (a_1, a_2) = (b_1 - a_1, b_2 - a_2)$$

だから、

$$|\vec{a}|^2 = a_1{}^2 + a_2{}^2 \qquad |\vec{b}|^2 = b_1{}^2 + b_2{}^2$$
$$|\vec{b} - \vec{a}|^2 = (b_1 - a_1)^2 + (b_2 - a_2)^2$$
$$= (b_1{}^2 - 2a_1b_1 + a_1{}^2) + (b_2{}^2 - 2a_2b_2 + a_2{}^2)$$
$$= a_1{}^2 + a_2{}^2 + b_1{}^2 + b_2{}^2 - 2a_1b_1 - 2a_2b_2$$

(d)の右辺に代入して、

$$(d)の右辺 = \frac{1}{2}(|\vec{a}|^2 + |\vec{b}|^2 - |\vec{b} - \vec{a}|^2)$$
$$= \frac{1}{2}\{(a_1{}^2 + a_2{}^2) + (b_1{}^2 + b_2{}^2) - (a_1{}^2 + a_2{}^2 + b_1{}^2 + b_2{}^2 - 2a_1b_1 - 2a_2b_2)\}$$
$$= \frac{1}{2}(2a_1b_1 + 2a_2b_2)$$
$$= a_1b_1 + a_2b_2$$

よって、

$$|\vec{a}||\vec{b}|\cos\theta = a_1b_1 + a_2b_2$$

内積の定義式 $\vec{a} \cdot \vec{b} = |\vec{a}||\vec{b}|\cos\theta$ より、

$$\vec{a} \cdot \vec{b} = a_1b_1 + a_2b_2$$

(2) $90° < \theta < 180°$ のとき、

図1.64のように $\vec{a} = \overrightarrow{OA}$、$\vec{b} = \overrightarrow{OB}$ とし、$\triangle OAB$ について考える。

B から辺 AO の延長線に垂線 BC を下ろす。直角三角形 OBC において、

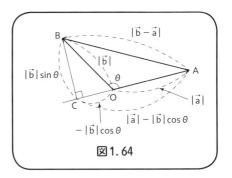

図1.64

$$BC = |\vec{b}|\sin\theta$$
$$OC = -|\vec{b}|\cos\theta$$

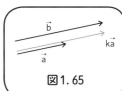

90° < θ < 180°より、cos θ < 0　だから
|b|cos θ < 0となる。ところが、OC > 0で
あるから　OC = −|b|cos θ > 0

であるから、

$$AC = AO + OC = |\vec{a}| + (-|\vec{b}|\cos\theta) = |\vec{a}| - |\vec{b}|\cos\theta$$

(1)の(b)とACが同じ式になるから、あと
は(1)と同じである。

(3) $\theta = 0°$のとき、

(a)が成り立つことを確認する。

$\theta = 0°$より$\vec{a}$と$\vec{b}$は同じ向きになる。した
がって、$\vec{a}$を何倍かすると$\vec{b}$と一致する（図1.65）。

そこで、$k > 0$として、$\vec{b} = k\vec{a}$とすることができる。

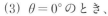

図1.65

cos 0° = 1より

$$\text{(a)の左辺} = |\vec{a}||\vec{b}|\cos\theta = |\vec{a}||k\vec{a}|\cos 0° = |\vec{a}| \cdot k|\vec{a}| \cdot 1 = k|\vec{a}|^2$$

$\vec{b} = k\vec{a}$より、$(b_1, b_2) = k(a_1, a_2)$だから、$(b_1, b_2) = (ka_1, ka_2)$

よって、　　　$b_1 = ka_1$、$b_2 = ka_2$

$$\text{(a)の右辺} = a_1 b_1 + a_2 b_2 = a_1 \cdot k\,a_1 + a_2 \cdot k\,a_2$$
$$= ka_1^2 + ka_2^2 = k(a_1^2 + a_2^2) = k|\vec{a}|^2$$

(a)の左辺、右辺ともに$k|\vec{a}|^2$になるから、

$$|\vec{a}||\vec{b}|\cos\theta = a_1 b_1 + a_2 b_2$$

(4) $\theta = 90°$の場合

(a)が成り立つことを確認する。

cos 90° = 0　より

(a)の左辺 $= |\vec{a}||\vec{b}|\cos\theta = |\vec{a}||\vec{b}|\cos 90° = 0$

また、$\theta = 90°$のときは、直角三角形だから（図
1.66）、ピタゴラスの定理より、

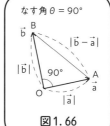

なす角 θ = 90°

図1.66

$$|\vec{b} - \vec{a}|^2 = |\vec{a}|^2 + |\vec{b}|^2$$

この式を成分で表すと、

$$(b_1 - a_1)^2 + (b_2 - a_2)^2 = (a_1{}^2 + a_2{}^2) + (b_1{}^2 + b_2{}^2)$$
$$(b_1{}^2 - 2\,a_1b_1 + a_1{}^2) + (b_2{}^2 - 2\,a_2b_2 + a_2{}^2) = a_1{}^2 + a_2{}^2 + b_1{}^2 + b_2{}^2$$

整理すると、$\quad 2\,a_1b_1 + 2\,a_2b_2 = 0$

2 で割って、$\qquad a_1b_1 + a_2b_2 = 0$

すなわち、(a)の右辺$= a_1b_1 + a_2b_2 = 0$

(a)の左辺、右辺ともに 0 になるから、

$$|\vec{a}||\vec{b}|\cos\theta = a_1b_1 + a_2b_2$$

(5) $\theta = 180°$ の場合

(a)が成り立つことを確認する。

$\vec{a}$ と $\vec{b}$ は逆向きになる。したがって、$-\vec{a}$ を何倍かすると $\vec{b}$ と一致する（図1.67）。

よって、$k > 0$ として $\vec{b} = k(-\vec{a}) = -k\vec{a}$

(a)の左辺$= |\vec{a}||\vec{b}|\cos\theta = |\vec{a}||-k\vec{a}|\cos 180°$

$\qquad\qquad = |\vec{a}||-k||\vec{a}|(-1)$ ← $\cos 180° = -1$ より

$\qquad\qquad = -k|\vec{a}|^2$ ← $k > 0$ より $|-k| = k$

$\vec{b} = -k\vec{a}$ より $(b_1, b_2) = -k(a_1, a_2)$

$$(b_1, b_2) = (-k\,a_1, -k\,a_2)$$

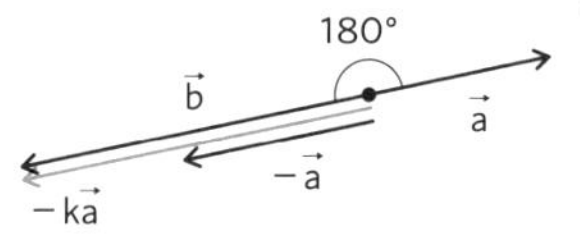

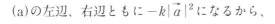

図1.67

よって、$b_1 = -k\,a_1$, $b_2 = -k\,a_2$

(a)の右辺 $= a_1b_1 + a_2b_2$

$\qquad\qquad = a_1 \cdot (-k\,a_1) + a_2 \cdot (-k\,a_2)$

$\qquad\qquad = -k\,a_1{}^2 - k\,a_2{}^2 = -k(a_1{}^2 + a_2{}^2) = -k|\vec{a}|^2$

(a)の左辺、右辺ともに $-k|\vec{a}|^2$ になるから、

$$|\vec{a}||\vec{b}|\cos\theta = a_1b_1 + a_2b_2$$

（Ⅱ）$\vec{a}$ または $\vec{b}$ が $\vec{0}$ である場合について考えよう。

(a)が成り立つことを確認する。

$\vec{a} = \vec{0}$ であるとき、

(a)の左辺 $= |\vec{a}||\vec{b}|\cos\theta = |\vec{0}||\vec{b}|\cos\theta = 0 \cdot |\vec{b}|\cos\theta = 0$

$\vec{a} = \vec{0} = (0,\ 0)$ であるから

(a)の右辺 $= a_1 b_1 + a_2 b_2 = 0 \cdot b_1 + 0 \cdot b_2 = 0$

(a)の左辺、右辺ともに0になるから、

$$|\vec{a}||\vec{b}|\cos\theta = a_1 b_1 + a_2 b_2$$

$\vec{b} = \vec{0}$ である場合も同様に成り立つ。　　　　　　　　　　（終）

空間ベクトルの内積の成分表示についても、同じようにして、次の式が成り立つことがわかる。

【空間ベクトルの内積の成分表示】

$\vec{a} = (a_1,\ a_2,\ a_3)$、$\vec{b} = (b_1,\ b_2,\ b_3)$ のとき、

$$\vec{a} \cdot \vec{b} = a_1 b_1 + a_2 b_2 + a_3 b_3$$

この証明も平面ベクトルと同じように証明できる。平面ベクトルの証明の中にある

$$|\vec{a}||\vec{b}|\cos\theta = \frac{1}{2}(|\vec{a}|^2 + |\vec{b}|^2 - |\vec{b}-\vec{a}|^2) \qquad \cdots\cdots(\text{d})$$

までは、同じである。あとは、$\vec{a} = (a_1,\ a_2,\ a_3)$、$\vec{b} = (b_1,\ b_2,\ b_3)$ として成分で表せばよい。

問題1.16

$\vec{a} = (a_1,\ a_2,\ a_3)$、$\vec{b} = (b_1,\ b_2,\ b_3)$ として、

$$|\vec{a}||\vec{b}|\cos\theta = \frac{1}{2}(|\vec{a}|^2 + |\vec{b}|^2 - |\vec{b}-\vec{a}|^2) \qquad \cdots\cdots(\text{d})$$

から

$$\vec{a} \cdot \vec{b} = a_1 b_1 + a_2 b_2 + a_3 b_3$$

を導け。

内積を成分で表すと x 成分どうし、y 成分どうし、z 成分どうしの積の和になる。この式の形は重要で、行列の積でもこの形がつかわれる。ま

た、積の和になることによって、数の掛け算と同じような性質を持つことになる。次に内積の性質を見ていこう。

内積の性質

内積の定義式 $\vec{a} \cdot \vec{b} = |\vec{a}||\vec{b}|\cos\theta$ より、次の重要な 2 つ事柄が成り立つことがすぐにわかる。

【内積の性質 I】
(1) $\vec{a} \neq \vec{0}$、$\vec{b} \neq \vec{0}$ のとき
$\vec{a} \perp \vec{b} \iff \vec{a} \cdot \vec{b} = 0$
(2) $\vec{a} \cdot \vec{a} = |\vec{a}|^2$

> $\vec{a}$ と $\vec{b}$ のなす角が 90° であるとき、$\vec{a}$ と $\vec{b}$ は垂直であると言い、$\vec{a} \perp \vec{b}$ と書く。

【証明】

(1) $\vec{a} \perp \vec{b}$ ならば、$\vec{a}$ と $\vec{b}$ のなす角 $\theta = 90°$ であり、$\cos 90° = 0$ であるから、

$$\vec{a} \cdot \vec{b} = |\vec{a}||\vec{b}|\cos 90° = |\vec{a}||\vec{b}| \cdot 0 = 0$$

逆に、$\vec{a} \cdot \vec{b} = 0$ ならば $|\vec{a}||\vec{b}|\cos\theta = 0$ で、

$|\vec{a}| \neq 0$、$|\vec{b}| \neq 0$ であるから、$\cos\theta = 0$
$0 \leq \theta \leq 180°$ の範囲では、$\theta = 90°$

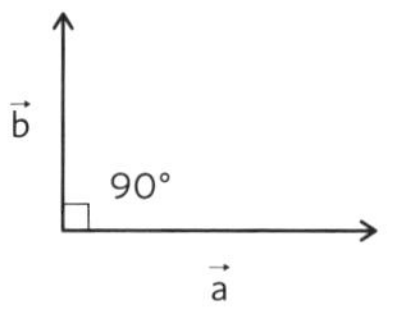

ゆえに、 $\vec{a} \perp \vec{b}$

図1.68

(2) 内積の定義式 $\vec{a} \cdot \vec{b} = |\vec{a}||\vec{b}|\cos\theta$ で、$\vec{a} = \vec{b}$ とすると、$\vec{a}$ と $\vec{a}$ のなす角は 0° だから

$$\vec{a} \cdot \vec{a} = |\vec{a}||\vec{a}|\cos 0° = |\vec{a}||\vec{a}| \cdot 1 = |\vec{a}|^2$$

ゆえに、 $\vec{a} \cdot \vec{a} = |\vec{a}|^2$ （終）

内積は、数の掛け算と同じように、次の交換法則、分配法則が成り立つ。ただし、結合法則[注1.9]は成り立たない。これにより、**内積は文字のかけ算と同じように計算できる**。

【内積の性質Ⅱ】

(1) $\vec{a} \cdot \vec{b} = \vec{b} \cdot \vec{a}$ 　　　　　　　　（交換法則）

(2) $(\vec{a} + \vec{b}) \cdot \vec{c} = \vec{a} \cdot \vec{c} + \vec{b} \cdot \vec{c}$ 　（分配法則）

　　$\vec{a} \cdot (\vec{b} + \vec{c}) = \vec{a} \cdot \vec{b} + \vec{a} \cdot \vec{c}$ 　（分配法則）

(3) $(k\vec{a}) \cdot \vec{b} = \vec{a} \cdot (k\vec{b}) = k(\vec{a} \cdot \vec{b})$

　　　　　　　　　　　　（スカラーとベクトルの結合法則）

　　（ただし、kは実数）

【証明】

　ここでは、内積の成分表示によって証明しよう。

　$\vec{a} = (a_1, a_2)$、$\vec{b} = (b_1, b_2)$、$\vec{c} = (c_1, c_2)$ とすると、

(1) $\vec{a} \cdot \vec{b} = a_1 b_1 + a_2 b_2 = b_1 a_1 + b_2 a_2 = \vec{b} \cdot \vec{a}$

(2)の前半

数の交換法則

$$(\vec{a} + \vec{b}) \cdot \vec{c} = (a_1 + b_1, a_2 + b_2) \cdot (c_1, c_2) = (a_1 + b_1)c_1 + (a_2 + b_2)c_2$$

数の分配法則

$$= (a_1 c_1 + b_1 c_1) + (a_2 c_2 + b_2 c_2)$$

$$= (a_1 c_1 + a_2 c_2) + (b_1 c_1 + b_2 c_2) = \vec{a} \cdot \vec{c} + \vec{b} \cdot \vec{c}$$

(2)の後半も同様にできる。

(3)の前半 $(k\vec{a}) \cdot \vec{b} = \vec{a} \cdot (k\vec{b})$ の証明

$$(k\vec{a}) \cdot \vec{b} = (k a_1, ka_2) \cdot (b_1, b_2) = ka_1 b_1 + ka_2 b_2$$

$$= a_1 \cdot k b_1 + a_2 \cdot k b_2 = (a_1, a_2) \cdot (k b_1, kb_2) = \vec{a} \cdot (k\vec{b})$$

(3)の後半も同様にできる。　　　　　　　　　　　　　　　　　　（終）

数の結合法則

注1.9)　数の結合法則は、a、b、cを実数として $(a \cdot b) \cdot c = a \cdot (b \cdot c)$ であるが、ベクトルの内積は、$(\vec{a} \cdot \vec{b}) \cdot \vec{c}$ で $\vec{a} \cdot \vec{b}$ が実数だから $(\vec{a} \cdot \vec{b}) \cdot \vec{c} = k\vec{c}$（kは実数）。同じように、$\vec{a} \cdot (\vec{b} \cdot \vec{c}) = \vec{a}k'$（k'は実数）となり、$(\vec{a} \cdot \vec{b}) \cdot \vec{c} \neq \vec{a} \cdot (\vec{b} \cdot \vec{c})$ である。

(2)の後半 $\vec{a} \cdot (\vec{b} + \vec{c}) = \vec{a} \cdot \vec{b} + \vec{a} \cdot \vec{c}$ と(3)の後半 $\vec{a} \cdot (k\vec{b}) = k(\vec{a} \cdot \vec{b})$ を証明せよ。

内積の性質Ⅱを使うと、ベクトルでも文字のかけ算と同じように計算することができる。

例題1.9

等式 $|\vec{a} + \vec{b}|^2 = |\vec{a}|^2 + 2\vec{a} \cdot \vec{b} + |\vec{b}|^2$ を証明せよ。

【証明】

$|\vec{a}|^2 = \vec{a} \cdot \vec{a}$

$$|\vec{a} + \vec{b}|^2 = (\vec{a} + \vec{b}) \cdot (\vec{a} + b) = (\vec{a} + \vec{b}) \cdot \vec{a} + (\vec{a} + \vec{b}) \cdot \vec{b}$$

分配法則

$$= (\vec{a} \cdot \vec{a} + \vec{b} \cdot \vec{a}) + (\vec{a} \cdot \vec{b} + \vec{b} \cdot \vec{b})$$

分配法則

$$= |\vec{a}|^2 + 2\vec{b} \cdot \vec{a} + |\vec{b}|^2$$

ゆえに、$|\vec{a} + \vec{b}|^2 = |\vec{a}|^2 + 2\vec{a} \cdot \vec{b} + |\vec{b}|^2$　　　　　　（終）

例題1.9のように、文字の展開公式 $(a + b)^2 = a^2 + 2ab + b^2$ と似ている式がベクトルの大きさと内積で成り立つことがわかる。

問題1.18

等式 $(\vec{a} + \vec{b}) \cdot (\vec{a} - \vec{b}) = |\vec{a}|^2 - |\vec{b}|^2$　 を証明せよ。

平行四辺形の面積

ここで、平行四辺形の面積を、内積を用いて表そう。

【平行四辺形の面積 I 】

平行でない 2 つのベクトル $\vec{a} = \overrightarrow{OA}$、$\vec{b} = \overrightarrow{OB}$ に対して、$\vec{a} + \vec{b} = \overrightarrow{OC}$ とするとき（図1.69）、平行四辺形OACBの面積Sは、

$$S = \sqrt{|\vec{a}|^2|\vec{b}|^2 - (\vec{a} \cdot \vec{b})^2} \qquad (1.3)$$

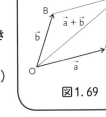

図1.69

> このような平行四辺形を「$\vec{a}$と$\vec{b}$がつくる平行四辺形」という

〈考え方〉

平行四辺形$OACB$の面積Sは△OABの面積の 2 倍であるから、△OABの面積を求め、2 倍にする。求められた式に$\sin\theta$が含まれているので、これを$\cos\theta$に直して、内積で表す（図1.70）。

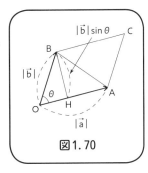

図1.70

【証明】

BからOAに垂線BHを下ろし、$\vec{a}$と$\vec{b}$のなす角$\angle AOB = \theta$とする。直角三角形OBHにおいて、

$$BH = OB\sin\theta = |\vec{b}|\sin\theta$$

> 三角形の面積
> ＝（底辺）×（高さ）÷2

である。したがって、

$$\triangle OAB \text{の面積} = \frac{1}{2}OA \cdot BH = \frac{1}{2}|\vec{a}||\vec{b}|\sin\theta$$

よって、平行四辺形$OACB$の面積Sは、

$$S = 2 \times \triangle OAB \text{の面積} = 2 \times \frac{1}{2}|\vec{a}||\vec{b}|\sin\theta = |\vec{a}||\vec{b}|\sin\theta \cdots\cdots①$$

Sを内積$\vec{a} \cdot \vec{b} = |\vec{a}||\vec{b}|\cos\theta$で表すために、①の$\sin$を$\cos$に変える。$\sin$と$\cos$の関係式$\sin^2\theta + \cos^2\theta = 1$より、

$$\sin^2\theta = 1 - \cos^2\theta$$

①を2乗した式に代入して、

$$S^2 = |\vec{a}|^2|\vec{b}|^2\sin^2\theta = |\vec{a}|^2|\vec{b}|^2(1 - \cos^2\theta)$$
$$= |\vec{a}|^2|\vec{b}|^2 - |\vec{a}|^2|\vec{b}|^2\cos^2\theta = |\vec{a}|^2|\vec{b}|^2 - (\vec{a}\cdot b)^2$$

$S > 0$ だから

$$S = \sqrt{|\vec{a}|^2|\vec{b}|^2 - (\vec{a}\cdot\vec{b})^2} \qquad\qquad (終)$$

例題1.10

　ベクトル$\vec{a} = (4, 2)$、$\vec{b} = (-1, 1)$がつくる平行四辺形の面積Sを求めよ。

《解答》

$|\vec{a}|^2 = 4^2 + 2^2 = 16 + 4 = 20$

$|\vec{b}|^2 = (-1)^2 + 1^2 = 2$

$(\vec{a}\cdot\vec{b})^2 = \{4\cdot(-1) + 2\cdot 1\}^2 = (-2)^2 = 4$

よって、

$S = \sqrt{|\vec{a}|^2|\vec{b}|^2 - (\vec{a}\cdot\vec{b})^2} = \sqrt{20\cdot 2 - 4}$

$\quad = \sqrt{36} = 6$ 　　　　(終)

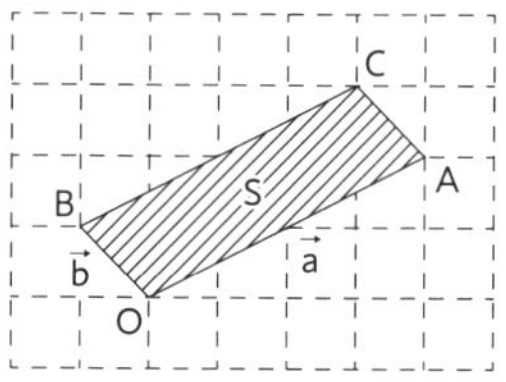

図1.71

平行四辺形の面積を表す式(1.3)は、平面ベクトルでも空間ベクトルでも成り立つ。

問題1.19

　平行でない2つのベクトル$\vec{a} = (2, 1, 0)$、$\vec{b} = (2, 0, 3)$がつくる平行四辺形の面積Sを求めよ。

　次に、平行四辺形の面積Sを表す(1.3)を、平面ベクトルの成分で表そう。

　2つのベクトル$\vec{a}$、$\vec{b}$の成分を$\vec{a} = (a, b)$、$\vec{b} = (c, d)$とすると、

$$|\vec{a}|^2 = a^2 + b^2、\quad |\vec{b}|^2 = c^2 + d^2、\quad \vec{a}\cdot\vec{b} = ac + bd$$

であるから、

$$S^2 = |\vec{a}|^2|\vec{b}|^2 - (\vec{a} \cdot \vec{b})^2 = (a^2 + b^2)(c^2 + d^2) - (ac + bd)^2$$
$$= (a^2c^2 + a^2d^2 + b^2c^2 + b^2d^2) - (a^2c^2 + 2abcd + b^2d^2)$$
$$= a^2d^2 - 2abcd + b^2c^2$$
$$= (ad)^2 - 2(ad)(bc) + (bc)^2 = (ad - bc)^2$$

$S > 0$ だから

$$S = \sqrt{(ad - bc)^2} = |ad - bc|$$ 絶対値

以上をまとめると、

【平行四辺形の面積 Ⅱ】

2つの平面ベクトル $\vec{a} = (a, b)$、$\vec{b} = (c, d)$ がつくる平行四辺形の面積Sは、

S = |ad − bc|

この $ad - bc$ は重要な式で、第3章で見ていく2次の行列式である。この $ad - bc$ を $\begin{vmatrix} a & b \\ c & d \end{vmatrix}$ と書く。したがって、**2次の行列式の絶対値**は、平行四辺形OACBの面積Sに等しい。

この2次の行列式 $\begin{vmatrix} a & b \\ c & d \end{vmatrix}$ の計算方法は、第3章で詳しく見ていくが、次のように計算する。

$$\begin{vmatrix} a & b \\ c & d \end{vmatrix} = ad - bc$$
$$-bc \quad ad$$

左上と右下の成分をかけた数 ad から、右上と左下の成分をかけた数 bc を引く

例題1.11

ベクトル $\vec{a} = (4, 2)$、$\vec{b} = (-1, 1)$ がつくる平行四辺形の面積Sを [平行四辺形の面積 Ⅱ] を用いて、求めよ(例題1.10と同じ問題)。

《解答》

$$\begin{vmatrix} 4 & 2 \\ -1 & 1 \end{vmatrix} = 4 \times 1 - 2 \times (-1) = 6$$

よって $\qquad\qquad S = |6| = 6$ (終)

問題1.20

ベクトル $\vec{a} = (-3, 2)$、$\vec{b} = (5, 1)$ がつくる平行四辺形の面積 S を求めよ。

問題1.1

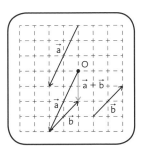

問題1.2

$$\overrightarrow{AB} + \overrightarrow{CD} = \overrightarrow{AB} + \overrightarrow{BD} - \overrightarrow{BD} + \overrightarrow{CD} = (\overrightarrow{AB} + \overrightarrow{BD}) - (-\overrightarrow{DB}) + \overrightarrow{CD}$$
$$= \overrightarrow{AD} + \overrightarrow{DB} + \overrightarrow{CD} = \overrightarrow{AD} + (\overrightarrow{CD} + \overrightarrow{DB}) = \overrightarrow{AD} + \overrightarrow{CB}$$

問題1.3

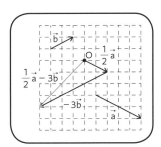

問題1.4

(1) $(5\vec{a} - 2\vec{b}) + (3\vec{a} - 4\vec{b}) = 5\vec{a} + 3\vec{a} - 2\vec{b} - 4\vec{b} = 8\vec{a} - 6\vec{b}$

(2) $3(-2\vec{a} + \vec{b}) - 4(\vec{a} - 3\vec{b}) = -6\vec{a} + 3\vec{b} - 4\vec{a} + 12\vec{b} = -10\vec{a} + 15\vec{b}$

問題1.5

右の図のように $\overrightarrow{OA} = \vec{a}$、$\overrightarrow{OB} = \vec{b}$ とおく。

$$\overrightarrow{AE} = \overrightarrow{OE} - \overrightarrow{OA} = (\overrightarrow{OB} + \overrightarrow{BE}) - \overrightarrow{OA}$$

$$= (\vec{b} + \tfrac{1}{2}\vec{a}) - \vec{a} = \vec{b} + \tfrac{1}{2}\vec{a} - \vec{a}$$

$$= \vec{b} - \tfrac{1}{2}\vec{a}$$

$$\overrightarrow{DB} = \overrightarrow{OB} - \overrightarrow{OD} = \overrightarrow{OB} - \overrightarrow{OA}$$

$$= \vec{b} - \tfrac{1}{2}\vec{a}$$

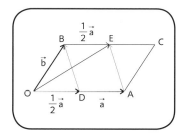

よって $\overrightarrow{AE} = \overrightarrow{DB}$

$\overrightarrow{AE}$ と $\overrightarrow{DB}$ が等しいことは、$AE = BD$、$AE /\!/ BD$ であることを示している。

問題1.6

$B(0,\,3,\,0)$、$C(0,\,0,\,4)$、$L(2,\,3,\,0)$、$N(2,\,0,\,4)$

問題1.7

(1) $|\vec{a}| = \sqrt{12^2 + (-5)^2} = \sqrt{144 + 25} = \sqrt{169} = \sqrt{13^2} = 13$

(2) $|\vec{b}| = \sqrt{(-3)^2 + 2^2 + (-6)^2} = \sqrt{9 + 4 + 36} = \sqrt{49} = \sqrt{7^2} = 7$

問題1.8

$\vec{a} = \vec{b}$ より $\quad (x + 2y,\, -x + y,\, 8) = (3,\, 3,\, -2z)$

したがって $\quad x + 2y = 3 \quad \cdots① \quad -x + y = 3 \quad \cdots② \quad 8 = -2z \quad \cdots③$

$①+②$ より $\quad 3y = 6 \quad$ よって $\quad y = 2$

①に代入して $\quad x + 2\cdot2 = 3 \quad$ よって $\quad x = -1$

③より $\quad z = -4$

以上より $\quad x = -1$、$y = 2$、$z = -4$

問題1.9

$(\vec{a} + \vec{b}) + \vec{c} = ((a_1,\, a_2) + (b_1,\, b_2)) + (c_1,\, c_2) = (a_1 + b_1,\, a_2 + b_2) + (c_1,\, c_2)$

$\qquad = (a_1 + b_1 + c_1,\, a_2 + b_2 + c_2) = (a_1,\, a_2) + (b_1 + c_1,\, b_2 + c_2)$

$\qquad = (a_1,\, a_2) + ((b_1,\, b_2) + (c_1,\, c_2)) = \vec{a} + (\vec{b} + \vec{c})$

問題1.10

(2) $(m+n)\vec{a} = (m+n)(a_1,\, a_2) = ((m+n)a_1,\, (m+n)a_2)$

$\qquad = (ma_1 + na_1,\, ma_2 + na_2) = (ma_1,\, ma_2) + (na_1,\, na_2)$

$\qquad = m(a_1,\, a_2) + n(a_1,\, a_2) = m\vec{a} + n\vec{a}$

(3) $m(\vec{a} + \vec{b}) = m((a_1,\, a_2) + (b_1,\, b_2)) = m(a_1 + b_1,\, a_2 + b_2)$

$\qquad = (m(a_1 + b_1),\, m(a_2 + b_2)) = (ma_1 + mb_1,\, ma_2 + mb_2)$

$\qquad = (ma_1,\, ma_2) + (mb_1,\, mb_2) = m(a_1,\, a_2) + m(b_1,\, b_2) = m\vec{a} + m\vec{b}$

問題1.11

$$3\vec{a} - 2\vec{b} = 3(-3,\, 2) - 2(1,\, -1) = (-9,\, 6) - (2,\, -2)$$

$$= (-9 - 2,\, 6 - (-2)) = (-11,\, 8)$$

$$|3\vec{a} - 2\vec{b}| = \sqrt{(-11)^2 + 8^2} = \sqrt{121 + 64} = \sqrt{185}$$

問題1.12

(1) $\sin 30° = \dfrac{1}{2}$ 　　(2) $\cos 45° = \dfrac{1}{\sqrt{2}}$

問題1.13

右の図のように、60°の角を左になるようの書き換えて

$$AC = 6\sin 60° = 6 \cdot \dfrac{\sqrt{3}}{2} = 3\sqrt{3}$$

$$BC = 6\cos 60° = 6 \cdot \dfrac{1}{2} = 3$$

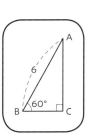

問題1.14（次ページの図を参照）

(1) $\sin 135° = \dfrac{1}{\sqrt{2}}$

$\quad \cos 135° = \dfrac{-1}{\sqrt{2}} = -\dfrac{1}{\sqrt{2}}$

(2) $\sin 90° = \dfrac{r}{r} = 1$

$\quad \cos 90° = \dfrac{0}{r} = 0$

(3) $\sin 180° = \dfrac{0}{r} = 0$

$\cos 180° = \dfrac{-r}{r} = -1$

問題1.15

(1) $\vec{a}\cdot\vec{b} = 3\cdot 2\cdot\cos 120° = 3\cdot 2\cdot\left(-\dfrac{1}{2}\right) = -3$

(2) $\vec{a}\cdot\vec{b} = 3\cdot 2\cdot\cos 180° = 3\cdot 2\cdot(-1) = -6$

問題1.16

$|\vec{a}|^2 + |\vec{b}|^2 - |\vec{b}-\vec{a}|^2$

$= (a_1{}^2 + a_2{}^2 + a_3{}^2) + (b_1{}^2 + b_2{}^2 + b_3{}^2)$

$\qquad - \{(b_1 - a_1)^2 + (b_2 - a_2)^2 + (b_3 - a_3)^2\}$

$= (a_1{}^2 + a_2{}^2 + a_3{}^2) + (b_1{}^2 + b_2{}^2 + b_3{}^2)$

$\qquad - \{(b_1{}^2 - 2a_1 b_1 + a_1{}^2) + (b_2{}^2 - 2a_2 b_2 + a_2{}^2) + (b_3{}^2 - 2a_3 b_3 + a_3{}^2)\}$

$= 2a_1 b_1 + 2a_2 b_2 + 2a_3 b_3$

$= 2(a_1 b_1 + a_2 b_2 + a_3 b_3)$

したがって

$\qquad$ (d)の右辺 $= \dfrac{1}{2}\cdot 2(a_1 b_1 + a_2 b_2 + a_3 b_3) = a_1 b_1 + a_2 b_2 + a_3 b_3$

一方

$\qquad$ (d)の左辺 $= |\vec{a}|\,|\vec{b}|\cos\theta = \vec{a}\cdot\vec{b}$

だから

$\qquad \vec{a}\cdot\vec{b} = a_1 b_1 + a_2 b_2 + a_3 b_3$

問題1.17

(2)の後半 $\vec{a}\cdot(\vec{b}+\vec{c}) = \vec{a}\cdot\vec{b} + \vec{a}\cdot\vec{c}$ の証明

$\qquad \vec{a}\cdot(\vec{b}+\vec{c}) = (a_1, a_2)\cdot(b_1 + c_1,\ b_2 + c_2) = a_1(b_1 + c_1) + a_2(b_2 + c_2)$

$\qquad\qquad = (a_1 b_1 + a_1 c_1) + (a_2 b_2 + a_2 c_2)$

$\qquad\qquad = (a_1 b_1 + a_2 b_2) + (a_1 c_1 + a_2 c_2) = \vec{a}\cdot\vec{b} + \vec{a}\cdot\vec{c}$

(3)の後半 $\vec{a}\cdot(k\vec{b}) = k(\vec{a}\cdot\vec{b})$ を証明

$$\vec{a} \cdot (k\vec{b}) = (a_1,\ a_2) \cdot (kb_1,\ kb_2) = a_1 \cdot kb_1 + a_2 \cdot kb_2$$
$$= k(a_1 b_1 + a_2 b_2) = k(a_1,\ a_2) \cdot (b_1,\ b_2) = k(\vec{a} \cdot \vec{b})$$

問題1. 18

$$(\vec{a} + \vec{b}) \cdot (\vec{a} - \vec{b}) = \vec{a} \cdot (\vec{a} - \vec{b}) + \vec{b} \cdot (\vec{a} - \vec{b}) = \vec{a} \cdot \vec{a} - \vec{a} \cdot \vec{b} + \vec{b} \cdot \vec{a} - \vec{b} \cdot \vec{b}$$
$$= |\vec{a}|^2 - |\vec{b}|^2$$

問題1. 19

$$|\vec{a}|^2 |\vec{b}|^2 = (2^2 + 1^2 + 0^2)(2^2 + 0^2 + 3^2) = 5 \cdot 13 = 65$$
$$(\vec{a} \cdot \vec{b})^2 = (2 \cdot 2 + 1 \cdot 0 + 0 \cdot 3)^2 = 4^2 = 16$$
よって $\quad S = \sqrt{|\vec{a}|^2 |\vec{b}|^2 - (\vec{a} \cdot \vec{b})^2} = \sqrt{65 - 16} = \sqrt{49} = 7$

問題1. 20

$$\begin{vmatrix} -3 & 2 \\ 5 & 1 \end{vmatrix} = (-3) \cdot 1 - 2 \cdot 5 = -3 - 10 = -13$$
よって
$$S = |-13| = 13$$

第2章
行列

　日常で「行列」というと、大名行列のように人が並んだ様子を思い浮かべるが、数学では、数を長方形や正方形の形に並べたまとまりを行列という。行列を使うことによって、複数の数・未知数・変数などを一括して処理することができる。数学では、なくてはならない道具である。第1章で見てきた数ベクトルも行列であるから、この数ベクトルの性質がそのまま行列の性質になるように、行列の演算が決められている。

　そこで、本書も数ベクトルの発展として行列をとらえ、数ベクトルで成り立つ演算から行列の演算を定義し、行列による連立方程式の解法を、次の順序で見ていくことにする。

---

1. 行列を用いて連立方程式を解くことの有益性を示してから、行列の構造を見ていく。
2. 数ベクトルの足し算、引き算、実数倍が、そのまま行列に受け継がれるように定義する。
3. 数ベクトルの内積を使って、行列の掛け算を定義する。しかし、この定義のもとでは結合法則、分配法則は成り立つが、交換法則が成り立たないことを見ていく。
4. 単位の数1にあたる単位行列Eを求める。
5. 数の掛け算では見られない行列の掛け算について見ていく。
6. 2の逆数 $\frac{1}{2}$（＝2^{-1}）にあたる2次正方行列Aの逆行列A^{-1}を求める。行列の割り算は、行列AにA^{-1}を右から掛けるか、左から掛け算するかで変わることを見ていく。
7. 2元連立1次方程式を逆行列を使って解く方法を見ていく。
8. 連立方程式を解く方法に消去法がある。この消去法に沿って、行列を変形していくことを基本変形という。この基本変形によって連立1次方程式を解き、さらに逆行列を求める。

次の問題を考えよう。

「文房具店で、

太郎君は、ノートを2冊、ボールペンを4本、修正液を3個買って1950円払った。

次郎君は、ノートを1冊、ボールペンを3本、修正液を2個買って1250円払った。

三郎君は、ノートを3冊、ボールペンを2本、修正液を1個買って1450円払った。

このとき、ノート、ボールペン、修正液の値段はそれぞれいくらか」

このような問題を解くときは、ノートの値段を x 円、ボールペンの値段を y 円、修正液の値段を z 円として、3元連立1次方程式（96ページ参照）を作る。その連立方程式は、

$$\begin{cases} 2x + 4y + 3z = 1950 \\ x + 3y + 2z = 1250 \\ 3x + 2y + z = 1450 \end{cases} \tag{2.1}$$

となる。あとは、この連立方程式を解けばよい。中学校で学んだように、この連立方程式は消去法や代入法（104ページ参照）を用いれば容易に解くことができる。しかしここでは、この連立方程式を行列を使って解くことを見ていく。

行列と連立方程式

まず、(2.1) を次のように書き換える。

① (2.1) の左辺と右辺を列ベクトルで表す。

$$\begin{pmatrix} 2x + 4y + 3z \\ x + 3y + 2z \\ 3x + 2y + z \end{pmatrix} = \begin{pmatrix} 1950 \\ 1250 \\ 1450 \end{pmatrix} \tag{2.2}$$

② (2.2)の左辺を見ると次のようになっている。

x成分$2x + 4y + 3z$は行ベクトル$(2\ 4\ 3)$と列ベクトル$\begin{pmatrix} x \\ y \\ z \end{pmatrix}$の内積

$(2\ 4\ 3)$は行ベクトル$(2, 4, 3)$と書くところをカンマ「,」を省略した

y成分$x + 3y + 2z$は行ベクトル$(1\ 3\ 2)$と列ベクトル$\begin{pmatrix} x \\ y \\ z \end{pmatrix}$の内積

z成分$3x + 2y + z$は行ベクトル$(3\ 2\ 1)$と列ベクトル$\begin{pmatrix} x \\ y \\ z \end{pmatrix}$の内積

これを利用して、計算規則を次のように定める。

$$(2.2)\text{の左辺} = \begin{pmatrix} 2x + 4y + 3z \\ x + 3y + 2z \\ 3x + 2y + z \end{pmatrix} = \begin{pmatrix} 2 & 4 & 3 \\ 1 & 3 & 2 \\ 3 & 2 & 1 \end{pmatrix} \begin{pmatrix} x \\ y \\ z \end{pmatrix}$$

③ (2.1)は、この計算規則で、次のように書き換えることができる。

$$\begin{pmatrix} 2 & 4 & 3 \\ 1 & 3 & 2 \\ 3 & 2 & 1 \end{pmatrix} \begin{pmatrix} x \\ y \\ z \end{pmatrix} = \begin{pmatrix} 1950 \\ 1250 \\ 1450 \end{pmatrix} \tag{2.3}$$

ここで、

$$A = \begin{pmatrix} 2 & 4 & 3 \\ 1 & 3 & 2 \\ 3 & 2 & 1 \end{pmatrix}, \quad \vec{x} = \begin{pmatrix} x \\ y \\ z \end{pmatrix}, \quad \vec{a} = \begin{pmatrix} 1950 \\ 1250 \\ 1450 \end{pmatrix} \quad \text{とおくと (2.3) は、}$$

$$A\vec{x} = \vec{a} \tag{2.4}$$

となる。このAを**行列**という。

　これで、連立方程式(2.1)を行列を用いて(2.4)というとてもシンプルな式に書き換えることができた。

一方、この (2.4) は、たとえば、

$$3x = 2$$

という簡単な１次方程式と同じ形をしていることに気付く。この１次方程式を解くには、

両辺に $\dfrac{1}{3}$ を掛けて、$\dfrac{1}{3} \cdot 3x = \dfrac{1}{3} \cdot 2$

$\dfrac{1}{3} \cdot 3 = 1$ だから、$\qquad 1 \cdot x = \dfrac{2}{3}$

$1 \cdot x = x$ だから、$\qquad x = \dfrac{2}{3}$

と解を求めることができる。

これと同じ計算を (2.4) についてもできるようにしたい。すなわち、$\dfrac{1}{3}$ に相当する行列 A^{-1} と１に相当する行列 E を求めて (2.4) の両辺に左から A^{-1} を掛けると、

$$A^{-1}A\vec{x} = A^{-1}\vec{a}$$

$A^{-1}A = E$ だから $E\vec{x} = A^{-1}\vec{a}$

$E\vec{x} = \vec{x}$ だから $\qquad \vec{x} = A^{-1}\vec{a}$

行列 A に対して
$A^{-1}A = E,\quad E\vec{x} = \vec{x}$
となる行列 A^{-1} と E を求める。詳しくは
84 ページと 88 ページを参照

で $\vec{x}$ が求められる。

このように、行列を用いることによって、複数の数、未知数、変数などをまとめて処理することができる。

この章では、行列の基本事項を見てから、連立１次方程式の解法を調べていくことにする。そのために、まず行列の構造から見ていこう。

行列の構造

行列に四則演算を導入する準備として、行列の構造を見ていく。

行列とは、数を長方形や正方形に並べたものであり、その数を**成分**という。

行列の横の並びを**行**、縦の並びを**列**という。行が m 行、列が n 列ある行列では、行は上から順番に第１行、第２行、…、第 m 行、列を左から順番に第１列、第２列、…、第 n 列という。第 i 行と第 j 列（ここで、i は

1 から m までの整数、j は 1 から n までの整数）が交わっている個所を**(i, j)成分**という。たとえば、図2.1では第2行と第3列が交わっている個所にある数4は $(2, 3)$ 成分である。

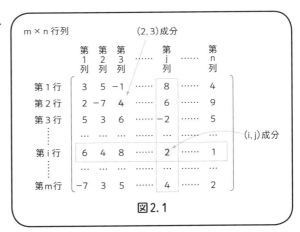

図2.1

m 個の行と n 個の列でできている行列を**m × n型の行列**あるいは**m × n行列**という。

① たとえば、2つの行と3つの列でできている行列は、2×3型の行列あるいは2×3行列という（図2.2①）。

② また、行の個数と列の個数が等しい行列を**正方行列**といい、$n \times n$ 行列を**n次正方行列**という（図2.2②）。

③ 1行からできている行列を**行ベクトル**、1列からできている行列を**列ベクトル**という。

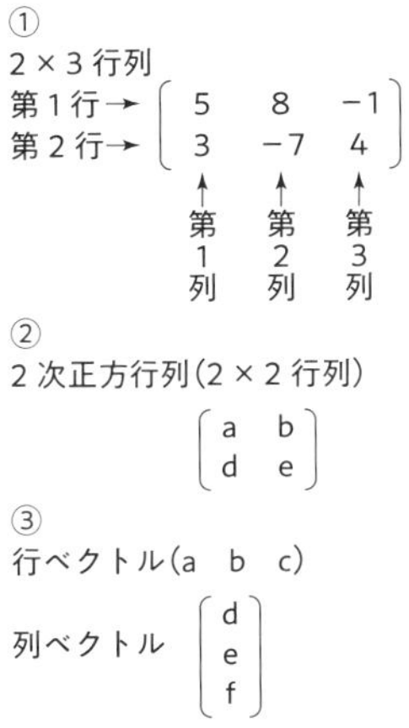

一般に、行列を表すときは図2.3①のように書き、(i, j) 成分を a_{ij} と書く。この a の右下に書いてある ij を**添え字**

図2.2

問題2.1

次の行列は、何行何列の行列か。

(1) $\begin{pmatrix} -1 & 0 & 4 \\ 0 & 1 & 3 \end{pmatrix}$

(2) $\begin{pmatrix} 1 & 5 & 12 & 7 \\ 3 & 4 & -2 & 8 \\ 2 & -6 & 9 & 10 \end{pmatrix}$

第2章　行列

問題2.2

問題2.1(2)の行列について、次の成分をいえ。

(1) (1, 3) 成分　　(2) (2, 4) 成分　　(3) (3, 2) 成分

といい、行番号を左に書き、列番号を右に書く。しかし、図2.3①の書き方はスペースを取るので、単に (a_{ij}) と略記することもある(図2.3②)。

①行列の一般的な表し方

$$\begin{pmatrix} a_{11} & a_{12} & a_{13} & \cdots & a_{1j} & \cdots & a_{1n} \\ a_{21} & a_{22} & a_{23} & \cdots & a_{2j} & \cdots & a_{2n} \\ a_{31} & a_{32} & a_{33} & \cdots & a_{3j} & \cdots & a_{3n} \\ \cdots & \cdots & \cdots & \cdots & \cdots & \cdots & \cdots \\ a_{i1} & a_{i2} & a_{i3} & \cdots & a_{ij} & \cdots & a_{in} \\ \cdots & \cdots & \cdots & \cdots & \cdots & \cdots & \cdots \\ a_{m1} & a_{m2} & a_{m3} & \cdots & a_{mj} & \cdots & a_{mn} \end{pmatrix}$$

②行列の略記

$$(a_{ij})$$

i行　j列

図2.3

行列の相等

これから、行列について足し算、掛け算などを定義していくが、そのときベクトルの性質に矛盾しないように決めなければならない。それは、行ベクトルは $1 \times n$ 行列であり、列ベクトルは $m \times 1$ 行列であるから、今までベクトルで成り立った性質をそのまま行列は引き継いでいく必要がある。

さて、2つの行列 $A = (a_{ij})$、$B = (b_{ij})$ が等しいことは、ベクトルと同じように、対応するすべての成分がすべて等しいことである。

【行列の相等】

2つの $m \times n$ 行列 $A = (a_{ij})$、$B = (b_{ij})$ について、

$$A = B \iff a_{ij} = b_{ij} \quad (i = 1, 2, \cdots, m、j = 1, 2, \cdots, n)$$

問題2.3

次の等式が成り立つように、x、y、u、vの値を定めよ。

$$\begin{pmatrix} x+y & x-y \\ u-1 & 2v \end{pmatrix} = \begin{pmatrix} 1 & 3 \\ 2 & 4 \end{pmatrix}$$

2. 行列の加法・減法および実数倍

前節で行列の定義をしたので、次に行列が計算できるように、足し算、引き算、実数倍を定義しよう。

行列の足し算・引き算

行列の足し算・引き算を、ベクトルの成分表示での計算と同じようするために、次のように定義する。

> **【行列の加法・減法の定義】**
>
> 2 つの $m \times n$ 行列 $A = (a_{ij})$、$B = (b_{ij})$ について、
> $$A + B = (a_{ij}) + (b_{ij}) = (a_{ij} + b_{ij})$$
> $$A - B = (a_{ij}) - (b_{ij}) = (a_{ij} - b_{ij})$$

この定義からわかるように、**行列の足し算・引き算ができるのは同じ型の行列どうしである**。たとでば、2×3 行列と 3×2 行列は足し算・引き算はできない。これは、数の足し算・引き算と違う点である。したがって、行列の足し算 $A + B$、引き算 $A - B$ を考えるときは、行列 A と B が同じ型であることを前提とする。

行列の足し算についても、ベクトルと同じように、交換法則、結合法則が成り立つ。

> **【行列の加法の基本性質】**
>
> 3 つの $m \times n$ 行列 A、B、C について、
> (1) $A + B = B + A$ （交換法則）
> (2) $(A + B) + C = A + (B + C)$ （結合法則）

証明はベクトルの成分表示の場合と同じようにできる。

結合法則が成り立つので、行列 A、B、C の和を $A + B + C$ と書く。

零行列

零ベクトルは、すべの成分が 0 であった。そこで、すべの成分が 0 である行列を**零行列**といい、O で表す。

当然ながら次の式が成り立つ。

【零行列 O の性質】

　　m × n行列Aについて　A＋O＝O＋A＝A

行列の実数倍

次に、行列の実数倍についても、ベクトルの成分表示の場合に矛盾しないように、次のように定義する。

【行列の実数倍の定義】

　　m × n行列 A＝(a_{ij})、実数 p について、
　　　　　pA＝p(a_{ij})＝(pa_{ij})

このように定義すると次のこのことが成り立つ。

【実数倍の基本性質】

　　2つの m × n行列A、B、実数p、q について、
　(1)　p(qA)＝(pq)A　　　　　（結合法則）
　(2)　(p＋q)A＝pA＋qA　　　（分配法則Ⅰ）
　(3)　p(A＋B)＝pA＋qB　　　（分配法則Ⅱ）

この証明もベクトルの成分表示の場合と同じである。

問題2.4

$A=\begin{pmatrix} 2 & 3 \\ -1 & 4 \end{pmatrix}$、$B=\begin{pmatrix} 1 & -2 \\ 2 & -3 \end{pmatrix}$、$C=\begin{pmatrix} 5 & 1 \\ -3 & 1 \end{pmatrix}$ のとき、次の式を計算せよ。

(1) $3A-2B+5C$　　　　　(2) $2(3A-B)+2B-C$

3. 行列の乗法

次は、行列の掛け算を考えよう。ベクトルには、掛け算はないが、それに似た内積がある。このベクトルの内積に矛盾しないように行列の掛け算を定義する。実は、71ページで、連立方程式(2.1)を行列を用いた式(2.3)に変形したが、この変形の逆が行列の掛け算である。

行列の掛け算とは

成分が多いと掛け算が複雑になるので、ここでは2×3行列Aと3×2行列Bの掛け算を見ていこう。

$A = \begin{pmatrix} a_{11} & a_{12} & a_{13} \\ a_{21} & a_{22} & a_{23} \end{pmatrix}$、 $B = \begin{pmatrix} b_{11} & b_{12} \\ b_{21} & b_{22} \\ b_{31} & b_{32} \end{pmatrix}$ として、ABを求めよう。

①Aの第1行とBの第1列の内積を積ABの$(1, 1)$成分とする。

$$\begin{pmatrix} a_{11} & a_{12} & a_{13} \\ a_{21} & a_{22} & a_{23} \end{pmatrix} \begin{pmatrix} b_{11} & b_{12} \\ b_{21} & b_{22} \\ b_{31} & b_{32} \end{pmatrix} = \begin{pmatrix} a_{11}b_{11} + a_{12}b_{21} + a_{13}b_{31} & \\ & \end{pmatrix}$$

（内積）

②Aの第2行とBの第1列の内積を積ABの$(2, 1)$成分とする。

$$\begin{pmatrix} a_{11} & a_{12} & a_{13} \\ a_{21} & a_{22} & a_{23} \end{pmatrix} \begin{pmatrix} b_{11} & b_{12} \\ b_{21} & b_{22} \\ b_{31} & b_{32} \end{pmatrix} = \begin{pmatrix} a_{11}\,b_{11} + a_{12}\,b_{21} + a_{13}\,b_{31} \\ a_{21}\,b_{11} + a_{22}\,b_{21} + a_{23}\,b_{31} \end{pmatrix}$$

（内積）

③Aの第1行とBの第2列の内積を積ABの$(1, 2)$成分とする。

$$\begin{pmatrix} a_{11} & a_{12} & a_{13} \\ a_{21} & a_{22} & a_{23} \end{pmatrix} \begin{pmatrix} b_{11} & b_{12} \\ b_{21} & b_{22} \\ b_{31} & b_{32} \end{pmatrix} = \begin{pmatrix} a_{11}b_{11} + a_{12}b_{21} + a_{13}b_{31} & a_{11}b_{12} + a_{12}b_{22} + a_{13}b_{32} \\ a_{21}b_{11} + a_{22}b_{21} + a_{23}b_{31} & \end{pmatrix}$$

（内積）

④Aの第2行とBの第2列の内積を積ABの$(2, 2)$成分とする。

$$\begin{pmatrix} a_{11} & a_{12} & a_{13} \\ a_{21} & a_{22} & a_{23} \end{pmatrix}\begin{pmatrix} b_{11} & b_{12} \\ b_{21} & b_{22} \\ b_{31} & b_{32} \end{pmatrix} = \begin{pmatrix} a_{11}b_{11} + a_{12}b_{21} + a_{13}b_{31} & a_{11}b_{12} + a_{12}b_{22} + a_{13}b_{32} \\ a_{21}b_{11} + a_{22}b_{21} + a_{23}b_{31} & \boxed{a_{21}b_{12} + a_{22}b_{22} + a_{23}b_{32}} \end{pmatrix}$$

内積

結局、2×3 行列と 3×2 行列の掛け算を、次のように定義する。

【行列の掛け算】

$$\begin{pmatrix} a_{11} & a_{12} & a_{13} \\ a_{21} & a_{22} & a_{23} \end{pmatrix}\begin{pmatrix} b_{11} & b_{12} \\ b_{21} & b_{22} \\ b_{31} & b_{32} \end{pmatrix} = \begin{pmatrix} a_{11}\,b_{11} + a_{12}\,b_{21} + a_{13}\,b_{31} & a_{11}\,b_{12} + a_{12}\,b_{22} + a_{13}\,b_{32} \\ a_{21}\,b_{11} + a_{22}\,b_{21} + a_{23}\,b_{31} & a_{21}\,b_{12} + a_{22}\,b_{22} + a_{23}\,b_{32} \end{pmatrix}$$

一般の行列の掛け算も同じように定義する。

この掛け算の定義で気付くことは、

(1) $m \times n$ 行列 A と $m' \times n'$ 行列 B の積 AB が成立するためには、$n = m'$ である（A の列数と B の行数が等しい）（図2.4①）。

(2) $m \times n$ 行列 A と $m' \times n'$ 行列 B（ただし、$n = m'$）の積 AB は $m \times n'$ 行列である（図2.4①）。

(3) 行列 A の i 行と行列 B の j 列の内積は、新しい行列 AB の (i, j) 成分である。

とくに、(1)の条件「A の列数と B の行数が等しい」が満たされないと、行列の掛け算はできない。そこで、行列の掛け算を考えるときは、(1)の条件「A の列数と B の行数が等しい」が満たされていることを前提とする。

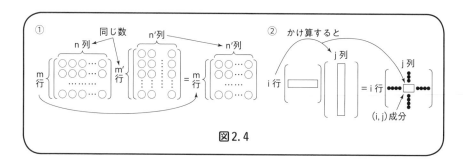

図2.4

例題2.1

2×2 行列 $A = \begin{pmatrix} 7 & 1 \\ -6 & 0 \end{pmatrix}$ と 2×3 行列 $B = \begin{pmatrix} 2 & 5 & -1 \\ 0 & -3 & 4 \end{pmatrix}$ の積 AB を求めよ。

（解答）

$$
AB = \begin{pmatrix} 7 & 1 \\ -6 & 0 \end{pmatrix} \begin{pmatrix} 2 & 5 & -1 \\ 0 & -3 & 4 \end{pmatrix} = \begin{pmatrix} 7 \cdot 2 + 1 \cdot 0 & 7 \cdot 5 + 1 \cdot (-3) & 7 \cdot (-1) + 1 \cdot 4 \\ -6 \cdot 2 + 0 \cdot 0 & -6 \cdot 5 + 0 \cdot (-3) & -6 \cdot (-1) + 0 \cdot 4 \end{pmatrix}
$$

$$
= \begin{pmatrix} 14 & 32 & -3 \\ -12 & -30 & 6 \end{pmatrix}
$$

（終）

問題2.5

次の計算をせよ。

(1) $(-2 \ 3) \begin{pmatrix} 2 & -1 \\ 1 & 3 \end{pmatrix}$　　(2) $\begin{pmatrix} 3 & 1 \\ -2 & 0 \end{pmatrix} \begin{pmatrix} -2 & 4 \\ 5 & 1 \end{pmatrix}$　　(3) $\begin{pmatrix} 2 & 2 \\ 3 & 6 \\ 0 & 6 \end{pmatrix} \begin{pmatrix} 1 & 7 & 3 \\ 2 & 0 & 5 \end{pmatrix}$

掛け算の性質

前項で行列の掛け算を定義した。この行列の掛け算についても、交換法則 $AB = BA$、結合法則 $(AB)C = A(BC)$、分配法則 $A(B + C) = AB + AC$ が成り立つか？

この3つの法則が成り立てば、行列の掛け算も数と同じように計算することができて便利である。しかし、残念ながら交換法則は成り立たない。成り立つのは、結合法則と分配法則だけである。

【掛け算の性質】

　行列 A、B、C について、
(1) (AB)C = A(BC)　　　　　　　　　　　　　　（結合法則）
(2) A(B + C) = AB + AC、(A + B)C = AC + BC　　（分配法則）

（説明）

　一般の行列で計算すると式が長くなり煩雑なので、ここでは2次正方行列（2×2行列）について調べることにする。一般の場合も同じように計算すればよい。

$$A = \begin{pmatrix} a & b \\ c & d \end{pmatrix}, \quad B = \begin{pmatrix} p & q \\ r & s \end{pmatrix}, \quad C = \begin{pmatrix} u & v \\ w & x \end{pmatrix} \quad \text{として、}$$

(1) $(AB)C = \begin{pmatrix} a & b \\ c & d \end{pmatrix}\begin{pmatrix} p & q \\ r & s \end{pmatrix}C = \begin{pmatrix} ap+br & aq+bs \\ cp+dr & cq+ds \end{pmatrix}\begin{pmatrix} u & v \\ w & x \end{pmatrix}$

$\qquad = \begin{pmatrix} (ap+br)u+(aq+bs)w & (ap+br)v+(aq+bs)x \\ (cp+dr)u+(cq+ds)w & (cp+dr)v+(cq+ds)x \end{pmatrix}$

$\qquad = \begin{pmatrix} apu+bru+aqw+bsw & apv+brv+aqx+bsx \\ cpu+dru+cqw+dsw & cpv+drv+cqx+dsx \end{pmatrix}$

> Aの成分でまとめる

$\qquad = \begin{pmatrix} a(pu+qw)+b(ru+sw) & a(pv+qx)+b(rv+sx) \\ c(pu+qw)+d(ru+sw) & c(pv+qx)+d(rv+sx) \end{pmatrix}$

$\qquad = \begin{pmatrix} a & b \\ c & d \end{pmatrix}\begin{pmatrix} pu+qw & pv+qx \\ ru+sw & rv+sx \end{pmatrix}$

$\qquad = A\begin{pmatrix} p & q \\ r & s \end{pmatrix}\begin{pmatrix} u & v \\ w & x \end{pmatrix} = A(BC)$

　したがって、結合法則 $(AB)C = A(BC)$ が成り立つ。

(2) $A(B+C) = \begin{pmatrix} a & b \\ c & d \end{pmatrix}\left(\begin{pmatrix} p & q \\ r & s \end{pmatrix} + \begin{pmatrix} u & v \\ w & x \end{pmatrix}\right)$

$\qquad = \begin{pmatrix} a & b \\ c & d \end{pmatrix}\begin{pmatrix} p+u & q+v \\ r+w & s+x \end{pmatrix}$

$\qquad = \begin{pmatrix} a(p+u)+b(r+w) & a(q+v)+b(s+x) \\ c(p+u)+d(r+w) & c(q+v)+d(s+x) \end{pmatrix}$

> Aの成分とBの成分の積とAの成分とCの成分の積に分ける

$\qquad = \begin{pmatrix} ap+au+br+bw & aq+av+bs+bx \\ cp+cu+dr+dw & cq+cv+ds+dx \end{pmatrix}$

$\qquad = \begin{pmatrix} (ap+br)+(au+bw) & (aq+bs)+(av+bx) \\ (cp+dr)+(cu+dw) & (cq+ds)+(cv+dx) \end{pmatrix}$

$\qquad = \begin{pmatrix} ap+br & aq+bs \\ cp+dr & cq+ds \end{pmatrix} + \begin{pmatrix} au+bw & av+bx \\ cu+dw & cv+dx \end{pmatrix}$

$\qquad = \begin{pmatrix} a & b \\ c & d \end{pmatrix}\begin{pmatrix} p & q \\ r & s \end{pmatrix} + \begin{pmatrix} a & b \\ c & d \end{pmatrix}\begin{pmatrix} u & v \\ w & x \end{pmatrix} = AB + AC$

したがって、分配法則 $A(B+C) = AB + AC$ が成り立つ。

分配法則の後半 $(A+B)C = AC + BC$ についても、同様に成り立つことがわかる。　　　　　　　　　　　　　　　　　　　　　（終）

結合法則が成り立つから、3つの行列 A、B、C を掛け算するときは、単に ABC と並べて書くことにする。これは、$(AB)C$ と計算しても、$A(BC)$ と計算しても同じだからである。

2つの行列の掛け算ができるためには、左の行列の列数と右の行列の行数が同じでないと計算できない。だから、一般の3つの行列 A、B、C が掛け算できるためには、A が $\ell \times m$ 行列、B が $m \times n$ 行列、C が $n \times p$ 行列でなければならない。その結果 $\ell \times p$ 行列 ABC ができる（図2.5）。

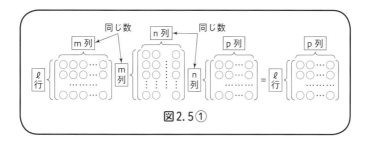

図2.5①

問題2.6

$$A = \begin{pmatrix} 3 & -1 \\ 1 & 2 \end{pmatrix}, \quad B = \begin{pmatrix} 5 & 0 & 1 \\ -2 & 4 & 0 \end{pmatrix}, \quad C = \begin{pmatrix} 4 \\ 0 \\ -3 \end{pmatrix} \quad \text{のとき、}$$

$(AB)C$ と $A(BC)$ を計算して、$(AB)C = A(BC)$ が成り立つことを確かめよ。

問題2.7

$$A = \begin{pmatrix} a & b \\ c & d \end{pmatrix}, \quad B = \begin{pmatrix} p & q \\ r & s \end{pmatrix}, \quad C = \begin{pmatrix} u & v \\ w & x \end{pmatrix} \quad \text{として、}$$

分配法則の後半 $(A+B)C = AC + BC$ が成り立つことを示せ。

交換法則は成り立たないが、すべての行列が $AB = BA$ が成り立たないわけではない。$AB = BA$ が成り立つとき、A と B は**可換**であるという。それでは、A と B が可換ならば、A、B はどんな行列か調べよう。

A を $m \times n$ 行列、B を $m' \times n'$ 行列としよう。

① 掛け算 AB ができるためには、A の列の数 n と B の行の数 m' が等しくなければならないから、$n = m'$ である。AB は $m \times n'$ 行列になる（図 2.5①）。

② 次に、掛け算 BA ができるためには、B の列の数 n' と A の行の数 m が等しくなければならないから、$n' = m$ である。BA は $m' \times n$ 行列になる（図 2.5②）。

③ さらに、$AB = BA$ が成り立つためには、$m = m'$、$n' = n$ でなければならない（図 2.5③）。

①、②、③より

$$n = m'、\ n' = m、\ m = m'、$$
$$n' = n$$

であるから、$m = n = m' = n'$ となる。すなわち、**AB = BA が成り立つならば、A と B は同じ次数の正方行列でなければならない。**

しかし、逆に 2 つの行列が同じ次数の正方行列であっても、交換法則が成り立つとは必らない。この成り立たないことを示す場合は、成り立たない例を 1 つ示せばよい。このような例を**反例**という。

そこで、ここでも反例を 1 つ

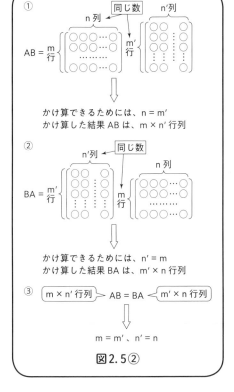

図 2.5②

示そう。

$A = \begin{pmatrix} 1 & 2 \\ 3 & 4 \end{pmatrix}$、 $B = \begin{pmatrix} 1 & 1 \\ 0 & 1 \end{pmatrix}$ として、AB と BA を計算すると、

$$AB = \begin{pmatrix} 1 & 2 \\ 3 & 4 \end{pmatrix}\begin{pmatrix} 1 & 1 \\ 0 & 1 \end{pmatrix} = \begin{pmatrix} 1{\cdot}1 + 2{\cdot}0 & 1{\cdot}1 + 2{\cdot}1 \\ 3{\cdot}1 + 4{\cdot}0 & 3{\cdot}1 + 4{\cdot}1 \end{pmatrix} = \begin{pmatrix} 1 & 3 \\ 3 & 7 \end{pmatrix}$$

$$BA = \begin{pmatrix} 1 & 1 \\ 0 & 1 \end{pmatrix}\begin{pmatrix} 1 & 2 \\ 3 & 4 \end{pmatrix} = \begin{pmatrix} 1{\cdot}1 + 1{\cdot}3 & 1{\cdot}2 + 1{\cdot}4 \\ 0{\cdot}1 + 1{\cdot}3 & 0{\cdot}2 + 1{\cdot}4 \end{pmatrix} = \begin{pmatrix} 4 & 6 \\ 3 & 4 \end{pmatrix}$$

となり、$AB \neq BA$ であることがわかる。

このことは、一般の n 次正方行列についてもいえることである。

これで、**行列の掛け算では交換法則が成り立たない**ことがわかった。このために、行列 A に行列 B を掛けるとき、A の右からかけるか、左から掛けるかで異なる結果になることがある。

以上をまとめると、行列の計算では、結合法則と分配法則が成り立つが、交換法則が成り立たない。したがって、行列の計算をするとき、数と同じように計算できるが、かけ算に関しては、右側から掛けるか、左側から掛けるかの注意をしなければならない。

4. 単位行列

前項までに、行列の計算の基本的な規則について調べてきたが、ここでは、単位の数1に相当する行列を求めよう。

数の場合には、単位の数1は0でない数aに対して、

$$a \times 1 = 1 \times a = a$$

という性質がある。そこで行列においても、行列Aに対して、

$$AE = EA = A \qquad (2.5)$$

となるような行列Eを単位行列という。

(2.5)からAとEは可換だから、82ページのことからAとEは同じ次数の正方行列でなければならない。

2次正方行列の単位行列

はじめに、2次正方行列の単位行列を求めよう。

ここでは、天下り的であるが、行列 $\begin{pmatrix} 1 & 0 \\ 0 & 1 \end{pmatrix}$ が2次正方行列の単位行列 E になることを見ていこう。$A = \begin{pmatrix} a & b \\ c & d \end{pmatrix}$ に対して、

$$AE = \begin{pmatrix} a & b \\ c & d \end{pmatrix}\begin{pmatrix} 1 & 0 \\ 0 & 1 \end{pmatrix} = \begin{pmatrix} a\cdot1 + b\cdot0 & a\cdot0 + b\cdot1 \\ c\cdot1 + d\cdot0 & c\cdot0 + d\cdot1 \end{pmatrix} = \begin{pmatrix} a & b \\ c & d \end{pmatrix} = A$$

となるから $\qquad\qquad\qquad AE = A$

同様に計算すると $\qquad\qquad EA = A$

となり、$AE = EA = A$ が成り立ち、E は単位行列である。

問題2.8

$A = \begin{pmatrix} a & b \\ c & d \end{pmatrix}$、$E = \begin{pmatrix} 1 & 0 \\ 0 & 1 \end{pmatrix}$　として、$EA = A$ を確かめよ。

今、単位行列Eを求めたが、この単位行列が2つあると困る。そこで、単位行列がE、Fと2つあるとすると、

Fが単位行列だから　　　　　　　　$EF = E$

Eも単位行列だから　　　　　　　　$EF = F$

したがって、　　　　　　　　　　　$E = EF = F$

となり、EとFは一致する。

つまり、$AE = EA = E$を満たす単位行列はただ1つであることがわかった。これらのことから、2次正方行列の単位行列Eは$\begin{pmatrix} 1 & 0 \\ 0 & 1 \end{pmatrix}$である。

n次正方行列の単位行列

このことは、一般のn次正方行列にもいえて、単位行列Eは(i, i)成分が1で他の成分が0である行列のことである(図2.6)。

これで行列も、数の0にあたる零行列O、数の1にあたる単位行列Eがわかった。

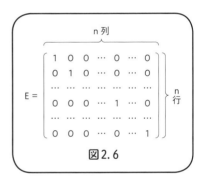

$$E = \begin{pmatrix} 1 & 0 & 0 & \cdots & 0 & \cdots & 0 \\ 0 & 1 & 0 & \cdots & 0 & \cdots & 0 \\ \cdots & \cdots & \cdots & \cdots & \cdots & \cdots & \cdots \\ 0 & 0 & 0 & \cdots & 1 & \cdots & 0 \\ \cdots & \cdots & \cdots & \cdots & \cdots & \cdots & \cdots \\ 0 & 0 & 0 & \cdots & 0 & \cdots & 1 \end{pmatrix} \begin{matrix} n \\ 行 \end{matrix}$$

n列

図2.6

5. 掛け算の不思議な性質

行列の計算の基本的な規則について見てきた。そして、掛け算では交換法則が成り立たないことがわかった。このことは、数の掛け算との大きな違いである。ここでは、数の計算ではありえない、行列ならではの性質を見ていこう。

AB = O

$A = \begin{pmatrix} 3 & -2 \\ -6 & 4 \end{pmatrix}$、$B = \begin{pmatrix} 2 & 2 \\ 3 & 3 \end{pmatrix}$ のとき、ABを計算すると、

$$AB = \begin{pmatrix} 3 & -2 \\ -6 & 4 \end{pmatrix}\begin{pmatrix} 2 & 2 \\ 3 & 3 \end{pmatrix} = \begin{pmatrix} 3 \cdot 2 + (-2) \cdot 3 & 3 \cdot 2 + (-2) \cdot 3 \\ -6 \cdot 2 + 4 \cdot 3 & -6 \cdot 2 + 4 \cdot 3 \end{pmatrix}$$

$$= \begin{pmatrix} 6 - 6 & 6 - 6 \\ -12 + 12 & -12 + 12 \end{pmatrix} = \begin{pmatrix} 0 & 0 \\ 0 & 0 \end{pmatrix} = O$$

となり、成分がすべて0になってしまう。このように零行列でない2つの行列AとBを掛け算して零行列になることがある。数の掛け算では、0でない2つの数を掛け算して、0になることはない。そこで、$AB = O$を満たすOでない行列A、Bを**零因子**という。

したがって、行列では、

「$AB = O$ ならば $A = O$または$B = O$」は成り立たない。

X² = O

XXをX^2と書くことにして、$X = \begin{pmatrix} 2 & 4 \\ -1 & -2 \end{pmatrix}$ のX^2を計算すると、

$$X^2 = XX = \begin{pmatrix} 2 & 4 \\ -1 & -2 \end{pmatrix}\begin{pmatrix} 2 & 4 \\ -1 & -2 \end{pmatrix}$$

$$= \begin{pmatrix} 2 \cdot 2 + 4 \cdot (-1) & 2 \cdot 4 + 4 \cdot (-2) \\ -1 \cdot 2 + (-2) \cdot (-1) & -1 \cdot 4 + (-2) \cdot (-2) \end{pmatrix}$$

$$= \begin{pmatrix} 4 - 4 & 8 - 8 \\ -2 + 2 & -4 + 4 \end{pmatrix} = \begin{pmatrix} 0 & 0 \\ 0 & 0 \end{pmatrix} = O$$

となるから、$X \neq O$であるのに$X^2 = O$となることもある。このような行列Xを**ベキ零行列**という。

したがって、行列では、

「$A^2 = O$　ならば　$A = O$」は成り立たない。

$Y^2 = E$

次に、$Y = \begin{pmatrix} 1 & 2 \\ 0 & -1 \end{pmatrix}$として、$Y^2$を計算すると、

$$Y^2 = YY = \begin{pmatrix} 1 & 2 \\ 0 & -1 \end{pmatrix}\begin{pmatrix} 1 & 2 \\ 0 & -1 \end{pmatrix} = \begin{pmatrix} 1 \cdot 1 + 2 \cdot 0 & 1 \cdot 2 + 2 \cdot (-1) \\ 0 \cdot 1 + (-1) \cdot 0 & 0 \cdot 2 + (-1) \cdot (-1) \end{pmatrix}$$

$$= \begin{pmatrix} 1 - 0 & 2 - 2 \\ 0 + 0 & 0 + 1 \end{pmatrix} = \begin{pmatrix} 1 & 0 \\ 0 & 1 \end{pmatrix} = E$$

となる。Yは$Y \neq E$、$Y \neq -E$であるのに$Y^2 = E$となる。

したがって、行列では、

「$A^2 = E$　ならば　$A = E$または$A = -E$」は成り立たない。

問題2.9

$Z = \begin{pmatrix} \dfrac{1}{2} & \dfrac{1}{4} \\ 1 & \dfrac{1}{2} \end{pmatrix}$のとき、$Z^2 = Z$であることとを確かめよ。

このことから、行列では、

「$Z^2 = Z$ならば　$Z = O$または$Z = E$」は成り立たない。

6. 行列の除法

こ　こまでに、行列の足し算、引き算、掛け算を見てきた。ここでは、割り算を考えよう。

まず、数の場合の割り算について考えてみる。

$5 \div 2$ は、$\dfrac{5}{2}$ のことで、$\dfrac{5}{2}$ は、$\dfrac{1}{2} \times 5$ であるから、「$5 \div 2$ は、5 に $\dfrac{1}{2}$ を掛ける」ことである。この $\dfrac{1}{2}$ は

$$\frac{1}{2} \times 2 = 2 \times \frac{1}{2} = 1$$

> 一般に、$a \neq 0$ のとき $\dfrac{1}{a}$ を a^{-1} と書く。

を満たす数で、2 の逆数という。$\dfrac{1}{2}$ を 2^{-1} とも書く。したがって、

　　「割り算 $5 \div 2$ は、5 に 2 の逆数 2^{-1} を掛けることである」

　行列の場合もこれを同じように考える。まず、

$$A^{-1}A = AA^{-1} = E$$

を満たす行列 A^{-1} を A の逆行列という。そこで、

　　「行列の割り算 $B \div A$ は、B に逆行列 A^{-1} を掛けることである」

として、行列の割り算を考えよう。

　$B \div A$ は、B に A^{-1} を掛けることであるが、$B \div A$ を

　　①B の左から A^{-1} を掛けて $A^{-1}B$ とするか

　　②B の右から A^{-1} を掛けて BA^{-1} とするか

の2通りある。ところが、行列は交換法則が成り立たないから、一般的には $A^{-1}B \neq BA^{-1}$ となり、$B \div A$ の値は決まらない。

　そこで、行列では割り算の記号 $\div$ を使わず、B に逆行列 A^{-1} を左から掛けるか、右から掛けるかで割り算を考える。

2次正方行列の逆行列

　行列の割り算を考えるには、行列の逆行列を求めればよいことがわかった。そこで、これから逆行列を求めるが、一般の行列の逆行列を求

めるのは難しいので、第3章で考えることにして、ここでは、2次正方行列の逆行列を求めることにしよう。

2次正方行列 $A = \begin{pmatrix} a & b \\ c & d \end{pmatrix}$ とおき、$A^{-1} = \begin{pmatrix} x & y \\ z & w \end{pmatrix}$ が A の逆行列になるように、x、y、z、w を求める。$AA^{-1} = E$ より、

$$\begin{pmatrix} a & b \\ c & d \end{pmatrix} \begin{pmatrix} x & y \\ z & w \end{pmatrix} = \begin{pmatrix} 1 & 0 \\ 0 & 1 \end{pmatrix}$$

であるから、

$$\begin{pmatrix} ax + bz & ay + bw \\ cx + dz & cy + dw \end{pmatrix} = \begin{pmatrix} 1 & 0 \\ 0 & 1 \end{pmatrix}$$

となる。成分どうしが等しいことより、①〜④が成立する。

$$\begin{cases} ax + bz = 1 & \cdots\cdots① \\ cx + dz = 0 & \cdots\cdots② \end{cases} \qquad \begin{cases} ay + bw = 0 & \cdots\cdots③ \\ cy + dw = 1 & \cdots\cdots④ \end{cases}$$

①、②で z を消去するために、

①$\times d$ − ②$\times b$ より、　$(ad - bc)x = d$　　　　　　$\cdots\cdots⑤$

(1) $ad - bc \neq 0$ のとき、

⑤を $ad - bc$ で割り算すると、

$$x = \frac{d}{ad - bc}$$

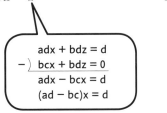

$$\begin{array}{r} adx + bdz = d \\ -)\ \underline{bcx + bdz = 0} \\ adx - bcx = d \\ (ad - bc)x = d \end{array}$$

である。この式を、②に代入すると、

$$c \cdot \frac{d}{ad - bc} + dz = 0$$

(a) $d \neq 0$ のとき、d で割ると、

$$\frac{c}{ad - bc} + z = 0$$

よって

$$z = \frac{-c}{ad - bc}$$

③と④の連立方程式についても同じように計算して、

$$y = \frac{-b}{ad - bc}、\quad w = \frac{a}{ad - bc}$$

となる。ゆえに、

$$A^{-1} = \frac{1}{ad - bc} \begin{pmatrix} d & -b \\ -c & a \end{pmatrix} \tag{2.5}$$

(b) $d = 0$ のとき、$A = \begin{pmatrix} a & b \\ c & 0 \end{pmatrix}$ であり、

(2.5)で、$d = 0$ とすると、

$$A^{-1} = \frac{1}{-bc} \begin{pmatrix} 0 & -b \\ -c & a \end{pmatrix} \tag{2.5}'$$

となる。そこで、AA^{-1} を計算すると、

$$AA^{-1} = \begin{pmatrix} a & b \\ c & 0 \end{pmatrix} \frac{1}{-bc} \begin{pmatrix} 0 & -b \\ -c & a \end{pmatrix} = \frac{1}{-bc} \begin{pmatrix} a & b \\ c & 0 \end{pmatrix} \begin{pmatrix} 0 & -b \\ -c & a \end{pmatrix}$$

$$= \frac{1}{-bc} \begin{pmatrix} a \cdot 0 - b \cdot c & -a \cdot b + b \cdot a \\ c \cdot 0 - 0 \cdot c & -c \cdot b + 0 \cdot a \end{pmatrix} = \frac{1}{-bc} \begin{pmatrix} -bc & 0 \\ 0 & -cb \end{pmatrix}$$

$$= \begin{pmatrix} 1 & 0 \\ 0 & 1 \end{pmatrix} = E$$

となり、$AA^{-1} = E$ が成り立つ。

同様に、$A^{-1}A = E$ が成り立つから、(2.5)は、$d = 0$ でも成り立つ

(2) $ad - bc = 0$ ならば、⑤に代入して　　$0 \cdot x = d$

となり、x が求められない。

よって、このときは、A の逆行列は存在しない。

(1)、(2)から次のことがいえる。

【2次正方行列の逆行列】

$A = \begin{pmatrix} a & b \\ c & d \end{pmatrix}$ に対して、

(1) $ad - bc \neq 0$ のとき、A の逆行列は、

$$A^{-1} = \frac{1}{ad - bc} \begin{pmatrix} d & -b \\ -c & a \end{pmatrix}$$

(2) $ad - bc = 0$ のとき、A の逆行列は存在しない。

例題2.2

$A = \begin{pmatrix} 1 & 2 \\ 3 & 7 \end{pmatrix}$ の逆行列 A^{-1} を求め、$A^{-1}A = E$、$AA^{-1} = E$ であることを示せ。

(解答)

$$A^{-1} = \frac{1}{1 \cdot 7 - 2 \cdot 3} \begin{pmatrix} 7 & -2 \\ -3 & 1 \end{pmatrix} = \frac{1}{1} \begin{pmatrix} 7 & -2 \\ -3 & 1 \end{pmatrix} = \begin{pmatrix} 7 & -2 \\ -3 & 1 \end{pmatrix}$$

となる。$A^{-1}A$、AA^{-1} を計算すると、

$$A^{-1}A = \begin{pmatrix} 7 & -2 \\ -3 & 1 \end{pmatrix}\begin{pmatrix} 1 & 2 \\ 3 & 7 \end{pmatrix} = \begin{pmatrix} 7 \cdot 1 + (-2) \cdot 3 & 7 \cdot 2 + (-2) \cdot 7 \\ -3 \cdot 1 + 1 \cdot 3 & -3 \cdot 2 + 1 \cdot 7 \end{pmatrix} = \begin{pmatrix} 1 & 0 \\ 0 & 1 \end{pmatrix}$$

$$AA^{-1} = \begin{pmatrix} 1 & 2 \\ 3 & 7 \end{pmatrix}\begin{pmatrix} 7 & -2 \\ -3 & 1 \end{pmatrix} = \begin{pmatrix} 1 \cdot 7 + 2 \cdot (-3) & 1 \cdot (-2) + 2 \cdot 1 \\ 3 \cdot 7 + 7 \cdot (-3) & 3 \cdot (-2) + 7 \cdot 1 \end{pmatrix} = \begin{pmatrix} 1 & 0 \\ 0 & 1 \end{pmatrix}$$

となり、$AA^{-1} = AA^{-1} = E$ が成り立っている。　　　　　　　　(終)

問題2.10
次の行列は、逆行列をもつか。もつならば、それを求めよ。

(1) $A = \begin{pmatrix} 2 & 2 \\ 3 & 4 \end{pmatrix}$ 　　　　(2) $B = \begin{pmatrix} 1 & 2 \\ 3 & 6 \end{pmatrix}$

このように、$ad - bc$ は、A が逆行列をもつかもたないかの判断をする大切な数である。61ページで見てきたように、この $ad - bc$ を行列 $A = \begin{pmatrix} a & b \\ c & d \end{pmatrix}$ の行列式といい、$|A|$ または $\begin{vmatrix} a & b \\ c & d \end{vmatrix}$ と書く。

すなわち、

$$|A| = \begin{vmatrix} a & b \\ c & d \end{vmatrix} = ad - bc \qquad \cdots\cdots(2.6)$$

である。詳しくは、第3章で見ていく。

逆行列をもつ、つまり行列式 $|A| \neq 0$ の行列のことを**正則行列**といい、行列の中でも割り算ができる重要な行列である。

問題2.11

$A = \begin{pmatrix} 2 & -1 \\ 5 & -2 \end{pmatrix}$、$B = \begin{pmatrix} 2 & 0 \\ 4 & -3 \end{pmatrix}$ であるとき、$A^{-1}B$、BA^{-1} を求め、

$A^{-1}B \neq BA^{-1}$ を確かめよ。

7. 2元連立1次方程式

こ こまで、行列の四則演算について見てきたので、ここでは、逆行列を用いて、2元連立1次方程式を解いていこう。そのための準備として、まず、1次関数、1次方程式から見ていく。

1次関数と定数関数

aを0でない実数、bを実数、xを変数として、

$$y = ax + b$$

を **1次関数** という。

たとえば、1次関数$y = 2x + 3$のxに数pを代入して、yの値$2p + 3$を求め、点$(p, 2p + 3)$を座標平面上にとり、滑らかな曲線で結んでいくと、図2.7の太い青色の直線になる。これを1次関数$y = 2x + 3$のグラフという。

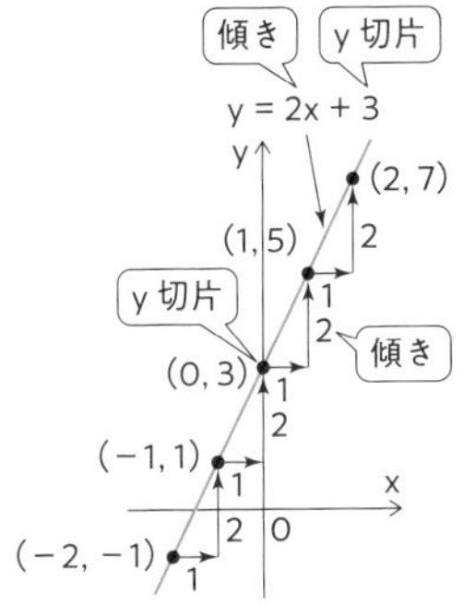

ここで、注意することは、

① xの値が1増えると、yの値は2増える。
　この2は$2x + 1$の2に等しい。2のことを直線の **傾き** という。

② $x = 0$を$y = 2x + 3$に代入すると、

$$y = 2 \cdot 0 + 3 = 3$$

となり、直線は、点$(0, 3)$を通る。この点はy軸上の点だから、この3を **y切片** という。

これらのことから、一般に、

図2.7

> 1次関数y＝ax＋b(a≠0)のグラフは、傾きa、y切片bの直線である。

$y = ax + b$ で $a = 0$ のときは、

$$y = 0 \cdot x + b = b \text{ より } \quad y = b$$

となる。この関数は1次関数ではなく、**定数関数**という。このグラフは、y切片がbのx軸に平行な直線である（図2.8）。この$y = b$を傾き0の直線と考えれば、次のことがいえる。

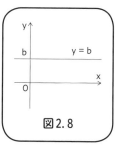

図2.8

> 関数y＝ax＋bのグラフは、傾きa、y切片bの直線である。

a＝0の場合も含めるので1次関数とは言わず、単に関数という

2元1次方程式

方程式は未知数を含み、その未知数に特定の数値を与えたときだけに成立する等式のことで、この特定の値を**方程式の解**という。解を求めることを**方程式を解く**という。

たとえば　　　　　　　　$2x + y = 3$

は方程式で、その解は $(x, y) = (-1, 5)$、$(0, 3)$、$(1, 1)$、$(2, -1)$、……と無数にあるが、$(x, y) = (0, 5)$ などは解ではない。

ここで、$2x$は未知数xが1個なので、1次という。yも同様に1次である。したがって、方程式$2x + y = 3$を**1次方程式**という。

さらに、未知数がx、yの2個あるので、方程式$2x + y = 3$を**2元1次方程式**という。

同じように　　　　　　　$x^3 + xy + z = 5$

も方程式であり、その解は $(x, y, z) = (-1, 1, 7)$、$(0, 1, 5)$、$(1, 1, 3)$、$(2, 1, -5)$、……と無数にあるが、$(0, 1, 2)$ などは解ではない。

ここで、x^3は未知数xが3個掛け算されているので3次といい、xyは

未知数 x と y が 1 個ずつ掛け算されているので 2 次、z は未知数 z が 1 個だけなので 1 次という。したがって、方程式 $x^3 + xy + z = 5$ を **3 次方程式**という。

一番大きい次数を取る

さらに、未知数が 3 個あるので、方程式 $x^3 + xy + z = 5$ を **3 元 3 次方程式**という。

本書では、1 次方程式のみを扱う。ここでは、特に 2 元 1 次方程式について考える。

一般に、2 元 1 次方程式は、a と b を 0 でない実数、p を実数として、

$$ax + by = p \tag{2.7}$$

と表される。

この 1 次方程式 (2.7) の解について考えよう。

$b \neq 0$ だから、$(2.7) \div b$ より、

$$\frac{a}{b}x + y = \frac{p}{b}$$

だから

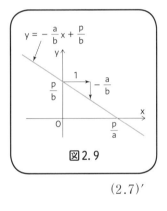

図 2.9

$$y = -\frac{a}{b}x + \frac{p}{b} \tag{2.7}'$$

となる。$(2.7)'$ を満たす x、y の組 (x, y) は点 $\left(0, \dfrac{p}{b}\right)$ を通り、傾き $-\dfrac{a}{b}$ の直線上にある(図 2.9)。

以上のことをまとめると、

連立1次方程式

　次に、連立方程式について見ていこう。**連立方程式**とは、2個以上の未知数を含む2つ以上の方程式の組のことで、それらの方程式を同時に成り立たせる数の組をこの**連立方程式の解**といい、解をすべて求めることを**連立方程式を解く**という。これらの方程式がすべて1次方程式のときは**連立1次方程式**という。さらに、これらの連立方程式の未知数が2個の場合は、**2元連立1次方程式**という。未知数が3個の場合は、**3元連立1次方程式**という。

　ここでは、2元連立1次方程式について考える。

2元連立1次方程式を逆行列を利用して解く

　逆行列を利用して、2元連立1次方程式を解いてみよう。

$$2元連立1次方程式 \quad \begin{cases} ax + by = p \\ cx + dy = q \end{cases} \tag{2.8}$$

は、行列の掛け算によって

$$\begin{pmatrix} a & b \\ c & d \end{pmatrix}\begin{pmatrix} x \\ y \end{pmatrix} = \begin{pmatrix} p \\ q \end{pmatrix}$$

と書き換えられる。ここで、

$$A = \begin{pmatrix} a & b \\ c & d \end{pmatrix}, \quad X = \begin{pmatrix} x \\ y \end{pmatrix}, \quad P = \begin{pmatrix} p \\ q \end{pmatrix}$$

とおくと、2元連立1次方程式(2.8)は、

$$AX = P \qquad\qquad (2.9)$$

と、行列を使って表すことができる。

このとき、行列 A を2元連立1次方程式の**係数行列**という。

係数行列 A が逆行列をもつためには、

$$行列式 |A| = ad - bc \neq 0$$

であることだった(91ページ)。そこで、$|A| \neq 0$ と $|A| = 0$ の場合に分けて考える。

(1) $|A| = ad - bc \neq 0$ のとき、

A は逆行列 A^{-1} をもつから、(2.9)の両辺に左から A^{-1} を掛けて、

$$A^{-1}AX = A^{-1}P$$

よって、

$$X = A^{-1}P$$

成分で表すと、$A^{-1} = \dfrac{1}{ad - bc} \begin{pmatrix} d & -b \\ -c & a \end{pmatrix}$ だから、

$$\begin{pmatrix} x \\ y \end{pmatrix} = \frac{1}{ad - bc} \begin{pmatrix} d & -b \\ -c & a \end{pmatrix}\begin{pmatrix} p \\ q \end{pmatrix} = \frac{1}{ad - bc}\begin{pmatrix} dp - bq \\ -cp + aq \end{pmatrix} = \begin{pmatrix} \dfrac{dp - bq}{ad - bc} \\ \dfrac{-cp + aq}{ad - bc} \end{pmatrix}$$

よって、 $\quad x = \dfrac{dp - bq}{ad - bc}, \quad y = \dfrac{-cp + aq}{ad - bc}$

(2) $|A| = ad - bc = 0$ のとき、

A は逆行列をもたない。

$ad - bc = 0$ より、 $\quad bc = ad$

両辺に $\dfrac{1}{ab}$ をかけて $\quad \dfrac{c}{a} = \dfrac{d}{b}$

$$bc \cdot \frac{1}{ab} = ad \cdot \frac{1}{ab}$$

$\dfrac{c}{a} = \dfrac{d}{b} = k$ とおくと、　 $c = ak$、$d = bk$

$cx + dy = q$ に代入して、　 $akx + bky = q$

両辺を k でわって、　　　　 $ax + by = \dfrac{q}{k}$

したがって、2元連立1次方程式 (2.8) は、

2元連立1次方程式　　 $\begin{cases} ax + by = p \\ ax + by = \dfrac{q}{k} \end{cases}$

となる。

(a) $p = \dfrac{q}{k}$、すなわち、$q = k\,p$ のとき

2元連立1次方程式 (2.8) は、

$$\begin{cases} ax + by = p \\ ax + by = p \end{cases}$$

となり、$ax + by = p$ なる1つの方程式になる。

これを満たす x、y は無数にある。すなわち、解は無数にある。

このときの解は、α を実数として、

$$x = \alpha, \quad y = -\dfrac{a}{b}\alpha + \dfrac{p}{b}$$

> ax + by = p より
> by = − ax + p
> b で割って
> y = − $\dfrac{a}{b}$x + $\dfrac{p}{b}$
> x = α のとき
> y = − $\dfrac{a}{b}$α + $\dfrac{p}{b}$

と表される。

(b) $p \neq \dfrac{q}{k}$、すなわち、$q \neq k\,p$ のとき、

2元連立1次方程式 (2.8) は、

$$\begin{cases} ax + by = p \\ ax + by = \dfrac{q}{k} \end{cases}$$

となる。$p \neq \dfrac{q}{k}$ だから、この2式を同時に満たす x、y は存在しない。すなわち、解は存在しない。

以上をまとめると、

この結果をグラフで見ていこう。

(1) $ad - bc \neq 0$ より、$ad \neq bc$

両辺を bd で割ると、$\dfrac{a}{b} \neq \dfrac{c}{d}$

一方、94ページで見てきたように、$-\dfrac{a}{b}$ は、直線 $y = -\dfrac{a}{b}x + \dfrac{p}{b}$ の傾き

すなわち、直線 $ax + by = p$ の傾きである。

同様に、$-\dfrac{c}{d}$ は、

直線 $y = -\dfrac{c}{d}x + \dfrac{q}{d}$ の傾き

すなわち、直線 $cx + dy = q$ の傾きである。

$\dfrac{a}{b} \neq \dfrac{c}{d}$ は、この2直線の傾きが異なっていることを示している。傾きが異なる2つの直線は必ず1つの点で交わる。その交点の x 座標、y 座標が連

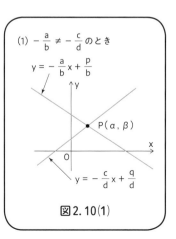

図 2.10(1)

立方程式の解である。

(2) $ad - bc = 0$ より、$ad = bc$

両辺を bd で割ると、$\dfrac{a}{b} = \dfrac{c}{d}$

この式は、2 直線の傾きが等しいことを示している。

傾きが等しい 2 直線は、

(a) 2 直線 が 一 致 す る（y 切片 $\dfrac{p}{b}$、$\dfrac{q}{d}$ が一致）

(b) 2 直線 が 平 行 で あ る（y 切片 $\dfrac{p}{b}$、$\dfrac{q}{d}$ が異なる）

の 2 通りである。

(a)の場合は、2 直線の共有点が無数にあるから、解も無数にある。

(b)の場合は、2 直線の共有点がないから、解もない。

これらのことから、

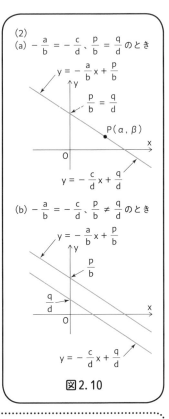

(2)
(a) $-\dfrac{a}{b} = -\dfrac{c}{d}$、$\dfrac{p}{b} = \dfrac{q}{d}$ のとき

$y = -\dfrac{a}{b}x + \dfrac{p}{b}$

$\dfrac{p}{b} = \dfrac{q}{d}$

$P(\alpha, \beta)$

$y = -\dfrac{c}{d}x + \dfrac{q}{d}$

(b) $-\dfrac{a}{b} = -\dfrac{c}{d}$、$\dfrac{p}{b} \neq \dfrac{q}{d}$ のとき

$y = -\dfrac{a}{b}x + \dfrac{p}{b}$

$\dfrac{p}{b}$

$\dfrac{q}{d}$

$y = -\dfrac{c}{d}x + \dfrac{q}{d}$

図 2.10

【2 元連立 1 次方程式と行列式】

(1) $|A| = ad - bc \neq 0$ は、2 直線 $ax + by = p$、$cx + dy = q$ の傾きが異なることを示し、

(2) $|A| = ad - bc = 0$ は、2 直線 $ax + by = p$、$cx + dy = q$ の傾きが等しいことを示している。

例題 2.3

2 元連立 1 次方程式 $\begin{cases} 5x + 3y = 7 \\ 2x + y = 3 \end{cases}$ を解け。

（解答）

この連立1次方程式は $\begin{pmatrix} 5 & 3 \\ 2 & 1 \end{pmatrix}\begin{pmatrix} x \\ y \end{pmatrix} = \begin{pmatrix} 7 \\ 3 \end{pmatrix}$ と表される。

$A = \begin{pmatrix} 5 & 3 \\ 2 & 1 \end{pmatrix}$、$X = \begin{pmatrix} x \\ y \end{pmatrix}$、$P = \begin{pmatrix} 7 \\ 3 \end{pmatrix}$ とおくと、

連立方程式は $\qquad AX = P \qquad \cdots\cdots$①

また、係数行列 $A = \begin{pmatrix} 5 & 3 \\ 2 & 1 \end{pmatrix}$ において、

$|A| = 5 \cdot 1 - 3 \cdot 2 = -1 \neq 0$ だから、A は逆行列

をもつ。その逆行列は、

$$A^{-1} = \frac{1}{-1}\begin{pmatrix} 1 & -3 \\ -2 & 5 \end{pmatrix} = \begin{pmatrix} -1 & 3 \\ 2 & -5 \end{pmatrix}$$

となる。

①の両辺に左から A^{-1} を掛けて、$A^{-1}AX = A^{-1}P$

$A^{-1}A = E$ だから、 $\qquad\qquad\qquad X = A^{-1}P$

したがって、

$$\begin{pmatrix} x \\ y \end{pmatrix} = \begin{pmatrix} -1 & 3 \\ 2 & -5 \end{pmatrix}\begin{pmatrix} 7 \\ 3 \end{pmatrix} = \begin{pmatrix} -1 \cdot 7 + 3 \cdot 3 \\ 2 \cdot 7 - 5 \cdot 3 \end{pmatrix} = \begin{pmatrix} 2 \\ -1 \end{pmatrix}$$

$$x = 2、y = -1$$

（終）

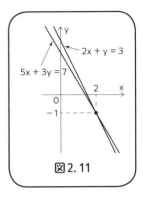

図2.11

問題2.12

次の2元連立1次方程式を行列を用いて解け。

(1) $\begin{cases} x + 3y = 5 \\ 3x + 2y = 1 \end{cases}$ 　　 (2) $\begin{cases} 2x - y = 0 \\ x + 2y = 5 \end{cases}$

次に、解が無数にある場合と、解がない場合について考えよう。

例題2.4

次の2元連立1次方程式を解け。

(1) $\begin{cases} x - 2y = -5 \\ -3x + 6y = 15 \end{cases}$　　　(2) $\begin{cases} 2x + y = 2 \\ 4x + 2y = 3 \end{cases}$

（解答）

(1)　　$\begin{cases} x - 2y = -5 & \cdots\cdots① \\ -3x + 6y = 15 & \cdots\cdots② \end{cases}$

行列で表すと、

$$\begin{pmatrix} 1 & -2 \\ -3 & 6 \end{pmatrix}\begin{pmatrix} x \\ y \end{pmatrix} = \begin{pmatrix} -5 \\ 15 \end{pmatrix}$$

係数行列は $A = \begin{pmatrix} 1 & -2 \\ -3 & 6 \end{pmatrix}$ だから、

$$|A| = 1\cdot 6 - (-2)\cdot(-3) = 0$$

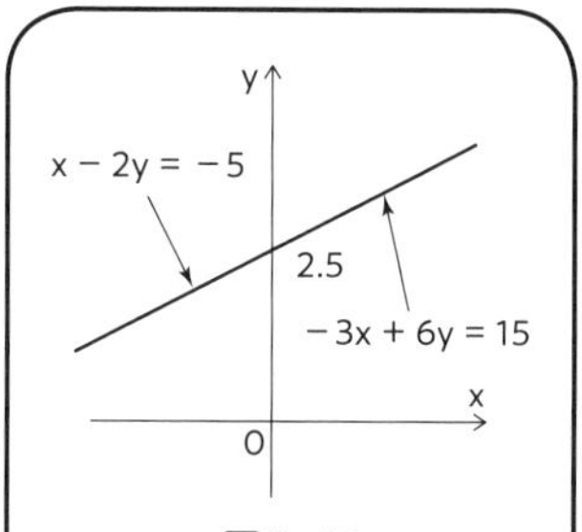

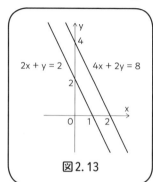

図2.12

よって、A は逆行列を持たない。

①×(-3) とすると $-3x + 6y = 15$ となり、②に一致する（図2.12）。

そこで、① $x - 2y = -5$ より、　$y = \dfrac{1}{2}x + \dfrac{5}{2}$

よって、解は α を実数として、　$x = \alpha$、$y = \dfrac{1}{2}\alpha + \dfrac{5}{2}$

(2)　　$\begin{cases} 2x + y = 2 & \cdots\cdots① \\ 4x + 2y = 8 & \cdots\cdots② \end{cases}$

行列で表すと、

$$\begin{pmatrix} 2 & 1 \\ 4 & 2 \end{pmatrix}\begin{pmatrix} x \\ y \end{pmatrix} = \begin{pmatrix} 2 \\ 8 \end{pmatrix}$$

係数行列は $A = \begin{pmatrix} 2 & 1 \\ 4 & 2 \end{pmatrix}$ だから、

$$|A| = 2\cdot 2 - 1\cdot 4 = 0$$

図2.13

よって、A は逆行列を持たない。

そこで、①×2とすると連立方程式は、

$$\begin{cases} 4x + 2y = 4 & \cdots\cdots①' \\ 4x + 2y = 8 & \cdots\cdots② \end{cases}$$

となる。この①′、②を同時に満たす x、y の値は存在しない(図2.13)。

よって、解はない。　　　　　　　　　　　　　　　　　　　　　　　　（終）

問題2.13

次の2元連立1次方程式を解け。

(1) $\begin{cases} 2x + \ y = 1 \\ 4x + 2y = 3 \end{cases}$　　　　　(2) $\begin{cases} 2x + \ y = 0 \\ 4x + 2y = 0 \end{cases}$

8. 基本変形

連立方程式を解くには、未知数を1つずつ減らしていくのが基本である。未知数を減す方法として、消去法と代入法がある。

たとえば、2元連立1次方程式

$$\begin{cases} 5x + 3y = 7 & \cdots\cdots ① \\ 2x + y = 3 & \cdots\cdots ② \end{cases}$$

を解くとき、

消去法は、②×3−①より

$$\begin{array}{r} 6x + 3y = 9 \\ -)\,5x + 3y = 7 \\ \hline x \qquad = 2 \end{array}$$

とyを消去する。

代入法は、②より、　　　　$y = 3 - 2x$

①に代入して、　　$5x + 3(3 - 2x) = 7$

とyを消去する。

これから見ていく行列の基本変形は、消去法を利用して、行列を変形していく方法である。

2元連立1次方程式を基本変形で解く

2元連立1次方程式

$$\begin{cases} 5x + 3y = 7 & \cdots\cdots ① \\ 2x + y = 3 & \cdots\cdots ② \end{cases}$$

を消去法で解いていく過程を、行列でたどっていく。

まず、この連立方程式の係数行列に、右辺の数値を加えた行列

$$\begin{pmatrix} 5 & 3 & 7 \\ 2 & 1 & 3 \end{pmatrix}$$

左辺の係数行列　右辺の数値

をつくる。これを**拡大係数行列**という。以下では、左に連立方程式の変形を書き、右側にそれに対応する行列の変形を書く。

(連立方程式)

$$\begin{cases} 5x + 3y = 7 & \cdots\cdots① \\ 2x + y = 3 & \cdots\cdots② \end{cases}$$

(拡大係数行列)

$$\begin{pmatrix} 5 & 3 & 7 \\ 2 & 1 & 3 \end{pmatrix}$$

(a) ①の x の係数を最小にするために、①と②を入れ替える

$$\begin{cases} 2x + y = 3 & \cdots\cdots② \\ 5x + 3y = 7 & \cdots\cdots① \end{cases}$$

$(1,1)$ 成分を最小にするために、第 1 行と第 2 行を入れ換える

$$\Longrightarrow \begin{pmatrix} 2 & 1 & 3 \\ 5 & 3 & 7 \end{pmatrix}$$

(b) ②の x の係数を 1 にするために、$②\times\dfrac{1}{2}$

$$\begin{cases} x + \dfrac{1}{2}y = \dfrac{3}{2} & \cdots\cdots③ \\ 5x + 3y = 7 & \cdots\cdots① \end{cases}$$

$(1,1)$ 成分を 1 にするために、$(第 1 行)\times\dfrac{1}{2}$

$$\Longrightarrow \begin{pmatrix} 1 & \dfrac{1}{2} & \dfrac{3}{2} \\ 5 & 3 & 7 \end{pmatrix}$$

$(2\ 1\ 3)\times\dfrac{1}{2}$

(c) ①の x を消去するために、$③\times(-5)+①$

$$\begin{cases} x + \dfrac{1}{2}y = \dfrac{3}{2} & \cdots\cdots③ \\ \dfrac{1}{2}y = -\dfrac{1}{2} & \cdots\cdots④ \end{cases}$$

$(2,1)$ 成分を 0 にするために、$(第 1 行)\times(-5)+(第 2 行)$

$$\Longrightarrow \begin{pmatrix} 1 & \dfrac{1}{2} & \dfrac{3}{2} \\ 0 & \dfrac{1}{2} & -\dfrac{1}{2} \end{pmatrix}$$

$(1\ \dfrac{1}{2}\ \dfrac{3}{2})\times(-5)$
$+(5\ 3\ 7)$
の結果を第 2 行に書く

(d) ④の y の係数を 1 にするために、$④\times 2$

$(2,2)$ 成分を 1 にするために、$(第 2 行)\times 2$

$$\begin{cases} x + \dfrac{1}{2}y = \dfrac{3}{2} & \cdots\cdots ③ \\ \qquad y = -1 & \cdots\cdots ⑤ \end{cases} \implies \begin{pmatrix} 1 & \dfrac{1}{2} & \dfrac{3}{2} \\ 0 & 1 & -1 \end{pmatrix}$$

$(0\ 1\ 1) \times 2$

(e) ③の y を消去するために、
⑤ $\times \left(-\dfrac{1}{2} \right)$ ＋③

$(1, 2)$ 成分を 0 にするために、
（第 2 行）$\times \left(-\dfrac{1}{2} \right)$ ＋（第 1 行）

$$\begin{cases} x = 2 & \cdots\cdots ③ \\ y = -1 & \cdots\cdots ⑥ \end{cases} \implies \begin{pmatrix} 1 & 0 & 2 \\ 0 & 1 & -1 \end{pmatrix}$$

$(0\ 1\ -1) \times \left(-\dfrac{1}{2} \right)$
$+ \left(1\ \dfrac{1}{2}\ \dfrac{3}{2} \right)$
の結果を第1行に書く

したがって、$x = 2$、$y = -1$

ここでの行列の変形は、次の 3 つの操作のいずれかを行っている。

【行列の基本変形】

(1) 2 つの行を入れ替える
(2) ある行に 0 でない実数を掛ける
(3) ある行に他の行の実数倍を加える

この 3 つの操作を**基本変形**という。とくにここでは、行列の行についての変形なので、**行基本変形**ともいう。一般的に、行基本変形を用いて連立方程式を解く手順は、次のようになる。

連立方程式 $\begin{cases} ax + by = p \\ cx + dy = q \end{cases}$ を解くとき、

拡大係数行列 $\begin{pmatrix} a & b & p \\ c & d & q \end{pmatrix}$ をつくり、

行基本変形により

$$\begin{pmatrix} a & b & p \\ c & d & q \end{pmatrix} \implies \cdots\cdots \implies \begin{pmatrix} 1 & 0 & m \\ 0 & 1 & n \end{pmatrix}$$

のように変形できると、連立1次方程式

$$\begin{cases} ax + by = p \\ cx + dy = q \end{cases}$$

の解 $x = m$、$y = n$ が求められる。

問題2.14
次の連立方程式を行基本変形で解け。

(1) $\begin{cases} 2x - y = 8 \\ x + 3y = -3 \end{cases}$ (2) $\begin{cases} 3x - 2y = 13 \\ 5x + 4y = 7 \end{cases}$

3元連立1次方程式を基本変形で解く

3元連立1次方程式についても、行基本変形により解くことができる。

例題2.5

ノート、ボールペン、修正液の値段を求める70ページの連立方程式 (2.1)

$$\begin{cases} 2x + 4y + 3z = 1950 \\ x + 3y + 2x = 1250 \\ 3x + 2y + z = 1450 \end{cases} \qquad (2.1)$$

を、行基本変形で解け。

（手順）

連立方程式を消去法で解くときは、x を1つの式に残し、他の式の x の係数を0にして x をなくす。y、z についても同じである。これを拡大係数行列に対して、基本変形を用いて行う。

まず、拡大係数行列 $\begin{pmatrix} 2 & 4 & 3 & 1950 \\ 1 & 3 & 2 & 1250 \\ 3 & 2 & 1 & 1450 \end{pmatrix}$

をつくる。

次に、基本変形の3つの操作を用いて、

(a)(1,1)成分を1にし、1列目の他の成分を0にする。

(b)(2,2)成分を1にし、2列目の他の成分を0にする。

(c)(3,3)成分を1にし、3列目の他の成分を0にする。

となるよう操作を行う

$$\begin{pmatrix} 1 & * & * & * \\ 0 & * & * & * \\ 0 & * & * & * \end{pmatrix}$$
の形にする

$$\begin{pmatrix} 1 & 0 & * & * \\ 0 & 1 & * & * \\ 0 & 0 & * & * \end{pmatrix}$$
の形にする

$$\begin{pmatrix} 1 & 0 & 0 & * \\ 0 & 1 & 0 & * \\ 0 & 0 & 1 & * \end{pmatrix}$$
の形にする

（解答）

以下の計算過程では、）は計算の対象となる行を表し→は計算結果を記入する行を示すことを表している。

$$\begin{pmatrix} 2 & 4 & 3 & 1950 \\ 1 & 3 & 2 & 1250 \\ 3 & 2 & 1 & 1450 \end{pmatrix}$$
①第1行と第2行を入れ換える
$$\begin{pmatrix} 1 & 3 & 2 & 1250 \\ 2 & 4 & 3 & 1950 \\ 3 & 2 & 1 & 1450 \end{pmatrix}$$
②(第1行)×(−2)+(第2行)

これで、上記(a)ができた

$$\longrightarrow \begin{pmatrix} 1 & 3 & 2 & 1250 \\ 0 & -2 & -1 & -550 \\ 3 & 2 & 1 & 1450 \end{pmatrix}$$
③(第1行)×(−3)+(第3行)
$$\begin{pmatrix} 1 & 3 & 2 & 1250 \\ 0 & -2 & -1 & -550 \\ 0 & -7 & -5 & -2300 \end{pmatrix}$$
④(第2行)×(−1/2)

$$\longrightarrow \begin{pmatrix} 1 & 3 & 2 & 1250 \\ 0 & 1 & \dfrac{1}{2} & 275 \\ 0 & -7 & -5 & -2300 \end{pmatrix}$$
⑤(第2行)×(−3)+(第1行)
$$\begin{pmatrix} 1 & 0 & \dfrac{1}{2} & 425 \\ 0 & 1 & \dfrac{1}{2} & 275 \\ 0 & -7 & -5 & -2300 \end{pmatrix}$$
⑥(第2行)×7+(第3行)

これで、上記(b)ができた

$$\longrightarrow \begin{pmatrix} 1 & 0 & \dfrac{1}{2} & 425 \\ 0 & 1 & \dfrac{1}{2} & 275 \\ 0 & 0 & -\dfrac{3}{2} & -375 \end{pmatrix}$$
⑦(第3行)×(−2/3)
$$\begin{pmatrix} 1 & 0 & \dfrac{1}{2} & 425 \\ 0 & 1 & \dfrac{1}{2} & 275 \\ 0 & 0 & 1 & 250 \end{pmatrix}$$
⑧(第3行)×(−1/2)+第1行

$$\longrightarrow \begin{pmatrix} 1 & 0 & 0 & 300 \\ 0 & 1 & \frac{1}{2} & 275 \\ 0 & 0 & 1 & 250 \end{pmatrix} \begin{array}{c} \text{⑨(第3行)} \\ \times(-1/2) \\ +\text{第2行} \end{array} \begin{pmatrix} 1 & 0 & 0 & 300 \\ 0 & 1 & 0 & 150 \\ 0 & 0 & 1 & 250 \end{pmatrix}$$

これで、完成

よって $\qquad x = 300、y = 150、z = 250$

したがって、ノートが300円、ボールペン150円、修正液250円

(終)

問題2.15

連立1次方程式 $\begin{cases} y + 2z = 5 \\ -x + 2y + 3z = 5 \\ 2x - 5y - z = -1 \end{cases}$ を行基本変形を用いて解け。

次に、解が1つに決まらない場合を考えよう。

例題2.6

連立1次方程式 $\begin{cases} x - 2y + z = 3 \\ -3x + 6y + 2z = 1 \\ 5x - 10y - 3z = -1 \end{cases}$ を基本変形を用いて解け。

(解答)

$\begin{cases} x - 2y + z = 3 \\ -3x + 6y + 2z = 1 \\ 5x - 10y - 3z = -1 \end{cases}$ より拡大係数行列は $\begin{pmatrix} 1 & -2 & 1 & 3 \\ -3 & 6 & 2 & 1 \\ 5 & -10 & -3 & -1 \end{pmatrix}$

$$\begin{pmatrix} 1 & -2 & 1 & 3 \\ -3 & 6 & 2 & 1 \\ 5 & -10 & -3 & -1 \end{pmatrix} \begin{array}{c} \text{①(第1行)} \\ \times 3 \\ +\text{第2行} \end{array} \begin{pmatrix} 1 & -2 & 1 & 3 \\ 0 & 0 & 5 & 10 \\ 5 & -10 & -3 & -1 \end{pmatrix} \begin{array}{c} \text{②(第2行)} \\ \times 1/5 \end{array}$$

$$\longrightarrow \begin{pmatrix} 1 & -2 & 1 & 3 \\ 0 & 0 & 1 & 2 \\ 5 & -10 & -3 & -1 \end{pmatrix} \xrightarrow[\substack{\times(-5) \\ +\text{第}3\text{行}}]{③(\text{第}1\text{行})} \begin{pmatrix} 1 & -2 & 1 & 3 \\ 0 & 0 & 1 & 2 \\ 0 & 0 & -8 & -16 \end{pmatrix} \xrightarrow[\substack{\times(-1) \\ +\text{第}1\text{行}}]{④(\text{第}2\text{行})}$$

$$\longrightarrow \begin{pmatrix} 1 & -2 & 0 & 1 \\ 0 & 0 & 1 & 2 \\ 0 & 0 & -8 & -16 \end{pmatrix} \xrightarrow[\substack{+(\text{第}3\text{行})}]{⑤(\text{第}2\text{行})\times8} \begin{pmatrix} 1 & -2 & 0 & 1 \\ 0 & 0 & 1 & 2 \\ 0 & 0 & 0 & 0 \end{pmatrix}$$

この拡大係数行列を連立方程式で表すと、

$$\begin{cases} x - 2y = 1 \\ z = 2 \end{cases}$$

となるから、αを実数として、

$$x = 1 + 2\alpha,\ y = \alpha,\ z = 2$$

が解であり、無数にある。　　　　　　　　　　　　　　　　　　（終）

問題2.16

連立1次方程式 $\begin{cases} x + 3y + 2z = 7 \\ 2x + y - z = 4 \\ 3x - y - 4z = 1 \end{cases}$ を行基本変形を用いて解け。

基本変形と逆行列

行基本変形を利用して、逆行列を求めることができる。

たとえば、2次方程式の正方行列 $A = \begin{pmatrix} 3 & 5 \\ 1 & 2 \end{pmatrix}$ の逆行列 A^{-1} は、$AA^{-1} = E$ を満たす行列 A^{-1} である。そこで、

$A^{-1} = \begin{pmatrix} x & y \\ z & w \end{pmatrix}$ とおけば、$AA^{-1} = E$ は

$$\begin{pmatrix} 3 & 5 \\ 1 & 2 \end{pmatrix} \begin{pmatrix} x & y \\ z & w \end{pmatrix} = \begin{pmatrix} 1 & 0 \\ 0 & 1 \end{pmatrix}$$

となる。この式は

$$\begin{pmatrix} 3x + 5z & 3y + 5w \\ x + 2z & y + 2w \end{pmatrix} = \begin{pmatrix} 1 & 0 \\ 0 & 1 \end{pmatrix}$$

と表されるから、2つの連立方程式

$$\begin{cases} 3x + 5z = 1 & \cdots\cdots① \\ x + 2z = 0 & \cdots\cdots② \end{cases} \qquad \begin{cases} 3y + 5w = 0 & \cdots\cdots③ \\ y + 2w = 1 & \cdots\cdots④ \end{cases}$$

を解くことと同じである。

これらの式をまとめた拡大係数行列は、

$$\begin{pmatrix} 3 & 5 & 1 & 0 \\ \underline{1} & \underline{2} & \underline{0} & \underline{1} \end{pmatrix}$$

左辺の係数行列　右辺の数値

となる。この行列に行基本変形を用いる。

$$\begin{pmatrix} 3 & 5 & 1 & 0 \\ 1 & 2 & 0 & 1 \end{pmatrix} \xrightarrow[\text{を入れ換える}]{①第1行と第2行} \begin{pmatrix} 1 & 2 & 0 & 1 \\ 3 & 5 & 1 & 0 \end{pmatrix} \xrightarrow[\substack{\times(-3) \\ +(\text{第2行})}]{②(\text{第1行})} \begin{pmatrix} 1 & 2 & 0 & 1 \\ 0 & -1 & 1 & -3 \end{pmatrix} -$$

$$\xrightarrow[\times(-1)]{③(\text{第2行})} \begin{pmatrix} 1 & 2 & 0 & 1 \\ 0 & 1 & -1 & 3 \end{pmatrix} \xrightarrow[\substack{\times(-2) \\ +(\text{第1行})}]{④(\text{第2行})} \begin{pmatrix} 1 & 0 & 2 & -5 \\ 0 & 1 & -1 & 3 \end{pmatrix}$$

したがって、A の逆行列は $A^{-1} = \begin{pmatrix} 2 & -5 \\ -1 & 3 \end{pmatrix}$

問題2.17

　次の行列の逆行列を、行基本変形を用いて求めよ。

$$(1) \quad \begin{pmatrix} 3 & 7 \\ 1 & 2 \end{pmatrix} \qquad\qquad (2) \quad \begin{pmatrix} 0 & -2 & 1 \\ -1 & 1 & 1 \\ 2 & 5 & -5 \end{pmatrix}$$

第2章　解答

問題2.1

(1)　2行3列の行列 (2×3 行列)、(2)　3行4列の行列 (3×4 行列)

問題2.2

(1) 12　　(2) 8　　(3) -6

問題2.3

$$x + y = 1 \quad \cdots\cdots① \qquad x - y = 3 \quad \cdots\cdots②$$
$$u - 1 = 2 \quad \cdots\cdots③ \qquad 2v = 4 \quad \cdots\cdots④$$

①+②より　$2x = 4$、　　　よって　$x = 2$

①-②より　$2y = -2$、　　よって　$y = -1$

③より　$u = 2 + 1$、　　　よって　$u = 3$

④より　$v = 4 \times \dfrac{1}{2}$、　　　よって　$v = 2$

以上より　$x = 2$、$y = -1$、$u = 3$、$v = 2$

問題2.4

(1) $3A - 2B + 5C = 3\begin{pmatrix} 2 & 3 \\ -1 & 4 \end{pmatrix} - 2\begin{pmatrix} 1 & -2 \\ 2 & -3 \end{pmatrix} + 5\begin{pmatrix} 5 & 1 \\ -3 & 1 \end{pmatrix}$

$= \begin{pmatrix} 6 & 9 \\ -3 & 12 \end{pmatrix} - \begin{pmatrix} 2 & -4 \\ 4 & -6 \end{pmatrix} + \begin{pmatrix} 25 & 5 \\ -15 & 5 \end{pmatrix}$

$= \begin{pmatrix} 6-2+25 & 9+4+5 \\ -3-4-15 & 12+6+5 \end{pmatrix} = \begin{pmatrix} 29 & 18 \\ -22 & 23 \end{pmatrix}$

(2) $2(3A - B) + 2B - C = 6A - 2B + 2B - C = 6A - C$

$= 6\begin{pmatrix} 2 & 3 \\ -1 & 4 \end{pmatrix} - \begin{pmatrix} 5 & 1 \\ -3 & 1 \end{pmatrix} = \begin{pmatrix} 12 & 18 \\ -6 & 24 \end{pmatrix} - \begin{pmatrix} 5 & 1 \\ -3 & 1 \end{pmatrix}$

$= \begin{pmatrix} 12-5 & 18-1 \\ -6+3 & 24-1 \end{pmatrix} = \begin{pmatrix} 7 & 17 \\ -3 & 23 \end{pmatrix}$

問題2.5

(1) $(-2 \ 3)\begin{pmatrix} 2 & -1 \\ 1 & 3 \end{pmatrix} = (-2 \cdot 2 + 3 \cdot 1 \quad -2 \cdot (-1) + 3 \cdot 3) = (-1 \ 11)$

(2) $\begin{pmatrix} 3 & 1 \\ -2 & 0 \end{pmatrix}\begin{pmatrix} -2 & 4 \\ 5 & 1 \end{pmatrix} = \begin{pmatrix} 3 \cdot (-2) + 1 \cdot 5 & 3 \cdot 4 + 1 \cdot 1 \\ -2 \cdot (-2) + 0 \cdot 5 & -2 \cdot 4 + 0 \cdot 1 \end{pmatrix} = \begin{pmatrix} -1 & 13 \\ 4 & -8 \end{pmatrix}$

(3) $\begin{pmatrix} 2 & 2 \\ 3 & 6 \\ 0 & 6 \end{pmatrix}\begin{pmatrix} 1 & 7 & 3 \\ 2 & 0 & 5 \end{pmatrix} = \begin{pmatrix} 2 \cdot 1 + 2 \cdot 2 & 2 \cdot 7 + 2 \cdot 0 & 2 \cdot 3 + 2 \cdot 5 \\ 3 \cdot 1 + 6 \cdot 2 & 3 \cdot 7 + 6 \cdot 0 & 3 \cdot 3 + 6 \cdot 5 \\ 0 \cdot 1 + 6 \cdot 2 & 0 \cdot 7 + 6 \cdot 0 & 0 \cdot 3 + 6 \cdot 5 \end{pmatrix} = \begin{pmatrix} 6 & 14 & 16 \\ 15 & 21 & 39 \\ 12 & 0 & 30 \end{pmatrix}$

問題2.6

$$(AB)C = \left(\begin{pmatrix} 3 & -1 \\ 1 & 2 \end{pmatrix}\begin{pmatrix} 5 & 0 & 1 \\ -2 & 4 & 0 \end{pmatrix}\right)\begin{pmatrix} 4 \\ 0 \\ -3 \end{pmatrix}$$

$$= \begin{pmatrix} 3 \cdot 5 + (-1) \cdot (-2) & 3 \cdot 0 + (-1) \cdot 4 & 3 \cdot 1 + (-1) \cdot 0 \\ 1 \cdot 5 + 2 \cdot (-2) & 1 \cdot 0 + 2 \cdot 4 & 1 \cdot 1 + 2 \cdot 0 \end{pmatrix}\begin{pmatrix} 4 \\ 0 \\ -3 \end{pmatrix}$$

$$= \begin{pmatrix} 17 & -4 & 3 \\ 1 & 8 & 1 \end{pmatrix}\begin{pmatrix} 4 \\ 0 \\ -3 \end{pmatrix} = \begin{pmatrix} 17 \cdot 4 - 4 \cdot 0 + 3 \cdot (-3) \\ 1 \cdot 4 + 8 \cdot 0 + 1 \cdot (-3) \end{pmatrix} = \begin{pmatrix} 59 \\ 1 \end{pmatrix}$$

$$A(BC) = \begin{pmatrix} 3 & -1 \\ 1 & 2 \end{pmatrix}\left(\begin{pmatrix} 5 & 0 & 1 \\ -2 & 4 & 0 \end{pmatrix}\begin{pmatrix} 4 \\ 0 \\ -3 \end{pmatrix}\right) = \begin{pmatrix} 3 & -1 \\ 1 & 2 \end{pmatrix}\begin{pmatrix} 5 \cdot 4 + 0 \cdot 0 + 1 \cdot (-3) \\ (-2) \cdot 4 + 4 \cdot 0 + 0 \cdot (-3) \end{pmatrix}$$

$$= \begin{pmatrix} 3 & -1 \\ 1 & 2 \end{pmatrix}\begin{pmatrix} 17 \\ -8 \end{pmatrix} = \begin{pmatrix} 3 \cdot 17 - 1 \cdot (-8) \\ 1 \cdot 17 + 2 \cdot (-8) \end{pmatrix} = \begin{pmatrix} 59 \\ 1 \end{pmatrix}$$

よって　　$(AB)C = A(BC)$

問題2.7

$$(A+B)C = \left(\begin{pmatrix} a & b \\ c & d \end{pmatrix} + \begin{pmatrix} p & q \\ r & s \end{pmatrix}\right)\begin{pmatrix} u & v \\ w & x \end{pmatrix} = \begin{pmatrix} a+p & b+q \\ c+r & d+s \end{pmatrix}\begin{pmatrix} u & v \\ w & x \end{pmatrix}$$

$$= \begin{pmatrix} (a+p)u+(b+q)w & (a+p)v+(b+q)x \\ (c+r)u+(d+s)w & (c+r)v+(d+s)x \end{pmatrix}$$

$$= \begin{pmatrix} au+pu+bw+qw & av+pv+bx+qx \\ cu+ru+dw+sw & cv+rv+dx+sx \end{pmatrix}$$

$$= \begin{pmatrix} (au+bw)+(pu+qw) & (av+bx)+(pv+qx) \\ (cu+dw)+(ru+sw) & (cv+dx)+(rv+sx) \end{pmatrix}$$

$$= \begin{pmatrix} au+bw & av+bx \\ cu+dw & cv+dx \end{pmatrix} + \begin{pmatrix} pu+qw & pv+qx \\ ru+sw & rv+sx \end{pmatrix}$$

$$= \begin{pmatrix} a & b \\ c & d \end{pmatrix}\begin{pmatrix} u & v \\ w & x \end{pmatrix} + \begin{pmatrix} p & q \\ r & s \end{pmatrix}\begin{pmatrix} u & v \\ w & x \end{pmatrix} = AC+BC$$

問題2.8

$$EA = \begin{pmatrix} 1 & 0 \\ 0 & 1 \end{pmatrix}\begin{pmatrix} a & b \\ c & d \end{pmatrix} = \begin{pmatrix} 1{\cdot}a+0{\cdot}c & b{\cdot}1+0{\cdot}d \\ 0{\cdot}a+1{\cdot}c & 0{\cdot}b+1{\cdot}d \end{pmatrix} = \begin{pmatrix} a & b \\ c & d \end{pmatrix} = A$$

問題2.9

$$Z^2 = ZZ = \begin{pmatrix} \dfrac{1}{2} & \dfrac{1}{4} \\ 1 & \dfrac{1}{2} \end{pmatrix}\begin{pmatrix} \dfrac{1}{2} & \dfrac{1}{4} \\ 1 & \dfrac{1}{2} \end{pmatrix} = \begin{pmatrix} \dfrac{1}{2}{\cdot}\dfrac{1}{2}+\dfrac{1}{4}{\cdot}1 & \dfrac{1}{2}{\cdot}\dfrac{1}{4}+\dfrac{1}{4}{\cdot}\dfrac{1}{2} \\ 1{\cdot}\dfrac{1}{2}+\dfrac{1}{2}{\cdot}1 & 1{\cdot}\dfrac{1}{4}+\dfrac{1}{2}{\cdot}\dfrac{1}{2} \end{pmatrix}$$

$$= \begin{pmatrix} \dfrac{1}{4}+\dfrac{1}{4} & \dfrac{1}{8}+\dfrac{1}{8} \\ \dfrac{1}{2}+\dfrac{1}{2} & \dfrac{1}{4}+\dfrac{1}{4} \end{pmatrix} = \begin{pmatrix} \dfrac{1}{2} & \dfrac{1}{4} \\ 1 & \dfrac{1}{2} \end{pmatrix} = Z$$

問題2.10

(1) $|A| = 2{\cdot}4-2{\cdot}3 = 2 \neq 0$ であるから、A は逆行列をもち

$$A^{-1} = \frac{1}{2 \cdot 4 - 2 \cdot 3} \begin{pmatrix} 4 & -2 \\ -3 & 2 \end{pmatrix} = \frac{1}{2} \begin{pmatrix} 4 & -2 \\ -3 & 2 \end{pmatrix} = \begin{pmatrix} 2 & -1 \\ -\frac{3}{2} & 1 \end{pmatrix}$$

(2) $|B| = 1 \cdot 6 - 2 \cdot 3 = 0$ であるから、B は逆行列をもたない。

問題 2. 11

A^{-1} を求めると、$A^{-1} = \dfrac{1}{2 \cdot (-2) - (-1) \cdot 5} \begin{pmatrix} -2 & 1 \\ -5 & 2 \end{pmatrix} = \dfrac{1}{1} \begin{pmatrix} -2 & 1 \\ -5 & 2 \end{pmatrix} = \begin{pmatrix} -2 & 1 \\ -5 & 2 \end{pmatrix}$

$A^{-1}B = \begin{pmatrix} -2 & 1 \\ -5 & 2 \end{pmatrix} \begin{pmatrix} 2 & 0 \\ 4 & -3 \end{pmatrix} = \begin{pmatrix} -2 \cdot 2 + 1 \cdot 4 & -2 \cdot 0 + 1 \cdot (-3) \\ -5 \cdot 2 + 2 \cdot 4 & -5 \cdot 0 + 2 \cdot (-3) \end{pmatrix} = \begin{pmatrix} 0 & -3 \\ -2 & -6 \end{pmatrix}$

$BA^{-1} = \begin{pmatrix} 2 & 0 \\ 4 & -3 \end{pmatrix} \begin{pmatrix} -2 & 1 \\ -5 & 2 \end{pmatrix} = \begin{pmatrix} 2 \cdot (-2) + 0 \cdot (-5) & 2 \cdot 1 + 0 \cdot 2 \\ 4 \cdot (-2) + (-3) \cdot (-5) & 4 \cdot 1 + (-3) \cdot 2 \end{pmatrix}$

$\qquad = \begin{pmatrix} -4 & 2 \\ 7 & -2 \end{pmatrix}$

$A^{-1}B \neq BA^{-1}$ となる。

問題 2. 12

(1) 行列で表すと、$\begin{pmatrix} 1 & 3 \\ 3 & 2 \end{pmatrix} \begin{pmatrix} x \\ y \end{pmatrix} = \begin{pmatrix} 5 \\ 1 \end{pmatrix}$

　係数行列 $A = \begin{pmatrix} 1 & 3 \\ 3 & 2 \end{pmatrix}$ であり、$|A| = 1 \cdot 2 - 3 \cdot 3 = -7$ より、

$$A^{-1} = \frac{1}{-7} \begin{pmatrix} 2 & -3 \\ -3 & 1 \end{pmatrix}$$

　であるから、

$$\begin{pmatrix} x \\ y \end{pmatrix} = -\frac{1}{7} \begin{pmatrix} 2 & -3 \\ -3 & 1 \end{pmatrix} \begin{pmatrix} 5 \\ 1 \end{pmatrix} = -\frac{1}{7} \begin{pmatrix} 2 \cdot 5 - 3 \cdot 1 \\ -3 \cdot 5 + 1 \cdot 1 \end{pmatrix} = -\frac{1}{7} \begin{pmatrix} 7 \\ -14 \end{pmatrix} = \begin{pmatrix} -1 \\ 2 \end{pmatrix}$$

　よって、　$x = -1$、$y = 2$

(2) 行列で表すと、$\begin{pmatrix} 2 & -1 \\ 1 & 2 \end{pmatrix} \begin{pmatrix} x \\ y \end{pmatrix} = \begin{pmatrix} 0 \\ 5 \end{pmatrix}$

　係数行列 $A = \begin{pmatrix} 2 & -1 \\ 1 & 2 \end{pmatrix}$ であり、$|A| = 2 \cdot 2 - (-1) \cdot 1 = 5$ より、

$$A^{-1} = \frac{1}{5}\begin{pmatrix} 2 & 1 \\ -1 & 2 \end{pmatrix}$$

であるから、

$$\begin{pmatrix} x \\ y \end{pmatrix} = \frac{1}{5}\begin{pmatrix} 2 & 1 \\ -1 & 2 \end{pmatrix}\begin{pmatrix} 0 \\ 5 \end{pmatrix} = \frac{1}{5}\begin{pmatrix} 2 \cdot 0 + 1 \cdot 5 \\ -1 \cdot 0 + 2 \cdot 5 \end{pmatrix} = \frac{1}{5}\begin{pmatrix} 5 \\ 10 \end{pmatrix} = \begin{pmatrix} 1 \\ 2 \end{pmatrix}$$

よって、　　$x = 1$、$y = 2$

問題 2.13

(1) 行列で表すと、$\begin{pmatrix} 2 & 1 \\ 4 & 2 \end{pmatrix}\begin{pmatrix} x \\ y \end{pmatrix} = \begin{pmatrix} 1 \\ 3 \end{pmatrix}$

　係数行列 $A = \begin{pmatrix} 2 & 1 \\ 4 & 2 \end{pmatrix}$ であり、$|A| = 2 \cdot 2 - 1 \cdot 4 = 0$ より、逆行列は存在しない。

　与えられた連立方程式の第 1 式を 2 倍すると、連立方程式は、

$$\begin{cases} 4x + 2y = 2 \\ 4x + 2y = 3 \end{cases}$$

となり、この式を同時に満たす x、y はない。

　よって、解はない。

(2) 行列で表すと、$\begin{pmatrix} 2 & 1 \\ 4 & 2 \end{pmatrix}\begin{pmatrix} x \\ y \end{pmatrix} = \begin{pmatrix} 0 \\ 0 \end{pmatrix}$

　係数行列 $A = \begin{pmatrix} 2 & 1 \\ 4 & 2 \end{pmatrix}$ であり、$|A| = 2 \cdot 2 - 1 \cdot 4 = 0$ より、逆行列は存在しない。

　与えられた連立方程式の第 2 式を 2 で割ると、連立方程式は、

$$\begin{cases} 2x + y = 0 \\ 2x + y = 0 \end{cases}$$

と同じ式になる。したがって、この式を同時に満たす x、y は無数にある。

　よって、解は α を実数として、$x = \alpha$、$y = -2\alpha$

問題 2.14

(1) 拡大係数行列は、$\begin{pmatrix} 2 & -1 & 8 \\ 1 & 3 & -3 \end{pmatrix}$

$$\begin{pmatrix} 2 & -1 & 8 \\ 1 & 3 & -3 \end{pmatrix} \xrightarrow[\substack{\text{第2行を} \\ \text{入れかえる}}]{①第1行と} \begin{pmatrix} 1 & 3 & -3 \\ 2 & -1 & 8 \end{pmatrix} \xrightarrow[\substack{+（第2行）}]{②（第1行）\times(-2)} \begin{pmatrix} 1 & 3 & -3 \\ 0 & -7 & 14 \end{pmatrix} \xrightarrow{③（第2行）\times\left(-\frac{1}{7}\right)}$$

$$\begin{pmatrix} 1 & 3 & -3 \\ 0 & 1 & -2 \end{pmatrix} \xrightarrow[\substack{+（第1行）}]{④（第2行）\times(-3)} \begin{pmatrix} 1 & 0 & 3 \\ 0 & 1 & -2 \end{pmatrix}$$

よって $x=3$、$y=-2$

(2) 拡大係数行列は、$\begin{pmatrix} 3 & -2 & 13 \\ 5 & 4 & 7 \end{pmatrix}$

$$\begin{pmatrix} 3 & -2 & 13 \\ 5 & 4 & 7 \end{pmatrix} \xrightarrow[\substack{\times\frac{1}{3}}]{①（第1行）} \begin{pmatrix} 1 & -\dfrac{2}{3} & \dfrac{13}{3} \\ 5 & 4 & 7 \end{pmatrix} \xrightarrow[\substack{+（第2行）}]{②（第1行）\times(-5)} \begin{pmatrix} 1 & -\dfrac{2}{3} & \dfrac{13}{3} \\ 0 & \dfrac{22}{3} & -\dfrac{44}{3} \end{pmatrix}$$

$$\xrightarrow[\substack{\times\frac{3}{22}}]{③（第2行）} \begin{pmatrix} 1 & -\dfrac{2}{3} & \dfrac{13}{3} \\ 0 & 1 & -2 \end{pmatrix} \xrightarrow[\substack{\times\frac{2}{3}+（第1行）}]{④（第2行）} \begin{pmatrix} 1 & 0 & 3 \\ 0 & 1 & -2 \end{pmatrix}$$

よって $x=3$、$y=-2$

問題2.15

(1) 拡大係数行列は、$\begin{pmatrix} 0 & 1 & 2 & 5 \\ -1 & 2 & 3 & 5 \\ 2 & -5 & -1 & -1 \end{pmatrix}$

$$\begin{pmatrix} 0 & 1 & 2 & 5 \\ -1 & 2 & 3 & 5 \\ 2 & -5 & -1 & -1 \end{pmatrix} \xrightarrow[\substack{\text{第2行を} \\ \text{入れ換える}}]{①第1行と} \begin{pmatrix} -1 & 2 & 3 & 5 \\ 0 & 1 & 2 & 5 \\ 2 & -5 & -1 & -1 \end{pmatrix} \xrightarrow[\substack{\times(-1)}]{②（第1行）} \begin{pmatrix} 1 & -2 & -3 & -5 \\ 0 & 1 & 2 & 5 \\ 2 & -5 & -1 & -1 \end{pmatrix}$$

$$\xrightarrow[\substack{\times(-2) \\ +（第3行）}]{③（第1行）} \begin{pmatrix} 1 & -2 & -3 & -5 \\ 0 & 1 & 2 & 5 \\ 0 & -1 & 5 & 9 \end{pmatrix} \xrightarrow[\substack{\times 2 \\ +（第1行）}]{④（第2行）} \begin{pmatrix} 1 & 0 & 1 & 5 \\ 0 & 1 & 2 & 5 \\ 0 & -1 & 5 & 9 \end{pmatrix} \xrightarrow[\substack{+（第3行）}]{⑤（第2行）}$$

$$\begin{pmatrix} 1 & 0 & 1 & 5 \\ 0 & 1 & 2 & 5 \\ 0 & 0 & 7 & 14 \end{pmatrix} \xrightarrow[\substack{\times\frac{1}{7}}]{⑥（第3行）} \begin{pmatrix} 1 & 0 & 1 & 5 \\ 0 & 1 & 2 & 5 \\ 0 & 0 & 1 & 2 \end{pmatrix} \xrightarrow[\substack{\times(-1)+（第1行）}]{⑦（第3行）}$$

$$\begin{pmatrix} 1 & 0 & 0 & 3 \\ 0 & 1 & 2 & 5 \\ 0 & 0 & 1 & 2 \end{pmatrix} \xrightarrow[\substack{+（第2行）}]{⑧（第3行）\times(-2)} \begin{pmatrix} 1 & 0 & 0 & 3 \\ 0 & 1 & 0 & 1 \\ 0 & 0 & 1 & 2 \end{pmatrix}$$

$$\xrightarrow{\substack{⑧(\text{第3行})\\ \times(-2)\\ +(\text{第2行})}}\begin{pmatrix}1&0&0&3\\0&1&2&5\\0&0&1&2\end{pmatrix}\xrightarrow{}\begin{pmatrix}1&0&0&3\\0&1&0&1\\0&0&1&2\end{pmatrix}$$

よって、　$x=3$、$y=1$、$z=2$

問題2.16

(1) 拡大係数行列は $\begin{pmatrix}1&3&2&7\\2&1&-1&4\\3&-1&-4&1\end{pmatrix}$

$$\begin{pmatrix}1&3&2&7\\2&1&-1&4\\3&-1&-4&1\end{pmatrix}\xrightarrow{\substack{①(\text{第1行})\\ \times(-2)\\ +(\text{第2行})}}\begin{pmatrix}1&3&2&7\\0&-5&-5&-10\\3&-1&-4&1\end{pmatrix}\xrightarrow{\substack{②(\text{第1行})\\ \times(-3)\\ +(\text{第3行})}}\begin{pmatrix}1&3&2&7\\0&-5&-5&-10\\0&-10&-10&-20\end{pmatrix}$$

$$\xrightarrow{\substack{③(\text{第2行})\\ \times(-\frac{1}{5})}}\begin{pmatrix}1&3&2&7\\0&1&1&2\\0&-10&-10&-20\end{pmatrix}\xrightarrow{\substack{④(\text{第2行})\\ \times(-3)\\ +(\text{第1行})}}\begin{pmatrix}1&0&-1&1\\0&1&1&2\\0&-10&-10&-20\end{pmatrix}$$

$$\xrightarrow{\substack{①(\text{第2行})\\ \times10+(\text{第3行})}}\begin{pmatrix}1&0&-1&1\\0&1&1&2\\0&0&0&0\end{pmatrix}$$

この拡大係数行列を連立方程式で表すと、$x-z=1$、$y+z=2$ となるから、α を実数として $z=\alpha$ とおくと
$$x=1+\alpha、y=2-\alpha、z=\alpha$$
が解であり、無数にある。

問題2.17

(1) 拡大係数行列は $\begin{pmatrix}3&7&1&0\\1&2&0&1\end{pmatrix}$

$$\begin{pmatrix}3&7&1&0\\1&2&0&1\end{pmatrix}\xrightarrow{\substack{①\text{第1行と第2行を}\\ \text{入れ換える}}}\begin{pmatrix}1&2&0&1\\3&7&1&0\end{pmatrix}\xrightarrow{\substack{②(\text{第1行})\\ \times(-3)\\ +(\text{第2行})}}\begin{pmatrix}1&2&0&1\\0&1&1&-3\end{pmatrix}\xrightarrow{\substack{③(\text{第2行})\\ \times(-2)\\ +(\text{第1行})}}$$

$$\xrightarrow{}\begin{pmatrix}1&0&-2&7\\0&1&1&-3\end{pmatrix}$$

よって、逆行列は、　$\begin{pmatrix} -2 & 7 \\ 1 & -3 \end{pmatrix}$

(2) 拡大係数行列は $\begin{pmatrix} 0 & -2 & 1 & 1 & 0 & 0 \\ -1 & 1 & 1 & 0 & 1 & 0 \\ 2 & 5 & -5 & 0 & 0 & 1 \end{pmatrix}$

$$\begin{pmatrix} 0 & -2 & 1 & 1 & 0 & 0 \\ -1 & 1 & 1 & 0 & 1 & 0 \\ 2 & 5 & -5 & 0 & 0 & 1 \end{pmatrix} \xrightarrow[\text{を入れ換える}]{\text{①第1行と第2行}} \begin{pmatrix} -1 & 1 & 1 & 0 & 1 & 0 \\ 0 & -2 & 1 & 1 & 0 & 0 \\ 2 & 5 & -5 & 0 & 0 & 1 \end{pmatrix} \quad \text{②(第1行)} \times (-1)$$

$$\longrightarrow \begin{pmatrix} 1 & -1 & -1 & 0 & -1 & 0 \\ 0 & -2 & 1 & 1 & 0 & 0 \\ 2 & 5 & -5 & 0 & 0 & 1 \end{pmatrix} \begin{array}{c} \text{③(第1行)} \\ \times (-2) \\ +(\text{第3行}) \end{array} \begin{pmatrix} 1 & -1 & -1 & 0 & -1 & 0 \\ 0 & -2 & 1 & 1 & 0 & 0 \\ 0 & 7 & -3 & 0 & 2 & 1 \end{pmatrix} \quad \text{④(第2行)} \times (-\frac{1}{2})$$

$$\longrightarrow \begin{pmatrix} 1 & -1 & -1 & 0 & -1 & 0 \\ 0 & 1 & -\frac{1}{2} & -\frac{1}{2} & 0 & 0 \\ 0 & 7 & -3 & 0 & 2 & 1 \end{pmatrix} \begin{array}{c} \text{⑤(第2行)} \\ +(\text{第1行}) \end{array} \begin{pmatrix} 1 & 0 & -\frac{3}{2} & -\frac{1}{2} & -1 & 0 \\ 0 & 1 & -\frac{1}{2} & -\frac{1}{2} & 0 & 0 \\ 0 & 7 & -3 & 0 & 2 & 1 \end{pmatrix} \begin{array}{c} \text{⑥(第2行)} \\ \times (-7) \\ +(\text{第3行}) \end{array}$$

$$\longrightarrow \begin{pmatrix} 1 & 0 & -\frac{3}{2} & -\frac{1}{2} & -1 & 0 \\ 0 & 1 & -\frac{1}{2} & -\frac{1}{2} & 0 & 0 \\ 0 & 0 & \frac{1}{2} & \frac{7}{2} & 2 & 1 \end{pmatrix} \text{⑦(第3行)} \times 2 \begin{pmatrix} 1 & 0 & -\frac{3}{2} & -\frac{1}{2} & -1 & 0 \\ 0 & 1 & -\frac{1}{2} & -\frac{1}{2} & 0 & 0 \\ 0 & 0 & 1 & 7 & 4 & 2 \end{pmatrix} \begin{array}{c} \text{⑧(第3行)} \\ \times \frac{3}{2} \\ +(\text{第1行}) \end{array}$$

$$\longrightarrow \begin{pmatrix} 1 & 0 & 0 & 10 & 5 & 3 \\ 0 & 1 & -\frac{1}{2} & -\frac{1}{2} & 0 & 0 \\ 0 & 0 & 1 & 7 & 4 & 2 \end{pmatrix} \begin{array}{c} \text{⑨(第3行)} \times \frac{1}{2} \\ +(\text{第2行}) \end{array} \begin{pmatrix} 1 & 0 & 0 & 10 & 5 & 3 \\ 0 & 1 & 0 & 3 & 2 & 1 \\ 0 & 0 & 1 & 7 & 4 & 2 \end{pmatrix}$$

よって、逆行列は、　$\begin{pmatrix} 10 & 5 & 3 \\ 3 & 2 & 1 \\ 7 & 4 & 2 \end{pmatrix}$

第3章

行列式

　2次の行列式 |A| は、2次正方行列 A の逆行列 A^{-1} を求めるときに現れた。このように、行列と行列式は密接な関係がある。しかし、行列式が考え出されたのは、行列より170年ほど早い。そもそも行列式は、行列とは関係なく、連立1次方程式を解くために考え出された。

　そこで、ここでもn次の行列式を定義し、n次連立1次方程式の解を求めることを目標とする。そために、次の順序で見ていくことにする。

1.　3元連立1次方程式を、消去法で解き、その解を行列式の形で表す。この解の分母に現れる式を3次の行列式といい、この解を3元連立1次方程式のクラメルの公式という。
2.　3次の行列式の2つの特徴を調べ、その特徴を満たすように4次の行列式を定義する。そして、一般のn次の行列式を定義する。
3.　2次、3次の行列式はサラスの公式という便利な計算方法があるが、4次以上ではそのような公式がない。そこで、行列式の7つの性質を調べ、その7つの性質を用いて4次以上の行列式の計算方法を見ていく。
4.　3次の行列式を3つの2次の行列式の和として表す。この2次の行列式を元の行列式の余因子という。この余因子から余因子行列をつくり、この余因子行列から3次の行列式の逆行列を求める。この3次の逆行列の求め方から、一般のn次の逆行列を求める。
5.　4元連立1次方程式を逆行列を求めてから解き、その解をクラメルの公式の形に変形する。この4元連立1次方程式のクラメルの公式の類推からn元連立1次方程式のクラメルの公式を導く。

1. 3元連立1次方程式の解

こ　こまでに、2次正方行列 $A = \begin{pmatrix} a & b \\ c & d \end{pmatrix}$ の行列式 $|A| = \begin{vmatrix} a & b \\ c & d \end{vmatrix} = ad - bc$ が何回か登場し、重要な働きをした。とくに、A の逆行列 A^{-1} を求めるときに、行列式 $|A|$ が登場し、その逆行列を用いて、2元連立1次方程式を解いた。この考え方は、n 元連立1次方程式の解を求めるときも同じである。ここでは、3元連立1次方程式の解を求め、3次の行列式の定義をしよう。はじめに、2元連立1次方程式から出発する。

2元連立1次方程式の解

2章で、2元連立1次方程式の解をすでに求めたが、そのときは係数に a、b、c、d という文字を使った。しかし、これでは n 元連立1次方程式には対応できない。そのため、これからは添え字のある文字 a_{ij} を使って係数を表すことにする。

そこで、2元連立1次方程式を

$$\begin{cases} a_{11}x + a_{12}y = p_1 \\ a_{21}x + a_{22}y = p_2 \end{cases} \tag{3.1}$$

と表すと、2章の99ページで見てきたように、

$a_{11}a_{22} - a_{12}a_{21} \neq 0$ のとき、(3.1) の解は、

$$x = \frac{a_{22}p_1 - a_{12}p_2}{a_{11}a_{22} - a_{12}a_{21}}, \quad y = \frac{-a_{21}p_1 + a_{11}p_2}{a_{11}a_{22} - a_{12}a_{21}} \tag{3.2}$$

で、この分母 $a_{11}a_{22} - a_{21}a_{12}$ が2次の行列式で、$\begin{vmatrix} p_1 & a_{12} \\ p_2 & a_{22} \end{vmatrix}$ と表した。

すなわち、

$$\begin{vmatrix} a_{11} & a_{12} \\ a_{21} & a_{22} \end{vmatrix} = a_{11}a_{22} - a_{12}a_{21}$$

> 2次の行列式の計算の仕方は
>
> $$\overset{\oplus}{\underset{-a_{12}a_{21}}{\begin{vmatrix} a_{11} & a_{12} \\ a_{21} & a_{22} \end{vmatrix}}} \overset{\ominus}{\underset{a_{11}a_{22}}{}} = a_{11}a_{22} - a_{12}a_{21}$$
>
> であった (92ページ)。これを2次の行列式のサラスの公式という。

122

この表し方で、2元連立1次方程式(3.1)の解(3.2)の分子を表すと、

$$(x\text{の分子}) = a_{22}p_1 - a_{12}p_2 = p_1a_{22} - a_{12}p_2 = \begin{vmatrix} p_1 & a_{12} \\ p_2 & a_{22} \end{vmatrix}$$

$$(y\text{の分子}) = -a_{21}p_1 + a_{11}p_2 = a_{11}p_2 - p_1a_{21} = \begin{vmatrix} a_{11} & p_1 \\ a_{21} & p_2 \end{vmatrix}$$

と表すことができる。つまり、xの分子は、分母の行列式の第1列a_{11}、a_{21}の代わりにp_1、p_2を入れ、yの分子は、分母の行列式の第2列a_{12}、a_{22}の代わりにp_1、p_2を入れればよいことになる。

【2元連立1次方程式(3.1)の解】

$$x = \frac{\begin{vmatrix} p_1 & a_{12} \\ p_2 & a_{22} \end{vmatrix}}{\begin{vmatrix} a_{11} & a_{12} \\ a_{21} & a_{22} \end{vmatrix}}, \quad y = \frac{\begin{vmatrix} a_{11} & p_1 \\ a_{21} & p_2 \end{vmatrix}}{\begin{vmatrix} a_{11} & a_{12} \\ a_{21} & a_{22} \end{vmatrix}} \tag{3.3}$$

この式を、2元連立1次方程式の**クラメルの公式**という。

次に、未知数が3つの3元連立1次方程式の解はどうなるか。

3元連立1次方程式の解

さて、いよいよ3元連立1次方程式の解を求めるが、細かい計算が多くなる。

未知数がx、y、zである3元連立1次方程式を考えよう。

$$3\text{元連立1次方程式} \begin{cases} a_{11}x + a_{12}y + a_{13}z = p_1 & \cdots\cdots① \\ a_{21}x + a_{22}y + a_{23}z = p_2 & \cdots\cdots② \\ a_{31}x + a_{32}y + a_{33}z = p_3 & \cdots\cdots③ \end{cases}$$

この3つの式から、x、y、zを求める。

まず、zを消して、x、yの式にすれば、前項で求めたクラメルの公式(3.3)が使える。そこで、zを消すために、①×a_{23}－②×a_{13}を計算すると、

$$(a_{11}a_{23} - a_{21}a_{13})x + (a_{12}a_{23} - a_{22}a_{13})y = p_1a_{23} - p_2a_{13} \qquad \cdots\cdots ④$$

となり、② $\times a_{33}$ － ③ $\times a_{23}$ を計算すると、

$$(a_{21}a_{33} - a_{31}a_{23})x + (a_{22}a_{33} - a_{32}a_{23})y = p_2a_{33} - p_3a_{23} \qquad \cdots\cdots ⑤$$

となる。z が消え、④と⑤の2元連立1次方程式になる。

係数行列は、

$$A = \begin{pmatrix} a_{11}a_{23} - a_{21}a_{13} & a_{12}a_{23} - a_{22}a_{13} \\ a_{21}a_{33} - a_{31}a_{23} & a_{22}a_{33} - a_{32}a_{23} \end{pmatrix}$$

である。

行列式 $|A| \neq 0$ のとき、逆行列が存在し、前項で求めたクラメルの公式 (3.3) が使えて、

$$x = \frac{\begin{vmatrix} p_1a_{23} - p_2a_{13} & a_{12}a_{23} - a_{22}a_{13} \\ p_2a_{33} - p_3a_{23} & a_{22}a_{33} - a_{32}a_{23} \end{vmatrix}}{\begin{vmatrix} a_{11}a_{23} - a_{21}a_{13} & a_{12}a_{23} - a_{22}a_{13} \\ a_{21}a_{33} - a_{31}a_{23} & a_{22}a_{33} - a_{32}a_{23} \end{vmatrix}}$$

$$= \frac{(p_1a_{23} - p_2a_{13})(a_{22}a_{33} - a_{32}a_{23}) - (a_{12}a_{23} - a_{22}a_{13})(p_2a_{33} - p_3a_{23})}{(a_{11}a_{23} - a_{21}a_{13})(a_{22}a_{33} - a_{32}a_{23}) - (a_{12}a_{23} - a_{22}a_{13})(a_{21}a_{33} - a_{31}a_{23})}$$

となる。これを展開すると、

$$(x \text{の分子}) = (p_1\underline{a_{23}}a_{22}a_{33} - p_2a_{13}a_{22}a_{33} - p_1\underline{a_{23}}a_{32}a_{23} + p_2a_{13}a_{32}\underline{a_{23}})$$
$$- (p_2a_{33}a_{12}\underline{a_{23}} - p_2a_{33}a_{22}a_{13} - p_3a_{23}a_{12}\underline{a_{23}} + p_3\underline{a_{23}}a_{22}a_{13})$$

> 波線 〰 の項は同じだから消えて、残りの項には a_{23} があるので、くくり出す。

$$= \underline{a_{23}}(p_1a_{22}a_{33} - p_1a_{32}a_{23} + p_2a_{13}a_{32} - p_2a_{33}a_{12} + p_3a_{23}a_{12} - p_3a_{22}a_{13})$$

$$(x \text{の分母}) = a_{11}\underline{a_{23}}a_{22}a_{33} - \underline{a_{21}a_{13}a_{22}a_{33}} - a_{11}\underline{a_{23}}a_{32}a_{23} + a_{21}a_{13}a_{32}\underline{a_{23}}$$
$$- (a_{12}\underline{a_{23}}a_{21}a_{33} - \underline{a_{22}a_{13}a_{21}a_{33}} - a_{12}a_{23}a_{31}\underline{a_{23}} + a_{22}a_{13}a_{31}\underline{a_{23}})$$

> 波線 〰 の項は同じだから消えて、残りの項には a_{23} があるので、くくり出す。

$$= a_{23}(a_{11}a_{22}a_{33} - a_{11}a_{32}a_{23} + a_{21}a_{13}a_{32} - a_{12}a_{21}a_{33}$$
$$+ a_{12}a_{31}a_{23} - a_{22}a_{13}a_{31})$$

$$x = \frac{p_1 a_{22} a_{33} + p_2 a_{13} a_{32} + p_3 a_{23} a_{12} - p_1 a_{23} a_{32} - p_2 a_{33} a_{12} - p_3 a_{22} a_{13}}{a_{11} a_{22} a_{33} + a_{12} a_{23} a_{31} + a_{13} a_{21} a_{32} - a_{11} a_{23} a_{32} - a_{12} a_{21} a_{33} - a_{13} a_{22} a_{31}}$$

a_{23} を約分する

y、z についても同じように計算すると、

$$y = \frac{p_2 a_{11} a_{33} + p_1 a_{23} a_{31} + p_3 a_{13} a_{21} - p_3 a_{11} a_{23} - p_1 a_{21} a_{33} - p_2 a_{13} a_{31}}{a_{11} a_{22} a_{33} + a_{12} a_{23} a_{31} + a_{13} a_{21} a_{32} - a_{11} a_{23} a_{32} - a_{12} a_{21} a_{33} - a_{13} a_{22} a_{31}}$$

$$z = \frac{p_3 a_{11} a_{22} + p_2 a_{12} a_{31} + p_1 a_{32} a_{21} - p_2 a_{11} a_{32} - p_3 a_{12} a_{21} - p_1 a_{22} a_{31}}{a_{11} a_{22} a_{33} + a_{12} a_{23} a_{31} + a_{13} a_{21} a_{32} - a_{11} a_{23} a_{32} - a_{12} a_{21} a_{33} - a_{13} a_{22} a_{31}}$$

となる。これが解であるが、これを行列式の形に書き換えよう。

この分母は、x、y、z に共通な式である。そこで、2次の行列式のときと同じように、この分母の式を3次の行列式と呼び、

$$\begin{vmatrix} a_{11} & a_{12} & a_{13} \\ a_{21} & a_{22} & a_{23} \\ a_{31} & a_{32} & a_{33} \end{vmatrix} = \begin{aligned} &a_{11} a_{22} a_{33} + a_{12} a_{23} a_{31} + a_{13} a_{21} a_{32} \\ &- a_{11} a_{23} a_{32} - a_{12} a_{21} a_{33} - a_{13} a_{22} a_{31} \end{aligned} \tag{3.5}$$

と書く。この式の計算方法は、2次の行列式と同じように、次のように計算する(図3.1)。

① a_{11} から右下へ a_{22}、a_{33} と掛け算する → $a_{11}a_{22}a_{33}$

② a_{12} から右下へ a_{23} と掛け算し、折り返して a_{31} と掛け算する → $a_{12}a_{23}a_{31}$

③ a_{13} から折り返して a_{32} を掛け算し、左上の a_{21} を掛け算する → $a_{13}a_{21}a_{32}$

④ a_{11} から折り返して、a_{32} を掛け算し右上の a_{23} を掛け算し、その値にマイナスを付ける → $-a_{11}a_{32}a_{23}$

⑤ a_{12} から左下へ a_{21} と掛け算し、折り返して a_{33} と掛け算し、マイナスを付ける → $-a_{12}a_{21}a_{33}$

⑥ a_{13} から左下へ a_{22} を掛け算し、左下の a_{31} を掛け算し、マイナスを付ける → $-a_{13}a_{22}a_{31}$

①～⑥の数を足し算する。すると、(3.5) が得られる。この計算方法を **3 次の行列式のサラスの公式** という。

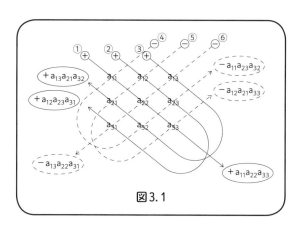

図 3.1

分子を $|\quad|$ で表すと、

$$(x の分子) = p_1 a_{22} a_{33} + a_{23} a_{12} p_3 + a_{13} a_{32} p_2$$

$$- p_1 a_{32} a_{23} - a_{12} p_2 a_{33} - a_{13} a_{22} p_3 = \begin{vmatrix} p_1 & a_{12} & a_{13} \\ p_2 & a_{22} & a_{23} \\ p_3 & a_{32} & a_{33} \end{vmatrix}$$

$$(y の分子) = p_2 a_{11} a_{33} + p_1 a_{23} a_{31} + p_3 a_{13} a_{21}$$

$$- p_3 a_{11} a_{23} - p_1 a_{21} a_{33} - p_2 a_{13} a_{31} = \begin{vmatrix} a_{11} & p_1 & a_{13} \\ a_{21} & p_2 & a_{23} \\ a_{31} & p_3 & a_{33} \end{vmatrix}$$

$$(z の分子) = p_3 a_{11} a_{22} + p_2 a_{12} a_{31} + p_1 a_{32} a_{21}$$

$$- p_2 a_{11} a_{32} - p_3 a_{12} a_{21} - p_1 a_{22} a_{31} = \begin{vmatrix} a_{11} & a_{12} & p_1 \\ a_{21} & a_{22} & p_2 \\ a_{31} & a_{32} & p_3 \end{vmatrix}$$

となるから、

$$x = \cfrac{\begin{vmatrix} p_1 & a_{12} & a_{13} \\ p_2 & a_{22} & a_{23} \\ p_3 & a_{32} & a_{33} \end{vmatrix}}{\begin{vmatrix} a_{11} & a_{12} & a_{13} \\ a_{21} & a_{22} & a_{23} \\ a_{31} & a_{32} & a_{33} \end{vmatrix}}, \quad y = \cfrac{\begin{vmatrix} a_{11} & p_1 & a_{13} \\ a_{21} & p_2 & a_{23} \\ a_{31} & p_3 & a_{33} \end{vmatrix}}{\begin{vmatrix} a_{11} & a_{12} & a_{13} \\ a_{21} & a_{22} & a_{23} \\ a_{31} & a_{32} & a_{33} \end{vmatrix}}, \quad z = \cfrac{\begin{vmatrix} a_{11} & a_{12} & p_1 \\ a_{21} & a_{22} & p_2 \\ a_{31} & a_{32} & p_3 \end{vmatrix}}{\begin{vmatrix} a_{11} & a_{12} & a_{13} \\ a_{21} & a_{22} & a_{23} \\ a_{31} & a_{32} & a_{33} \end{vmatrix}} \quad (3.6)$$

2元連立1次方程式の場合と同じような式が求められた。これを3元連立1次方程式の**クラメルの公式**という。

例題3.1

ノート、ボールペン、修正液の値段を求める70ページの連立方程式(2.1)

$$\begin{cases} 2x + 4y + 3z = 1950 \\ x + 3y + 2z = 1250 \\ 3x + 2y + z = 1450 \end{cases} \quad (2.1)$$

を、クラメルの公式を用いて解け。

《解答》

係数行列の行列式は、

$$\begin{vmatrix} 2 & 4 & 3 \\ 1 & 3 & 2 \\ 3 & 2 & 1 \end{vmatrix} = 2 \cdot 3 \cdot 1 + 4 \cdot 2 \cdot 3 + 3 \cdot 2 \cdot 1 - 2 \cdot 2 \cdot 2 - 4 \cdot 1 \cdot 1 - 3 \cdot 3 \cdot 3 = -3$$

$$(x \text{の分子}) = \begin{vmatrix} 1950 & 4 & 3 \\ 1250 & 3 & 2 \\ 1450 & 2 & 1 \end{vmatrix}$$

$$= 1950 \cdot 3 \cdot 1 + 4 \cdot 2 \cdot 1450 + 3 \cdot 2 \cdot 1250 - 1950 \cdot 2 \cdot 2$$
$$- 4 \cdot 1250 \cdot 1 - 3 \cdot 3 \cdot 1450 = -900$$

$$(y \text{ の分子}) = \begin{vmatrix} 2 & 1950 & 3 \\ 1 & 1250 & 2 \\ 3 & 1450 & 1 \end{vmatrix}$$

$$= 2 \cdot 1250 \cdot 1 + 1950 \cdot 2 \cdot 3 + 3 \cdot 1450 \cdot 1$$
$$- 2 \cdot 1450 \cdot 2 - 1950 \cdot 1 \cdot 1 - 3 \cdot 1250 \cdot 3 = -450$$

$$(z \text{ の分子}) = \begin{vmatrix} 2 & 4 & 1950 \\ 1 & 3 & 1250 \\ 3 & 2 & 1450 \end{vmatrix}$$

$$= 2 \cdot 3 \cdot 1450 + 4 \cdot 1250 \cdot 3 + 1950 \cdot 2 \cdot 1$$
$$- 2 \cdot 2 \cdot 1250 - 4 \cdot 1 \cdot 1450 - 1950 \cdot 3 \cdot 3 = -750$$

よって、

$$x = \frac{-900}{-3} = 300 \ , \ y = \frac{-450}{-3} = 150 \ , \ z = \frac{-750}{-3} = 250$$

となるから、ノートが300円、ボールペンが150円、修正液が250円となる。 (終)

問題3.1

連立1次方程式 $\begin{cases} y + 2z = 5 \\ -x + 2y + 3z = 5 \\ 2x - 5y - z = -1 \end{cases}$

をクラメルの公式用いて解け。(問題2.15と同じ連立方程式)

クラメルの公式を利用すれば、数値計算は大変であるが、3元まで
の連立方程式を機械的に解けることができる。それでは、3元よ
りも大きい4元以上の連立方程式にもクラメルの公式が成り立つか。そ
れを示すためには、3元の場合のように未知数を減らす消去法では、計
算が面倒で困難である。そこで、第2章で2元連立1次方程式を解いた
ときのように、逆行列を求めて連立方程式を解くことを考え、4元以上
でもクラメルの公式が成り立つことを見ていこう。そのためには、3次
以上の正方行列の逆行列を求めなければならない。そして、逆行列を求
めるためには、一般のn次の行列式を定義する必要がある。そこで、ま
ず3次の行列式の特徴を調べ、その特徴から4次の行列式、n次の行列
式を定義しよう。

3次の行列式の特徴

今までみてきたように、3元連立1次方程式を解くと、答えに現れる
のが3次の行列式であることがわかった。この項と次項で、3次の行列
式に現れる特徴を見ていこう。

125ページで3元連立1次方程式を解いたとき、3次の行列式を、

$$\begin{vmatrix} a_{11} & a_{12} & a_{13} \\ a_{21} & a_{22} & a_{23} \\ a_{31} & a_{32} & a_{33} \end{vmatrix} = a_{11}\,a_{22}\,a_{33} + a_{12}\,a_{23}\,a_{31} + a_{13}\,a_{21}\,a_{32} \\ - a_{11}\,a_{23}\,a_{32} - a_{12}\,a_{21}\,a_{33} - a_{13}\,a_{22}\,a_{31} \qquad (3.5)$$

と定義した。

(1) まず、気づくことはaについている2つの添字のうち左の添字が、1、
2、3と並んでいることである。そして、右の添字は、1と2と3の数字
が入れ換わっている（図3.2）。

このように異なるものを1列に並べることを順列という。つまり、
右の添字は1、2、3の3つの数字の**順列**になっている。

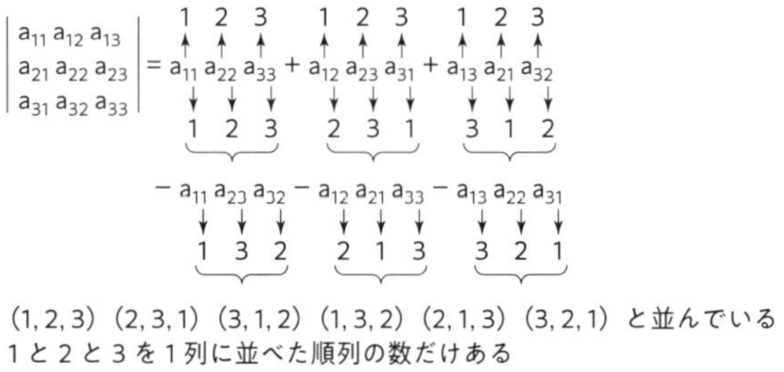

1 2 3 1 2 3 1 2 3
a11 a12 a13
a21 a22 a23
a31 a32 a33
= a11 a22 a33 + a12 a23 a31 + a13 a21 a32
1 2 3 2 3 1 3 1 2
− a11 a23 a32 − a12 a21 a33 − a13 a22 a31
1 3 2 2 1 3 3 2 1
(1, 2, 3) (2, 3, 1) (3, 1, 2) (1, 3, 2) (2, 1, 3) (3, 2, 1) と並んでいる
1と2と3を1列に並べた順列の数だけある

図3.2

この3つの数字の並べ換えは何通りあるのだろうか(図3.3)。

① 左端には1、2、3の3つの数のどれかが入り、

② 2番目はそれを除いた2つの数からどれかが入る。

③ 3番目は自動的に決まる。

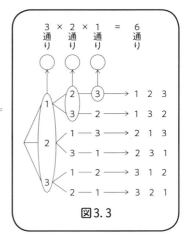

したがって、$3\times2\times1=6$通りの並べ方がある。この6を**順列の数**という。

3次の行列式の場合は、この順列の数6通りが項の数になる。これが1つ目の特徴である。

3通り × 2通り × 1通り = 6通り
1 2 3
1 3 2
2 1 3
2 3 1
3 1 2
3 2 1

図3.3

(2) 次に式を見ると、"+"の項と"−"の項がある。ここではこの+と−がどのように決まるか考えよう。

① まず、図3.2で+は123、231、312のときについている。この特徴を知るために、各順列で隣どうしの数字を何回入れ換えると123になるか調べよう。図3.4のように、

231は、1と3を入れ換えて213、1と2を入れ換えると123になる。

312は、1と3を入れ換えて132、2と3を入れ換えると123になる。

この2つは2回入れ換えで123になる。

123は、0回入れ換えたと考える。

このように、0を偶数と考えて、偶数回の入れ換えで1、2、3になる

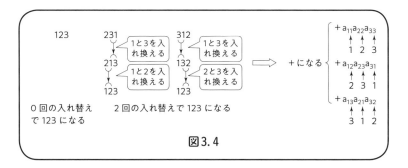

図3.4

順列を**偶順列**という。

② 次に、図3.2で－がついている132、213、321の場合を調べよう。

図3.5のように、

132は、2と3を入れ換えれば123になる。

213は、1と2を入れ換えれば123になる。

この2つは1回の入れ換えで123になる。

321は、1と2を入れ換えて、1と3を入れ換え、さらに2と3を
入れ換えると123になる。

この場合は3回の入れ換えで123になる。

このように、奇数回の入れ換えで1、2、3になる順列を**奇順列**という。

以上のことから、3次の行列式の特徴は次の2つである。

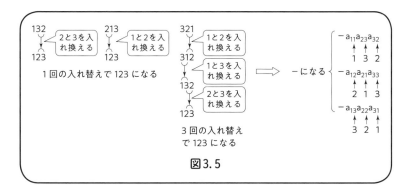

図3.5

【3次の行列式の特徴】

　　各項の左の添字を少ない順にしたとき、

1. 各項は右の添字 1，2，3 の順列で決まる。

→ $a_{11}a_{22}a_{33}$、$a_{12}a_{23}a_{31}$、$a_{13}a_{21}a_{32}$、$a_{11}a_{23}a_{32}$、$a_{12}a_{21}a_{33}$、$a_{13}a_{22}a_{31}$

2. 各項の右の添字の並びが偶順列のとき＋、奇順列のとき－である。

→ ＋$a_{11}a_{22}a_{33}$、＋$a_{12}a_{23}a_{31}$、＋$a_{13}a_{21}a_{32}$、

　　－$a_{11}a_{23}a_{32}$、－$a_{12}a_{21}a_{33}$、－$a_{13}a_{22}a_{31}$

　この2つの特徴は、2次の行列式にも当てはまる。

　2次の行列式は、

$$\begin{vmatrix} a_{11} & a_{12} \\ a_{21} & a_{22} \end{vmatrix} = a_{11}a_{22} - a_{12}a_{21}$$

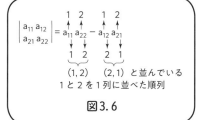

図3.6

であった（図3.6）。

1. 各項は右の添字 1，2 の順列で決まる。 → $a_{11}a_{22}$，$a_{12}a_{21}$

2. 各項の右の添字の並びが偶順列のとき＋、奇順列のとき－である。 → ＋$a_{11}a_{22}$、－$a_{12}a_{21}$

4次の行列式

　3次の行列式の特徴について見てきた。ここでは、この2つの特徴をもとに4次の行列式を定義しよう。

(1)まず、最初の特徴は "各項は右の添字の順列で決まる" である。そこで、4次の行列式は、$a_{1j_1}a_{2j_2}a_{3j_3}a_{4j_4}$（ここで、$j_1$、$j_2$、$j_3$、$j_4$ は、1、2、3、4 のいずれかの数字を表し、同じ数字は入らない）の足し算、引き算で表される。項の数は、1、2、3、4

図3.7

の順列の数だけあるから、$4 \times 3 \times 2 \times 1 = 24$ 個である（図3.8）。

(2) 次の特徴は "各項の右の添字の並びが偶順列のとき＋、奇順列のとき－" である。たとえば、$a_{11}a_{24}a_{33}a_{42}$ の場合は、図3.7のように、右の添字の順列1432で2と3を入れ換え、2と4を入れ換え、3と4を入れ換えると、1234になる。したがって、3回で1234になるので奇順列である。そこで、行列式の中では－がつき－$a_{11}a_{24}a_{33}a_{42}$ となる。

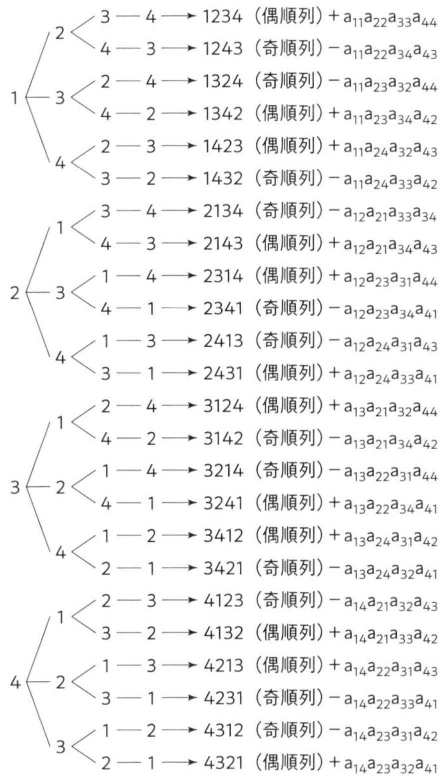

$1 \begin{cases} 2 \begin{cases} 3 - 4 \to 1234 \text{（偶順列）} +a_{11}a_{22}a_{33}a_{44} \\ 4 - 3 \to 1243 \text{（奇順列）} -a_{11}a_{22}a_{34}a_{43} \end{cases} \\ 3 \begin{cases} 2 - 4 \to 1324 \text{（奇順列）} -a_{11}a_{23}a_{32}a_{44} \\ 4 - 2 \to 1342 \text{（偶順列）} +a_{11}a_{23}a_{34}a_{42} \end{cases} \\ 4 \begin{cases} 2 - 3 \to 1423 \text{（偶順列）} +a_{11}a_{24}a_{32}a_{43} \\ 3 - 2 \to 1432 \text{（奇順列）} -a_{11}a_{24}a_{33}a_{42} \end{cases} \end{cases}$

$2 \begin{cases} 1 \begin{cases} 3 - 4 \to 2134 \text{（奇順列）} -a_{12}a_{21}a_{33}a_{44} \\ 4 - 3 \to 2143 \text{（偶順列）} +a_{12}a_{21}a_{34}a_{43} \end{cases} \\ 3 \begin{cases} 1 - 4 \to 2314 \text{（偶順列）} +a_{12}a_{23}a_{31}a_{44} \\ 4 - 1 \to 2341 \text{（奇順列）} -a_{12}a_{23}a_{34}a_{41} \end{cases} \\ 4 \begin{cases} 1 - 3 \to 2413 \text{（奇順列）} -a_{12}a_{24}a_{31}a_{43} \\ 3 - 1 \to 2431 \text{（偶順列）} +a_{12}a_{24}a_{33}a_{41} \end{cases} \end{cases}$

$3 \begin{cases} 1 \begin{cases} 2 - 4 \to 3124 \text{（偶順列）} +a_{13}a_{21}a_{32}a_{44} \\ 4 - 2 \to 3142 \text{（奇順列）} -a_{13}a_{21}a_{34}a_{42} \end{cases} \\ 2 \begin{cases} 1 - 4 \to 3214 \text{（奇順列）} -a_{13}a_{22}a_{31}a_{44} \\ 4 - 1 \to 3241 \text{（偶順列）} +a_{13}a_{22}a_{34}a_{41} \end{cases} \\ 4 \begin{cases} 1 - 2 \to 3412 \text{（偶順列）} +a_{13}a_{24}a_{31}a_{42} \\ 2 - 1 \to 3421 \text{（奇順列）} -a_{13}a_{24}a_{32}a_{41} \end{cases} \end{cases}$

$4 \begin{cases} 1 \begin{cases} 2 - 3 \to 4123 \text{（奇順列）} -a_{14}a_{21}a_{32}a_{43} \\ 3 - 2 \to 4132 \text{（偶順列）} +a_{14}a_{21}a_{33}a_{42} \end{cases} \\ 2 \begin{cases} 1 - 3 \to 4213 \text{（偶順列）} +a_{14}a_{22}a_{31}a_{43} \\ 3 - 1 \to 4231 \text{（奇順列）} -a_{14}a_{22}a_{33}a_{41} \end{cases} \\ 3 \begin{cases} 1 - 2 \to 4312 \text{（奇順列）} -a_{14}a_{23}a_{31}a_{42} \\ 2 - 1 \to 4321 \text{（偶順列）} +a_{14}a_{23}a_{32}a_{41} \end{cases} \end{cases}$

図3.8

このように、$a_{1j_1}a_{2j_2}a_{3j_3}a_{4j_4}$ の $j_1j_2j_3j_4$ が偶順列ならば＋、奇順列ならば－をつけて足した、

$$a_{11}a_{22}a_{33}a_{44} + a_{11}a_{23}a_{34}a_{42} + a_{11}a_{24}a_{32}a_{43} + \cdots$$
$$-a_{11}a_{22}a_{34}a_{43} - a_{11}a_{23}a_{32}a_{44} - \cdots - a_{14}a_{23}a_{32}a_{41}$$

を4次の行列式という。この式を $\begin{vmatrix} a_{11} & a_{12} & a_{13} & a_{14} \\ a_{21} & a_{22} & a_{23} & a_{24} \\ a_{31} & a_{32} & a_{33} & a_{34} \\ a_{41} & a_{42} & a_{43} & a_{44} \end{vmatrix}$ とかく。

したがって、4次の行列式は、図3.8の $(4 \times 3 \times 2 \times 1 =) 24$ 個の項を足したものである。

n次の行列式

　前項で4次の行列式を定義したので、いよいよ一般のn次の行列式を定義しよう。しかし、今までのように具体的に書いていくことができない。そこで、いろいろな記号を用いるので、慣れないとわかりにくい。数学ではこのような記号を使うのかぐらいに思って、余り気にしないでほしい。定義の基本は、今までの2つの特徴である。

1. 各項は右の添字の順列で決まる。
2. 各項の右の添字が偶順列のとき＋、奇順列のとき－である。

　結果から先に書くと、

【n次の行列式】

　n次正方行列 $A = \begin{pmatrix} a_{11} & a_{12} & \cdots & a_{1n} \\ \vdots & \vdots & & \vdots \\ a_{n1} & a_{n2} & \cdots & a_{nn} \end{pmatrix}$ において、

$$\sum_{(j)} \operatorname{sgn}(j_1\, j_2\, \cdots\, j_n)\, a_{1j_1}\, a_{2j_2}\, \cdots\, a_{nj_n}$$

をn次の行列式という。

　これを $\begin{vmatrix} a_{11} & a_{12} & \cdots & a_{1n} \\ \vdots & \vdots & & \vdots \\ a_{n1} & a_{n2} & \cdots & a_{nn} \end{vmatrix}$ 、あるいは $|A|$ とか $\det A$ などとかく。

　最後の記号$\det A$は、行列式のことを英語でdeterminantというので、この最初の3文字detを用いて表した記号である。

　さて、記号の説明をしよう。

① 記号Σ（シグマ）は、足し算を表す。Σはギリシア文字で、アルファベットのSにあたり、英語の和の意味を表すsumの頭文字からとっている。たとえば、$\displaystyle\sum_{k=1}^{3} k^2$ と書くと、$1^2 + 2^2 + 3^2$ を意味する。この式に含まれる記号 $\displaystyle\sum_{(j)}$ は、$1\,2\,\cdots\,n$を並び換えた順列すべてにわたって足し算しなさいという意味である。

② 次に、記号$\operatorname{sgn}(j_1 j_2 \cdots j_n)$であるが、これは$j_1 j_2 \cdots j_n$が偶順列のときは＋1、奇順列のときは－1を表す記号である。

3. 行列式の性質

n次の行列式を定義したので、次に4次以上の行列式の値を求める方法を考えよう。2次や3次の行列式では、サラスの公式（126ページ）で行列式の値を求めたが、4次ではこの方法は使えない。なぜなら、4次の場合も3次の場合と同じようにサラスの公式を用いても、図3.9のように8個の項しか現れない。実際に

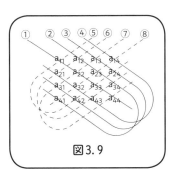

図3.9

は24個（133ページ参照）の項が必要である。といって、行列式の定義から、24個の項を求め計算するのは大変だ。そこで、これから行列式の性質を調べ、その性質を使って4次以上の行列式の値を求めることにする。

行列式の7つの性質

n次で考えると煩雑になりわかりにくいので、ここでは3次の行列式について見ていくことにする。また、式を見やすくするために、行を同じ文字、列を添字で表すことにする（図3.10）。n次の場合も同じ考え方で以下の7つの性質が求められる。

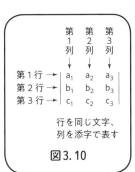

図3.10

【行列式の性質】

(1) 行列式の行と列を入れ換えても、行列式の値は等しい。

(2) 2つの行(あるいは列)を入れ換えると、行列式は−1倍になる。

(3) 行列式の中に同じ2つの行(あるいは列)があるならば、その行列式の値は0である。

(4) 1つの行(あるいは列)をk倍にすると、行列式はk倍になる。

(5) 行列の1つの行(あるいは列)の各成分が2つの数の足し算で与えられているとき、その行列式はその2つの数をそれぞれの行(あるいは列)の成分としてもつ2つの行列式の足し算になる。

(6) ある行に他の行の実数倍を加えても、行列式の値は変わらない。

(7) 第1列(または第1行)の最初の成分a_1が0でなく、第1列(または第1行)の他の成分が0である行列式の値は、a_1と第1行と第1列を除いてできる行列式の積である。

この7つの性質を、これから順に見ていこう。

(1) 行列式の行と列を入れ換えても行列式の値は等しい。

［説明］

3次の行列式の定義から、

$$\begin{vmatrix} a_1 & a_2 & a_3 \\ b_1 & b_2 & b_3 \\ c_1 & c_2 & c_3 \end{vmatrix} = a_1 b_2 c_3 + a_2 b_3 c_1 + a_3 b_1 c_2 - a_1 b_3 c_2 - a_2 b_1 c_3 - a_3 b_2 c_1$$

……①

であった。行と列を入れ換えて、サラスの公式を用いると、

$$\begin{vmatrix} a_1 & b_1 & c_1 \\ a_2 & b_2 & c_2 \\ a_3 & b_3 & c_3 \end{vmatrix} = a_1 b_2 c_3 + b_1 c_2 a_3 + c_1 b_3 a_2 - a_1 b_3 c_2 - b_1 a_2 c_3 - c_1 b_2 a_3$$

$$= a_1 b_2 c_3 + a_2 b_3 c_1 + a_3 b_1 c_2 - a_1 b_3 c_2 - a_2 b_1 c_3 - a_3 b_2 c_1$$

……②

①と②は同じ式だから、$\begin{vmatrix} a_1 & a_2 & a_3 \\ b_1 & b_2 & b_3 \\ c_1 & c_2 & c_3 \end{vmatrix} = \begin{vmatrix} a_1 & b_1 & c_1 \\ a_2 & b_2 & c_2 \\ a_3 & b_3 & c_3 \end{vmatrix}$

（終）

この性質から行について成り立つ性質は、列についても成り立つことになる。そこで、これからは行について調べていく。

行列において、行と列を入れ換えることを**転置**という。そして、行列 A に対して、行と列を入れ換えた行列を**転置行列**といい、^{t}A と書く。この性質(1)より、$|A| = |^{t}A|$ である。

(2) 2つの行（あるいは列）を入れ換えると行列式は－1倍になる。

［説明］

3次の行列式の定義より、

$$\begin{vmatrix} a_1 & a_2 & a_3 \\ b_1 & b_2 & b_3 \\ c_1 & c_2 & c_3 \end{vmatrix} = a_1 b_2 c_3 + a_2 b_3 c_1 + a_3 b_1 c_2 - a_1 b_3 c_2 - a_2 b_1 c_3 - a_3 b_2 c_1$$

$$\cdots\cdots①$$

に対して、たとえば、1行目と2行目を入れ換えて、サラスの公式を用いると、

$$\begin{vmatrix} b_1 & b_2 & b_3 \\ a_1 & a_2 & a_3 \\ c_1 & c_2 & c_3 \end{vmatrix} = b_1 a_2 c_3 + b_2 a_3 c_1 + b_3 c_2 a_1 - b_1 c_2 a_3 - b_2 a_1 c_3 - b_3 a_2 c_1$$

$$= -a_1 b_2 c_3 - a_2 b_3 c_1 - a_3 b_1 c_2 + a_1 b_3 c_2 + a_2 b_1 c_3 + a_3 b_2 c_1$$

$$= -(a_1 b_2 c_3 + a_2 b_3 c_1 + a_3 b_1 c_2$$
$$\qquad - a_1 b_3 c_2 - a_2 b_1 c_3 - a_3 b_2 c_1)$$

$$= -\begin{vmatrix} a_1 & a_2 & a_3 \\ b_1 & b_2 & b_3 \\ c_1 & c_2 & c_3 \end{vmatrix} \quad \text{①より}$$

よって、

$$\begin{vmatrix} a_1 & a_2 & a_3 \\ b_1 & b_2 & b_3 \\ c_1 & c_2 & c_3 \end{vmatrix} = - \begin{vmatrix} b_1 & b_2 & b_3 \\ a_1 & a_2 & a_3 \\ c_1 & c_2 & c_3 \end{vmatrix}$$

（終）

　2つの行を入れ換えると、偶順列と奇順列が入れ換わり、＋と－が入れ換わるからである。

　また、行(または列)を2回入れ換えるとどうなるか。たとえば、第1行と第2行、第2行と第3行を入れ換えると、

第1行と第2行の入れ換え

$$\begin{vmatrix} a_1 & a_2 & a_3 \\ b_1 & b_2 & b_3 \\ c_1 & c_2 & c_3 \end{vmatrix} = - \begin{vmatrix} b_1 & b_2 & b_3 \\ a_1 & a_2 & a_3 \\ c_1 & c_2 & c_3 \end{vmatrix} = - \left(- \begin{vmatrix} b_1 & b_2 & b_3 \\ c_1 & c_2 & c_3 \\ a_1 & a_2 & a_3 \end{vmatrix} \right) = \begin{vmatrix} b_1 & b_2 & b_3 \\ c_1 & c_2 & c_3 \\ a_1 & a_2 & a_3 \end{vmatrix}$$

第2行と第3行の入れ換え

　すなわち、行(または列)を2回入れ換えると、行列式の値は等しくなる。このことは、行(または列)を偶数回入れ換えても行列式の値は等しいことを示している。

(3) 行列式の中に同じ2つの行(あるいは列)があるならば、その行列式の値は0である。

［説明］

　たとえば、1行目と2行目が等しいとすると、

$$\begin{vmatrix} a_1 & a_2 & a_3 \\ a_1 & a_2 & a_3 \\ c_1 & c_2 & c_3 \end{vmatrix} = a_1 a_2 c_3 + a_2 a_3 c_1 + a_3 c_2 a_1 - a_1 c_2 a_3 - a_2 a_1 c_3 - a_3 a_2 c_1 = 0$$

同じアンダーラインは同じ式

よって、　　　$\begin{vmatrix} a_1 & a_2 & a_3 \\ a_1 & a_2 & a_3 \\ c_1 & c_2 & c_3 \end{vmatrix} = 0$

（終）

　このことは、次のようにしてもわかる。

　2つの行が等しい行列式を$|A|$とすると、等しい行を入れ換えても行列式の値は変わらないから、

$$|A| = |A| \qquad\qquad \cdots\cdots ①$$

である。ところが、2つの行を入れ換えたから、性質(2)より、

$$|A| = -|A| \qquad\qquad \cdots\cdots ②$$

①、②より $|A| = 0$

(4) 1つの行(あるいは列)をk倍にすると、行列式はk倍になる。

［説明］

たとえば、第1行を k 倍にすると、

$$\begin{vmatrix} ka_1 & ka_2 & ka_3 \\ b_1 & b_2 & b_3 \\ c_1 & c_2 & c_3 \end{vmatrix} = ka_1b_2c_3 + ka_2b_3c_1 + ka_3b_1c_2 - ka_1b_3c_2 - ka_2b_1c_3 - ka_3b_2c_1$$

$$k(a_1b_2c_3 + a_2b_3c_1 + a_3b_1c_2 - a_1b_3c_2 - a_2b_1c_3 - a_3b_2c_1) = k\begin{vmatrix} a_1 & a_2 & a_3 \\ b_1 & b_2 & b_3 \\ c_1 & c_2 & c_3 \end{vmatrix}$$

よって、 $\begin{vmatrix} ka_1 & ka_2 & ka_3 \\ b_1 & b_2 & b_3 \\ c_1 & c_2 & c_3 \end{vmatrix} = k\begin{vmatrix} a_1 & a_2 & a_3 \\ b_1 & b_2 & b_3 \\ c_1 & c_2 & c_3 \end{vmatrix}$ (終)

行列式の定義より、各行の数は各項に必ず1つずつ入っている。そこで、1つの行が k 倍になると、行列式全体が k 倍になる。

> 行列のk倍と違うので注意

(5) 行列の1つの行(あるいは列)の各成分が2つの数の足し算で与えられているとき、その行列式はその2つの数をそれぞれの行(あるいは列)の成分としてもつ2つの行列式の足し算になる。

［説明］

たとえば、第1行の各成分が2つの数の足し算で表されているとすると、

$$\begin{vmatrix} a_1 + d_1 & a_2 + d_2 & a_3 + d_3 \\ b_1 & b_2 & b_3 \\ c_1 & c_2 & c_3 \end{vmatrix} = (a_1 + d_1)b_2c_3 + (a_2 + d_2)b_3c_1 + (a_3 + d_3)c_2b_1$$

$$\qquad - (a_1 + d_1)c_2b_3 - (a_2 + d_2)b_1c_3 - (a_3 + d_3)b_2c_1$$

$$= (\underline{a_1b_2c_3} + d_1b_2c_3) + (\underline{a_2b_3c_1} + d_2b_3c_1) + (\underline{a_3c_2b_1} + d_3c_2b_1)$$

$$\qquad - (\underline{a_1c_2b_3} + d_1c_2b_3) - (\underline{a_2b_1c_3} + d_2b_1c_3) - (\underline{a_3b_2c_1} + d_3b_2c_1)$$

$$= (\underline{a_1b_2c_3} + \underline{a_2b_3c_1} + \underline{a_3b_1c_2} - \underline{a_1b_3c_2} - \underline{a_2b_1c_3} - \underline{a_3b_2c_1})$$

$$\qquad + (d_1b_2c_3 + d_2b_3c_1 + d_3c_2b_1 - d_1b_3c_2 - d_2b_1c_3 - d_3b_2c_1)$$

$$= \begin{vmatrix} a_1 & a_2 & a_3 \\ b_1 & b_2 & b_3 \\ c_1 & c_2 & c_3 \end{vmatrix} + \begin{vmatrix} d_1 & d_2 & d_3 \\ b_1 & b_2 & b_3 \\ c_1 & c_2 & c_3 \end{vmatrix}$$

> アンダーラインがついている項と ついていない項に分ける

よって、
$$\begin{vmatrix} a_1 + d_1 & a_2 + d_2 & a_3 + d_3 \\ b_1 & b_2 & b_3 \\ c_1 & c_2 & c_3 \end{vmatrix} = \begin{vmatrix} a_1 & a_2 & a_3 \\ b_1 & b_2 & b_3 \\ c_1 & c_2 & c_3 \end{vmatrix} + \begin{vmatrix} d_1 & d_2 & d_3 \\ b_1 & b_2 & b_3 \\ c_1 & c_2 & c_3 \end{vmatrix}$$ (終)

このことは、行列式の各項に、必ず、$a_1 + d_1$、$a_2 + d_2$、$a_3 + d_3$ が1つ ずつ入っているので、a がつく項と d がつく項に分けられることからも わかる。

(6) ある行に他の行の実数倍を加えても行列式の値は変わらない。

[説明]

たとえば、第1行に第2行の k 倍を足し算した場合を考えよう。次の ように、今までの性質を順に用いて、

> 性質(5)より 2つの行列式の和になる

$$\begin{vmatrix} a_1 + kb_1 & a_2 + kb_2 & a_3 + kb_3 \\ b_1 & b_2 & b_3 \\ c_1 & c_2 & c_3 \end{vmatrix} = \begin{vmatrix} a_1 & a_2 & a_3 \\ b_1 & b_2 & b_3 \\ c_1 & c_2 & c_3 \end{vmatrix} + \begin{vmatrix} kb_1 & kb_2 & kb_3 \\ b_1 & b_2 & b_3 \\ c_1 & c_2 & c_3 \end{vmatrix}$$

$$= \begin{vmatrix} a_1 & a_2 & a_3 \\ b_1 & b_2 & b_3 \\ c_1 & c_2 & c_3 \end{vmatrix} + k\begin{vmatrix} b_1 & b_2 & b_3 \\ b_1 & b_2 & b_3 \\ c_1 & c_2 & c_3 \end{vmatrix} = \begin{vmatrix} a_1 & a_2 & a_3 \\ b_1 & b_2 & b_3 \\ c_1 & c_2 & c_3 \end{vmatrix} + 0 = \begin{vmatrix} a_1 & a_2 & a_3 \\ b_1 & b_2 & b_3 \\ c_1 & c_2 & c_3 \end{vmatrix}$$

> 性質(4)より k × (行列式)

> 性質(3)より同じ行があるから0

したがって、

$$\begin{vmatrix} a_1 + kb_1 & a_2 + kb_2 & a_3 + kb_3 \\ b_1 & b_2 & b_3 \\ c_1 & c_2 & c_3 \end{vmatrix} = \begin{vmatrix} a_1 & a_2 & a_3 \\ b_1 & b_2 & b_3 \\ c_1 & c_2 & c_3 \end{vmatrix}$$

（終）

この性質は、1つの行に他の行をいくら足し算しても行列式の値は変わらないという不思議な性質である。

(7) 第1列（または第1行）の最初の成分a_1が0でなく、第1列（または第1行）の他の成分が0である行列式の値は、a_1と第1行と第1列を除いてできる行列式の積である。

さて、いよいよ最後の7番目の性質である。これがわかれば、4次以上の行列式の値を求めることができる。ここでは、第1列の最初の成分a_1が0でなく、第1列の他の成分が0である場合を考えよう。

［説明］

たとえば、3次の行列式で表すと、$\begin{vmatrix} a_1 & a_2 & a_3 \\ 0 & b_2 & b_3 \\ 0 & c_2 & c_3 \end{vmatrix}$ の場合である。
この行列式を計算すると、

$$\begin{vmatrix} a_1 & a_2 & a_3 \\ 0 & b_2 & b_3 \\ 0 & c_2 & c_3 \end{vmatrix} = a_1 b_2 c_3 + a_2 b_3 \cdot 0 + a_3 c_2 \cdot 0 - a_1 c_2 b_3 - a_2 \cdot 0 \cdot c_3 - a_3 b_2 \cdot 0$$

$$= a_1 b_2 c_3 - a_1 c_2 b_3 = a_1 (b_2 c_3 - c_2 b_3) = a_1 \begin{vmatrix} b_2 & b_3 \\ c_2 & c_3 \end{vmatrix}$$

よって、

$$\begin{vmatrix} a_1 & a_2 & a_3 \\ 0 & b_2 & b_3 \\ 0 & c_2 & c_3 \end{vmatrix} = a_1 \begin{vmatrix} b_2 & b_3 \\ c_2 & c_3 \end{vmatrix}$$

（終）

これは、a_1がついている項以外は0になるからである。

第1列の2番目の$(2, 1)$成分の成分b_1が0でなく、他の第1列の成分が0である場合はどうなるか。

$$\begin{vmatrix} 0 & a_2 & a_3 \\ b_1 & b_2 & b_3 \\ 0 & c_2 & c_3 \end{vmatrix} = - \begin{vmatrix} b_1 & b_2 & b_3 \\ 0 & a_2 & a_3 \\ 0 & c_2 & c_3 \end{vmatrix} = -b_1 \begin{vmatrix} a_2 & a_3 \\ c_2 & c_3 \end{vmatrix}$$

性質(2)より1回の行の入れ替えだから−がつく

と、−(マイナス)がつく。

　第1列の3番目の$(3,1)$成分c_1が0でなく、他の第1列目の成分が0である場合はどうなるか。

$$\begin{vmatrix} 0 & a_2 & a_3 \\ 0 & b_2 & b_3 \\ c_1 & c_2 & c_3 \end{vmatrix} = - \begin{vmatrix} 0 & a_2 & a_3 \\ c_1 & c_2 & c_3 \\ 0 & b_2 & b_3 \end{vmatrix} = -\left(- \begin{vmatrix} c_1 & c_2 & c_3 \\ 0 & a_2 & a_3 \\ 0 & b_2 & b_3 \end{vmatrix} \right) = c_1 \begin{vmatrix} a_2 & a_3 \\ b_2 & b_3 \end{vmatrix}$$

と、−(マイナス)がつかない。

　性質(7)によって、行列式の次数を下げていくことができる。したがって、4次の行列式の値を求めるとき、性質(7)を使って、3次の行列式にすることができる。

4次の行列式の計算

　今まで、4次以上の行列式の値を求めるために行列式の性質を調べてきた。いよいよ、これらの性質を用いて4次の行列式の値を求めよう。

例題3.2

行列式 $\begin{vmatrix} 3 & -2 & 5 & 1 \\ 1 & 3 & 2 & 5 \\ 2 & -5 & -1 & 4 \\ -3 & 2 & 3 & 2 \end{vmatrix}$ の値を求めよ。

〈考え方〉

　4次の行列式を、行列の性質(7)を使って3次の行列式、2次の行列式と次数を下げていく。そのために、性質(2)や性質(6)を使って第1列

の最初の文字以外を0にする。

《解答》

$$\begin{vmatrix} 3 & -2 & 5 & 1 \\ 1 & 3 & 2 & 5 \\ 2 & -5 & -1 & 4 \\ -3 & 2 & 3 & 2 \end{vmatrix} = - \begin{vmatrix} 1 & 3 & 2 & 5 \\ 3 & -2 & 5 & 1 \\ 2 & -5 & -1 & 4 \\ -3 & 2 & 3 & 2 \end{vmatrix}$$

性質(2)

> 1回の行の入れ換えだから
> −がつく

$$= - \begin{vmatrix} 1 & 3 & 2 & 5 \\ 0 & -11 & -1 & -14 \\ 0 & -11 & -5 & -6 \\ 0 & 11 & 9 & 17 \end{vmatrix}$$

性質(6)

> (第2行)+(− 3)·(第1行)
> (第3行)+(− 2)·(第1行)
> (第4行)+3·(第1行)

$$= -1 \cdot \begin{vmatrix} -11 & -1 & -14 \\ -11 & -5 & -6 \\ 11 & 9 & 17 \end{vmatrix}$$

性質(7)

> (1,1)成分
> ×(第1行と第1列を除いた行列式)

$$= -1 \cdot \begin{vmatrix} -11 & -1 & -14 \\ 0 & -4 & 8 \\ 0 & 8 & 3 \end{vmatrix}$$

性質(6)

> (第2行)+(− 1)·(第1行)
> (第3行)+(第1行)

$$= -1 \cdot (-11) \begin{vmatrix} -4 & 8 \\ 8 & 3 \end{vmatrix}$$

性質(7)

> (1,1)成分
> ×(第1行と第1列を除いた小行列式)

$$= 11(-4 \cdot 3 - 8 \cdot 8)$$

$$= -836$$

> 2次の行列式のサラスの公式　ad − bc

（終）

問題3.2

行列式 $\begin{vmatrix} 0 & 1 & -2 & 3 \\ 1 & 3 & 2 & -1 \\ 3 & 5 & 7 & -1 \\ -1 & 0 & 3 & 4 \end{vmatrix}$ の値を求めよ。

4. 逆行列

前 節で行列式の性質を見てきた。この性質を用いて、行列式の次数を下げることによって、4次以上の行列式の値が求められる。これで、行列式の値を求める方法がわかった。次に、n次正方行列の逆行列を求めることにしよう。

そのための準備として、行列式をまずバラバラにする。ここでも、やはり3次の行列式で考えていく。一般のn次の場合も同じように考えればよい。

行列式の展開

それでは、行列式 $\begin{vmatrix} a_1 & a_2 & a_3 \\ b_1 & b_2 & b_3 \\ c_1 & c_2 & c_3 \end{vmatrix}$ をバラバラにしよう。

少し技巧的ではあるが、次のように計算する。

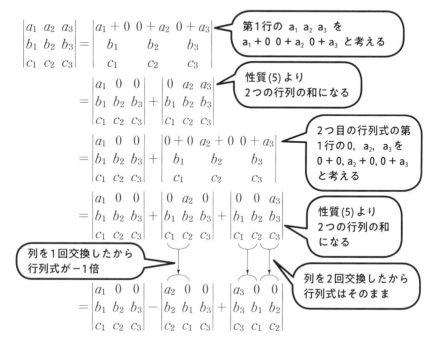

第1行の a_1 a_2 a_3 を
$a_1 + 0\ 0 + a_2\ 0 + a_3$ と考える

性質(5)より
2つの行列の和になる

2つ目の行列式の第1行の $0,\ a_2,\ a_3$ を
$0 + 0, a_2 + 0, 0 + a_3$ と考える

性質(5)より
2つの行列の和になる

列を1回交換したから
行列式が -1 倍

列を2回交換したから
行列式はそのまま

$$= a_1 \begin{vmatrix} b_2 & b_3 \\ c_2 & c_3 \end{vmatrix} - a_2 \begin{vmatrix} b_1 & b_3 \\ c_1 & c_3 \end{vmatrix} + a_3 \begin{vmatrix} b_1 & b_2 \\ c_1 & c_2 \end{vmatrix}$$

性質(7)より
(1,1)成分 ×（第1行 と
第1行を除いた小行列）

したがって、

$$\begin{vmatrix} a_1 & a_2 & a_3 \\ b_1 & b_2 & b_3 \\ c_1 & c_2 & c_3 \end{vmatrix} = a_1 \begin{vmatrix} b_2 & b_3 \\ c_2 & c_3 \end{vmatrix} - a_2 \begin{vmatrix} b_1 & b_3 \\ c_1 & c_3 \end{vmatrix} + a_3 \begin{vmatrix} b_1 & b_2 \\ c_1 & c_2 \end{vmatrix} \qquad (3.6)$$

が成り立つ。

(3.6)を第1行についての**展開式**という。

この式の右辺にある行列式のように、もとの行列式から行と列を同数だけ取り除いてできる行列式を**小行列式**という。

余因子

$-$ がついていることに注意

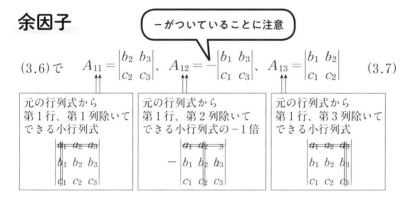

(3.6)で
$$A_{11} = \begin{vmatrix} b_2 & b_3 \\ c_2 & c_3 \end{vmatrix}, \quad A_{12} = -\begin{vmatrix} b_1 & b_3 \\ c_1 & c_3 \end{vmatrix}, \quad A_{13} = \begin{vmatrix} b_1 & b_2 \\ c_1 & c_2 \end{vmatrix} \qquad (3.7)$$

元の行列式から
第1行、第1列除いて
できる小行列式

元の行列式から
第1行、第2列除いて
できる小行列式の−1倍

元の行列式から
第1行、第3列除いて
できる小行列式

とおくことにすれば、

$$|A| = a_1 A_{11} + a_2 A_{12} + a_3 A_{13} \qquad (3.8)$$

となる。このA_{11}、A_{12}、A_{13}をAの**余因子**という。$|A|$から1つの行と1つの列を除いてできる余りものの余因子が逆行列では重要な役目を果たす。

さて、(3.8)のa_1、a_2、a_3の代わりにb_1、b_2、b_3で置き換えた式

$$b_1 A_{11} + b_2 A_{12} + b_3 A_{13}$$

を考えよう。(3.6)を導いた計算の逆をたどると、

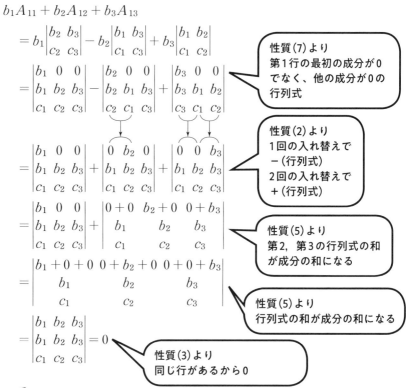

$b_1 A_{11} + b_2 A_{12} + b_3 A_{13}$

$= b_1 \begin{vmatrix} b_2 & b_3 \\ c_2 & c_3 \end{vmatrix} - b_2 \begin{vmatrix} b_1 & b_3 \\ c_1 & c_3 \end{vmatrix} + b_3 \begin{vmatrix} b_1 & b_2 \\ c_1 & c_2 \end{vmatrix}$

$= \begin{vmatrix} b_1 & 0 & 0 \\ b_1 & b_2 & b_3 \\ c_1 & c_2 & c_3 \end{vmatrix} - \begin{vmatrix} b_2 & 0 & 0 \\ b_2 & b_1 & b_3 \\ c_2 & c_1 & c_3 \end{vmatrix} + \begin{vmatrix} b_3 & 0 & 0 \\ b_3 & b_1 & b_2 \\ c_3 & c_1 & c_2 \end{vmatrix}$

性質(7)より
第1行の最初の成分が0
でなく、他の成分が0の
行列式

$= \begin{vmatrix} b_1 & 0 & 0 \\ b_1 & b_2 & b_3 \\ c_1 & c_2 & c_3 \end{vmatrix} + \begin{vmatrix} 0 & b_2 & 0 \\ b_1 & b_2 & b_3 \\ c_1 & c_2 & c_3 \end{vmatrix} + \begin{vmatrix} 0 & 0 & b_3 \\ b_1 & b_2 & b_3 \\ c_1 & c_2 & c_3 \end{vmatrix}$

性質(2)より
1回の入れ替えで
−(行列式)
2回の入れ替えで
＋(行列式)

$= \begin{vmatrix} b_1 & 0 & 0 \\ b_1 & b_2 & b_3 \\ c_1 & c_2 & c_3 \end{vmatrix} + \begin{vmatrix} 0+0 & b_2+0 & 0+b_3 \\ b_1 & b_2 & b_3 \\ c_1 & c_2 & c_3 \end{vmatrix}$

性質(5)より
第2，第3の行列式の和
が成分の和になる

$= \begin{vmatrix} b_1+0+0 & 0+b_2+0 & 0+0+b_3 \\ b_1 & b_2 & b_3 \\ c_1 & c_2 & c_3 \end{vmatrix}$

性質(5)より
行列式の和が成分の和になる

$= \begin{vmatrix} b_1 & b_2 & b_3 \\ b_1 & b_2 & b_3 \\ c_1 & c_2 & c_3 \end{vmatrix} = 0$

性質(3)より
同じ行があるから0

よって、

$$b_1 A_{11} + b_2 A_{12} + b_3 A_{13} = 0$$

さらに、(3.8)のa_1、a_2、a_3の代わりにc_1、c_2、c_3で置き換えて、上記
と同じように計算すると、

$$c_1 A_{11} + c_2 A_{12} + c_3 A_{13} = 0$$

が成り立つ。
　以上をまとめて、

$$\begin{cases} a_1A_{11} + a_2A_{12} + a_3A_{13} = |A| \\ b_1A_{11} + b_2A_{12} + b_3A_{13} = 0 \\ c_1A_{11} + c_2A_{12} + c_3A_{13} = 0 \end{cases} \tag{3.9}$$

である。

これを行列で表すと、

$$\begin{pmatrix} a_1 & a_2 & a_3 \\ b_1 & b_2 & b_3 \\ c_1 & c_2 & c_3 \end{pmatrix} \begin{pmatrix} A_{11} \\ A_{12} \\ A_{13} \end{pmatrix} = \begin{pmatrix} |A| \\ 0 \\ 0 \end{pmatrix} \tag{3.10}$$

となる。

問題3.3

$c_1A_{11} + c_2A_{12} + c_3A_{13} = 0$ が成り立つことを示せ。

3次正方行列の逆行列

ここまでは、第1行 $(a_1\ a_2\ a_3)$ についての展開式であったが、第2行 $(b_1\ b_2\ b_3)$ についての展開式を考えよう。

$$\begin{vmatrix} a_1 & a_2 & a_3 \\ b_1 & b_2 & b_3 \\ c_1 & c_2 & c_3 \end{vmatrix} = - \begin{vmatrix} b_1 & b_2 & b_3 \\ a_1 & a_2 & a_3 \\ c_1 & c_2 & c_3 \end{vmatrix}$$

> 1回の入れ替えだから
> − (行列式)

$$= - \left(b_1 \begin{vmatrix} a_2 & a_3 \\ c_2 & c_3 \end{vmatrix} - b_2 \begin{vmatrix} a_1 & a_3 \\ c_1 & c_3 \end{vmatrix} + b_3 \begin{vmatrix} a_1 & a_2 \\ c_1 & c_2 \end{vmatrix} \right)$$

> 第1行についての
> 展開式

よって、

$$\begin{vmatrix} a_1 & a_2 & a_3 \\ b_1 & b_2 & b_3 \\ c_1 & c_2 & c_3 \end{vmatrix} = -b_1 \begin{vmatrix} a_2 & a_3 \\ c_2 & c_3 \end{vmatrix} + b_2 \begin{vmatrix} a_1 & a_3 \\ c_1 & c_3 \end{vmatrix} - b_3 \begin{vmatrix} a_1 & a_2 \\ c_1 & c_2 \end{vmatrix} \tag{3.11}$$

が成り立つ。

(3.11)で $A_{21} = -\begin{vmatrix} a_2 & a_3 \\ c_2 & c_3 \end{vmatrix}$, $A_{22} = \begin{vmatrix} a_1 & a_3 \\ c_1 & c_3 \end{vmatrix}$, $A_{23} = -\begin{vmatrix} a_1 & a_2 \\ c_1 & c_2 \end{vmatrix}$ (3.12)

元の行列式から
第2行、第1列除いて
できる小行列式の−1倍
$-\begin{vmatrix} a_1 & a_2 & a_3 \\ b_1 & b_2 & b_3 \\ c_1 & c_2 & c_3 \end{vmatrix}$

元の行列式から
第2行、第2列除いて
できる小行列式
$\begin{vmatrix} a_1 & a_2 & a_3 \\ b_1 & b_2 & b_3 \\ c_1 & c_2 & c_3 \end{vmatrix}$

元の行列式から
第2行、第3列除いて
できる小行列式の−1倍
$-\begin{vmatrix} a_1 & a_2 & a_3 \\ b_1 & b_2 & b_3 \\ c_1 & c_2 & c_3 \end{vmatrix}$

とおくことにすれば、

$$|A| = b_1 A_{21} + b_2 A_{22} + b_3 A_{23} \tag{3.13}$$

さらに、(3.13)の b_1、b_2、b_3 の代わりに a_1、a_2、a_3 に置き換えると、

$a_1 A_{21} + a_2 A_{22} + a_3 A_{23}$

$= -a_1 \begin{vmatrix} a_2 & a_3 \\ c_2 & c_3 \end{vmatrix} + a_2 \begin{vmatrix} a_1 & a_3 \\ c_1 & c_3 \end{vmatrix} - a_3 \begin{vmatrix} a_1 & a_2 \\ c_1 & c_2 \end{vmatrix}$

性質(7)より
第1行の最初の成分が0
でなく、他の成分が0の
行列式

$= -\begin{vmatrix} a_1 & 0 & 0 \\ a_1 & a_2 & a_3 \\ c_1 & c_2 & c_3 \end{vmatrix} + \begin{vmatrix} a_2 & 0 & 0 \\ a_2 & a_1 & a_3 \\ c_2 & c_1 & c_3 \end{vmatrix} - \begin{vmatrix} a_3 & 0 & 0 \\ a_3 & a_1 & a_2 \\ c_3 & c_1 & c_2 \end{vmatrix}$

性質(2)より
1回の入れ替えで
−(行列式)
2回の入れ替えで
＋(行列式)

$= -\begin{vmatrix} a_1 & 0 & 0 \\ a_1 & a_2 & a_3 \\ c_1 & c_2 & c_3 \end{vmatrix} - \begin{vmatrix} 0 & a_2 & 0 \\ a_1 & a_2 & a_3 \\ c_1 & c_2 & c_3 \end{vmatrix} - \begin{vmatrix} 0 & 0 & a_3 \\ a_1 & a_2 & a_3 \\ c_1 & c_2 & c_3 \end{vmatrix}$

146ページと同じように、
性質(5)を2回行うことに
よって、3つの行列式の和
が成分の和になる

$= -\begin{vmatrix} a_1+0+0 & 0+a_2+0 & 0+0+a_3 \\ a_1 & a_2 & a_3 \\ c_1 & c_2 & c_3 \end{vmatrix}$

$= -\begin{vmatrix} a_1 & a_2 & a_3 \\ a_1 & a_2 & a_3 \\ c_1 & c_2 & c_3 \end{vmatrix} = 0$

性質(3)より
同じ行があるから0

よって、

$$a_1 A_{21} + a_2 A_{22} + a_3 A_{23} = 0$$

(3.13)の b_1、b_2、b_3 の代わりに c_1、c_2、c_3 に置き換え、同じように計

算すると、

$$c_1 A_{21} + c_2 A_{22} + c_3 A_{23} = 0$$

以上をまとめると、

$$\begin{cases} a_1 A_{21} + a_2 A_{22} + a_3 A_{23} = 0 \\ b_1 A_{21} + b_2 A_{22} + b_3 A_{23} = |A| \\ c_1 A_{21} + c_2 A_{22} + c_3 A_{23} = 0 \end{cases} \tag{3.14}$$

となる。これを行列で表すと、

$$\begin{pmatrix} a_1 & a_2 & a_3 \\ b_1 & b_2 & b_3 \\ c_1 & c_2 & c_3 \end{pmatrix} \begin{pmatrix} A_{21} \\ A_{22} \\ A_{23} \end{pmatrix} = \begin{pmatrix} 0 \\ |A| \\ 0 \end{pmatrix} \tag{3.15}$$

問題3.4

$c_1 A_{21} + c_2 A_{22} + c_3 A_{23} = 0$ が成り立つことを示せ。

第3行 $(c_1\ c_2\ c_3)$ についての展開式においても、

$$A_{31} = \begin{vmatrix} a_2 & a_3 \\ b_2 & b_3 \end{vmatrix}, \quad A_{32} = -\begin{vmatrix} a_1 & a_3 \\ b_1 & b_3 \end{vmatrix}, \quad A_{33} = \begin{vmatrix} a_1 & a_2 \\ b_1 & b_2 \end{vmatrix} \tag{3.16}$$

元の行列式から
第3行、第1列除いて
できる小行列式

$$\begin{vmatrix} a_1 & a_2 & a_3 \\ b_1 & b_2 & b_3 \\ c_1 & c_2 & c_3 \end{vmatrix}$$

元の行列式から
第3行、第2列除いて
できる小行列式の −1 倍

$$-\begin{vmatrix} a_1 & a_2 & a_3 \\ b_1 & b_2 & b_3 \\ c_1 & c_2 & c_3 \end{vmatrix}$$

元の行列式から
第3行、第3列除いて
できる小行列式

$$\begin{vmatrix} a_1 & a_2 & a_3 \\ b_1 & b_2 & b_3 \\ c_1 & c_2 & c_3 \end{vmatrix}$$

とおいて、同じように計算すると、

$$\begin{cases} a_1 A_{31} + a_2 A_{32} + a_3 A_{33} = 0 \\ b_1 A_{31} + b_2 A_{32} + b_3 A_{33} = 0 \\ c_1 A_{31} + c_2 A_{32} + c_3 A_{33} = |A| \end{cases} \tag{3.17}$$

も成り立つ。これを行列で表すと、

$$\begin{pmatrix} a_1 & a_2 & a_3 \\ b_1 & b_2 & b_3 \\ c_1 & c_2 & c_3 \end{pmatrix} \begin{pmatrix} A_{31} \\ A_{32} \\ A_{33} \end{pmatrix} = \begin{pmatrix} 0 \\ 0 \\ |A| \end{pmatrix} \tag{3.18}$$

問題3.5

$$\begin{cases} a_1 A_{31} + a_2 A_{32} + a_3 A_{33} = 0 \\ b_1 A_{31} + b_2 A_{32} + b_3 A_{33} = 0 \\ c_1 A_{31} + c_2 A_{32} + c_3 A_{33} = |A| \end{cases} \quad を証明せよ。$$

(3.10)、(3.15)、(3.18)をまとめると、

$$\begin{pmatrix} a_1 & a_2 & a_3 \\ b_1 & b_2 & b_3 \\ c_1 & c_2 & c_3 \end{pmatrix} \begin{pmatrix} A_{11} & A_{21} & A_{31} \\ A_{12} & A_{22} & A_{32} \\ A_{13} & A_{23} & A_{33} \end{pmatrix} = \begin{pmatrix} |A| & 0 & 0 \\ 0 & |A| & 0 \\ 0 & 0 & |A| \end{pmatrix}$$

よって、

$$\begin{pmatrix} a_1 & a_2 & a_3 \\ b_1 & b_2 & b_3 \\ c_1 & c_2 & c_3 \end{pmatrix} \begin{pmatrix} A_{11} & A_{21} & A_{31} \\ A_{12} & A_{22} & A_{32} \\ A_{13} & A_{23} & A_{33} \end{pmatrix} = |A| \begin{pmatrix} 1 & 0 & 0 \\ 0 & 1 & 0 \\ 0 & 0 & 1 \end{pmatrix}$$

となる。

両辺を $|A|$ で割って、

$$\frac{1}{|A|} \begin{pmatrix} a_1 & a_2 & a_3 \\ b_1 & b_2 & b_3 \\ c_1 & c_2 & c_3 \end{pmatrix} \begin{pmatrix} A_{11} & A_{21} & A_{31} \\ A_{12} & A_{22} & A_{32} \\ A_{13} & A_{23} & A_{33} \end{pmatrix} = \begin{pmatrix} 1 & 0 & 0 \\ 0 & 1 & 0 \\ 0 & 0 & 1 \end{pmatrix} \tag{3.19}$$

$\begin{pmatrix} A_{11} & A_{21} & A_{31} \\ A_{12} & A_{22} & A_{32} \\ A_{13} & A_{23} & A_{33} \end{pmatrix}$ を $A^{(c)}$ と書いて、**余因子行列**という。

すなわち、

$$A^{(c)} = \begin{pmatrix} A_{11} & A_{21} & A_{31} \\ A_{12} & A_{22} & A_{32} \\ A_{13} & A_{23} & A_{33} \end{pmatrix} \tag{3.20}$$

である。余因子行列の成分である余因子 A_{ij} の添え字 ij の意味は、第 i 行、第 j 列を除くことを意味し、余因子行列 $A^{(c)}$ の第 i 行、第 j 列を意味していないことに注意しよう。むしろ、余因子 A_{ij} は余因子行列 $A^{(c)}$ の (j, i) 成分である。

(3.19)は、

$$\frac{1}{|A|} A A^{(c)} = E \tag{3.21}$$

となるから、3次正方行列 A の逆行列は、

$$A^{-1} = \frac{1}{|A|} A^{(c)} \tag{3.22}$$

である。

n次正方行列の逆行列

前項で、3次正方行列 A の逆行列 A^{-1} を求めた。この方法は、4次以上の正方行列にも当てはまる。一般の n 次正方行列 A の逆行列を求めると、式が複雑になる。しかし、考え方は前項の3次正方行列と同じなので、前項の式と比べながら見ていただきたい。

3次の行列式を展開したとき、余因子が現れた。その余因子を(3.7)、(3.12)、(3.16)で調べると、次の2種類に分かれる。

① 小行列式がそのまま余因子
    ……A_{11}、A_{13}、A_{22}、A_{31}、A_{33}

> 添え字に着目すると
> 1＋1、1＋3、2＋2、3＋1、3＋3
> と和が偶数

②小行列式の－1倍が余因子
    ……A_{12}、A_{21}、A_{23}、A_{32}

> 添え字に着目すると
> 1＋2、2＋1、2＋3、3＋2、
> と和が奇数

である。

これらから次のことに気が付く。

余因子 A_{ij} は元の行列式 A の第 i 行と第 j 列を除いてできる小行列式に、

　　　　$i+j$ が偶数のときは小行列式がそのまま余因子

　　　　$i+j$ が奇数のときは小行列式の -1 倍が余因子

である。それは、行列式の性質 (2) から行と列を偶数回交換するときは行列式は変わらず、奇数回交換すると行列式の -1 倍であることによる。

そこで、n 次の行列式でも、「余因子 A_{ij} は元の行列式 A の i 行 j 列を除いてできる小行列式に $(-1)^{i+j}$ をかけ算したものである」と定義する。

すなわち、

$$n \text{次の行列式}\ |A| = \begin{vmatrix} a_{11} & a_{12} & \cdots\cdots & a_{1n} \\ a_{21} & a_{22} & \cdots\cdots & a_{2n} \\ \cdots & \cdots & \cdots\cdots & \cdots \\ a_{n1} & a_{n2} & \cdots\cdots & a_{nn} \end{vmatrix} \text{の余因子は、}$$

第 j 列を除く

第 i 行を除く

$$A_{ij} = (-1)^{i+j} \begin{vmatrix} a_{11} & a_{12} & \cdots & a_{1\,j-1} & a_{1\,j+1} & \cdots & a_{1n} \\ \cdots & \cdots & \cdots & \cdots & \cdots & \cdots & \cdots \\ a_{i-1\,1} & a_{i-1\,2} & \cdots & a_{i-1\,j-1} & a_{i-1\,j+1} & \cdots & a_{i-1\,n} \\ a_{i+1\,1} & a_{i+1\,2} & \cdots & a_{i+1\,j-1} & a_{i+1\,j+1} & \cdots & a_{i+1\,n} \\ \cdots & \cdots & \cdots & \cdots & \cdots & \cdots & \cdots \\ a_{n1} & a_{n2} & \cdots & a_{n\,j-1} & a_{n\,j+1} & \cdots & a_{nn} \end{vmatrix}$$

である。

次に、3 次の行列式の余因子行列 [(c)] は (3.20) を見ると、余因子 A_{ij} の j が行になり、i が列になっている。そこで、n 次正方行列の余因子行列 $A^{(c)}$ を次のように定義する。

$$A^{(c)} = \begin{pmatrix} A_{11} & A_{21} & \cdots\cdots & A_{n1} \\ A_{12} & A_{22} & \cdots\cdots & A_{n2} \\ \cdots & \cdots & \cdots\cdots & \cdots \\ A_{1n} & A_{2n} & \cdots\cdots & A_{nn} \end{pmatrix}$$

そこで、

$$AA^{(c)} = \begin{pmatrix} a_{11} & a_{12} & \cdots & a_{1n} \\ a_{21} & a_{22} & \cdots & a_{2n} \\ \cdots & \cdots & \cdots & \cdots \\ a_{n1} & a_{n2} & \cdots & a_{nn} \end{pmatrix} \begin{pmatrix} A_{11} & A_{21} & \cdots & A_{n1} \\ A_{12} & A_{22} & \cdots & A_{n2} \\ \cdots & \cdots & \cdots & \cdots \\ A_{1n} & A_{2n} & \cdots & A_{nn} \end{pmatrix}$$

の掛け算をすると、各成分は、(3.9)、(3.14)、(3.17)と同じように、

$$\begin{cases} a_{i1}A_{i1} + a_{i2}A_{i2} + \cdots\cdots + a_{in}A_{in} = |A| \\ a_{k1}A_{i1} + a_{k2}A_{i2} + \cdots\cdots + a_{kn}A_{in} = 0 \end{cases}$$
$$(i = 1、2、\cdots、n、k = 1、2、\cdots、i-1、i+1、\cdots、n)$$

が成り立つ。したがって、

$$AA^{(c)} = \begin{pmatrix} |A| & 0 & \cdots & 0 \\ 0 & |A| & \cdots & 0 \\ \cdots & \cdots & \cdots & 0 \\ 0 & 0 & \cdots & |A| \end{pmatrix} = |A| \begin{pmatrix} 1 & 0 & \cdots & 0 \\ 0 & 1 & \cdots & 0 \\ \cdots & \cdots & \cdots & \cdots \\ 0 & 0 & \cdots & 1 \end{pmatrix}$$

よって、 $\qquad AA^{(c)} = |A|E$

両辺を $|A|$ で割って、

$$A\left(\frac{1}{|A|}A^{(c)}\right) = E、$$

となる。このことから次のことがいえる。

【n次正方行列の逆行列】

n次正方行列 A が、|A| ≠ 0 のときその逆行列 A^{-1} は、

$$A^{-1} = \frac{1}{|A|}A^{(c)} \qquad (3.23)$$

逆行列を求める

それでは、3次正方行列の逆行列を求めよう。

例題3.3

3次正方行列 $A = \begin{pmatrix} 2 & -3 & -4 \\ -3 & 5 & 2 \\ 1 & -2 & 3 \end{pmatrix}$ の逆行列を求めよ。

（手順）

① 行列式 $|A|$ の値を求める。行列式 $|A|$ の値であるが、サラスの公式あるいは次数を下げる方法を使う。ここでは、次数を下げる方法で計算する。

② 9個の余因子を計算し、余因子行列 $A^{(c)}$ をつくる。

③ $A^{-1} = \dfrac{1}{|A|} A^{(c)}$ に代入する。

《解答》

①行列式 $|A|$ を求める。

$$\begin{vmatrix} 2 & -3 & -4 \\ -3 & 5 & 2 \\ 1 & -2 & 3 \end{vmatrix} = -\begin{vmatrix} 2 & -3 & -4 \\ 1 & -2 & 3 \\ -3 & 5 & 2 \end{vmatrix} = -\left(-\begin{vmatrix} 1 & -2 & 3 \\ 2 & -3 & -4 \\ -3 & 5 & 2 \end{vmatrix} \right) = \begin{vmatrix} 1 & -2 & 3 \\ 0 & 1 & -10 \\ 0 & -1 & 11 \end{vmatrix}$$

$$= \begin{vmatrix} 1 & -10 \\ -1 & 11 \end{vmatrix} = 1 \cdot 11 - (-10) \cdot (-1) = 1$$

②余因子 A_{ij} を求める。

A_{ij} は行列式 $|A|$ から第 i 行と第 j 列を除いてできる行列式に $(-1)^{i+j}$ をかけたものだから、次のようになる。

$$A_{11} = (-1)^{1+1} \begin{vmatrix} 2 & -3 & -4 \\ -3 & 5 & 2 \\ 1 & -2 & 3 \end{vmatrix} = \begin{vmatrix} 5 & 2 \\ -2 & 3 \end{vmatrix} = 5 \cdot 3 - 2 \cdot (-2) = 19$$

$$A_{12} = (-1)^{1+2} \begin{vmatrix} 2 & -3 & -4 \\ -3 & 5 & 2 \\ 1 & -2 & 3 \end{vmatrix} = -\begin{vmatrix} -3 & 2 \\ 1 & 3 \end{vmatrix} = -\{(-3) \cdot 3 - 2 \cdot 1\} = 11$$

$$A_{13} = (-1)^{1+3} \begin{vmatrix} 2 & -3 & -4 \\ -3 & 5 & 2 \\ 1 & -2 & 3 \end{vmatrix} = \begin{vmatrix} -3 & 5 \\ 1 & -2 \end{vmatrix} = (-3) \cdot (-2) - 5 \cdot 1 = 1$$

$$A_{21} = (-1)^{2+1} \begin{vmatrix} 2 & -3 & -4 \\ 3 & 5 & 2 \\ 1 & -2 & 3 \end{vmatrix} = -\begin{vmatrix} -3 & -4 \\ -2 & 3 \end{vmatrix} = -\{(-3)\cdot 3 - (-4)\cdot(-2)\} = 17$$

$$A_{22} = (-1)^{2+2} \begin{vmatrix} 2 & -3 & -4 \\ 3 & 5 & 2 \\ 1 & -2 & 3 \end{vmatrix} = \begin{vmatrix} 2 & -4 \\ 1 & 3 \end{vmatrix} = 2\cdot 3 - (-4)\cdot 1 = 10$$

$$A_{23} = (-1)^{2+3} \begin{vmatrix} 2 & -3 & -4 \\ 3 & 5 & 2 \\ 1 & -2 & 3 \end{vmatrix} = -\begin{vmatrix} 2 & -3 \\ 1 & -2 \end{vmatrix} = -\{2\cdot(-2) - (-3)\cdot 1\} = 1$$

$$A_{31} = (-1)^{3+1} \begin{vmatrix} 2 & -3 & -4 \\ -3 & 5 & 2 \\ 1 & -2 & 3 \end{vmatrix} = \begin{vmatrix} -3 & -4 \\ 5 & 2 \end{vmatrix} = (-3)\cdot 2 - (-4)\cdot 5 = 14$$

$$A_{32} = (-1)^{3+2} \begin{vmatrix} 2 & -3 & -4 \\ -3 & 5 & 2 \\ 1 & -2 & 3 \end{vmatrix} = -\begin{vmatrix} 2 & -4 \\ -3 & 2 \end{vmatrix} = -\{2\cdot 2 - (-4)\cdot(-3)\} = 8$$

$$A_{33} = (-1)^{3+3} \begin{vmatrix} 2 & -3 & -4 \\ -3 & 5 & 2 \\ 1 & -2 & 3 \end{vmatrix} = \begin{vmatrix} 2 & -3 \\ -3 & 5 \end{vmatrix} = 2\cdot 5 - (-3)\cdot(-3) = 1$$

③逆行列を求める

$$A^{-1} = \frac{1}{|A|} \begin{vmatrix} A_{11} & A_{21} & A_{31} \\ A_{12} & A_{22} & A_{32} \\ A_{13} & A_{23} & A_{33} \end{vmatrix} = \begin{vmatrix} 19 & 17 & 14 \\ 11 & 10 & 8 \\ 1 & 1 & 1 \end{vmatrix}$$

（終）

問題3.6

3次正方行列 $A = \begin{pmatrix} 0 & -2 & 1 \\ -1 & 1 & 1 \\ 2 & 5 & -5 \end{pmatrix}$ の逆行列を余因子行列を用いて求めよ

（問題2.17では、基本変形を用いて求めた）。

5. n元連立1次方程式のクラメルの公式

前項までに、険しい山道を登ってやっと逆行列までたどり着いた。最後に、n元連立1次方程式のクラメルの公式を求めよう。しかし、n個の未知数で式を扱うのは複雑なので、やはり、ここでも4元連立1次方程式のクラメルの公式を求めて、その類推からn元連立1次方程式のクラメルの公式を示す。

4元連立1次方程式のクラメルの公式

4元連立1次方程式を次のようにおく。

$$a_{i1}x_1 + a_{i2}x_2 + a_{i3}x_3 + a_{i4}x_4 = p_i \qquad (i = 1, 2, 3, 4) \qquad (3.24)$$

まず、この式を行列を用いて表そう。

$$A = \begin{pmatrix} a_{11} & a_{12} & a_{13} & a_{14} \\ a_{21} & a_{22} & a_{23} & a_{24} \\ a_{31} & a_{32} & a_{33} & a_{34} \\ a_{41} & a_{42} & a_{43} & a_{44} \end{pmatrix}, \quad X = \begin{pmatrix} x_1 \\ x_2 \\ x_3 \\ x_4 \end{pmatrix}, \quad P = \begin{pmatrix} p_1 \\ p_2 \\ p_3 \\ p_4 \end{pmatrix} \quad \text{とおくと、}$$

(3.24)は、
$$AX = P \qquad (3.25)$$

となる。$|A| = 0$ならば逆行列式A^{-1}が存在しないので$|A| \neq 0$とする。Aの逆行列A^{-1}を(3.25)の両辺に左から掛けて、

$$A^{-1}AX = A^{-1}P$$

よって、
$$X = A^{-1}P$$

ここで、逆行列A^{-1}は、(3.23)より、

$$A^{-1} = \frac{1}{|A|}A^{(c)} = \frac{1}{|A|}\begin{pmatrix} A_{11} & A_{21} & A_{31} & A_{41} \\ A_{12} & A_{22} & A_{32} & A_{42} \\ A_{13} & A_{23} & A_{33} & A_{43} \\ A_{14} & A_{24} & A_{34} & A_{44} \end{pmatrix} \qquad (3.26)$$

である。(3.26)に代入して、

$$X = A^{-1}P = \frac{1}{|A|} A^{(c)}P$$

成分で表すと、

$$\begin{pmatrix} x_1 \\ x_2 \\ x_3 \\ x_4 \end{pmatrix} = \frac{1}{|A|} \begin{pmatrix} A_{11} & A_{21} & A_{31} & A_{41} \\ A_{12} & A_{22} & A_{32} & A_{42} \\ A_{13} & A_{23} & A_{33} & A_{43} \\ A_{14} & A_{24} & A_{34} & A_{44} \end{pmatrix} \begin{pmatrix} p_1 \\ p_2 \\ p_3 \\ p_4 \end{pmatrix}$$

$$= \frac{1}{|A|} \begin{pmatrix} p_1 A_{11} + p_2 A_{21} + p_3 A_{31} + p_4 A_{41} \\ p_1 A_{12} + p_2 A_{22} + p_3 A_{32} + p_4 A_{42} \\ p_1 A_{13} + p_2 A_{23} + p_3 A_{33} + p_4 A_{43} \\ p_1 A_{14} + p_2 A_{24} + p_3 A_{34} + p_4 A_{44} \end{pmatrix}$$

右辺の $(1, 1)$ 成分だけ抜き出して計算すると、

$$p_1 A_{11} + p_2 A_{21} + p_3 A_{31} + p_4 A_{41}$$

$$= p_1 \begin{vmatrix} a_{22} & a_{23} & a_{24} \\ a_{32} & a_{33} & a_{34} \\ a_{42} & a_{43} & a_{44} \end{vmatrix} - p_2 \begin{vmatrix} a_{12} & a_{13} & a_{14} \\ a_{32} & a_{33} & a_{34} \\ a_{42} & a_{43} & a_{44} \end{vmatrix} + p_3 \begin{vmatrix} a_{12} & a_{13} & a_{14} \\ a_{22} & a_{23} & a_{24} \\ a_{42} & a_{43} & a_{44} \end{vmatrix} - p_4 \begin{vmatrix} a_{12} & a_{13} & a_{14} \\ a_{22} & a_{23} & a_{24} \\ a_{32} & a_{33} & a_{34} \end{vmatrix}$$

性質(7) より

$$= \begin{vmatrix} p_1 & a_{12} & a_{13} & a_{14} \\ 0 & a_{22} & a_{23} & a_{24} \\ 0 & a_{32} & a_{33} & a_{34} \\ 0 & a_{42} & a_{43} & a_{44} \end{vmatrix} - \begin{vmatrix} p_2 & a_{22} & a_{23} & a_{24} \\ 0 & a_{12} & a_{13} & a_{14} \\ 0 & a_{32} & a_{33} & a_{34} \\ 0 & a_{42} & a_{43} & a_{44} \end{vmatrix} + \begin{vmatrix} p_3 & a_{32} & a_{33} & a_{34} \\ 0 & a_{12} & a_{13} & a_{14} \\ 0 & a_{22} & a_{23} & a_{24} \\ 0 & a_{42} & a_{43} & a_{44} \end{vmatrix} - \begin{vmatrix} p_4 & a_{42} & a_{43} & a_{44} \\ 0 & a_{12} & a_{13} & a_{14} \\ 0 & a_{22} & a_{23} & a_{24} \\ 0 & a_{32} & a_{33} & a_{34} \end{vmatrix}$$

$$= \begin{vmatrix} p_1 & a_{12} & a_{13} & a_{14} \\ 0 & a_{22} & a_{23} & a_{24} \\ 0 & a_{32} & a_{33} & a_{34} \\ 0 & a_{42} & a_{43} & a_{44} \end{vmatrix} + \begin{vmatrix} 0 & a_{12} & a_{13} & a_{14} \\ p_2 & a_{22} & a_{23} & a_{24} \\ 0 & a_{32} & a_{33} & a_{34} \\ 0 & a_{42} & a_{43} & a_{44} \end{vmatrix} + \begin{vmatrix} 0 & a_{12} & a_{13} & a_{14} \\ 0 & a_{22} & a_{23} & a_{24} \\ p_3 & a_{32} & a_{33} & a_{34} \\ 0 & a_{42} & a_{43} & a_{44} \end{vmatrix} + \begin{vmatrix} 0 & a_{12} & a_{13} & a_{14} \\ 0 & a_{22} & a_{23} & a_{24} \\ 0 & a_{32} & a_{33} & a_{34} \\ p_4 & a_{42} & a_{43} & a_{44} \end{vmatrix}$$

性質(5)より
行列の和が成分の
和になる

性質(2)より
1回の入れ替えで
−(行列式)

性質(2)より
2回の入れ替えで
＋(行列式)

性質(2)より
3回の入れ替えで
−(行列式)

$$= \begin{vmatrix} p_1 + 0 + 0 + 0 & a_{12} & a_{13} & a_{14} \\ 0 + p_2 + 0 + 0 & a_{22} & a_{23} & a_{24} \\ 0 + 0 + p_3 + 0 & a_{32} & a_{33} & a_{34} \\ 0 + 0 + 0 + p_4 & a_{42} & a_{43} & a_{44} \end{vmatrix} = \begin{vmatrix} p_1 & a_{12} & a_{13} & a_{14} \\ p_2 & a_{22} & a_{23} & a_{24} \\ p_3 & a_{32} & a_{33} & a_{34} \\ p_4 & a_{42} & a_{43} & a_{44} \end{vmatrix}$$

この最後の式は、127ページの3元連立1次方程式のクラメルの公式の分子の形になっている。他の成分についても同じだから、4元連立1次方程式についても、次のクラメルの公式が成り立つ。

$$x_1 = \frac{1}{|A|} \begin{vmatrix} p_1 & a_{12} & a_{13} & a_{14} \\ p_2 & a_{22} & a_{23} & a_{24} \\ p_3 & a_{32} & a_{33} & a_{34} \\ p_4 & a_{42} & a_{43} & a_{44} \end{vmatrix} \qquad x_2 = \frac{1}{|A|} \begin{vmatrix} a_{11} & p_1 & a_{13} & a_{14} \\ a_{21} & p_2 & a_{23} & a_{24} \\ a_{31} & p_3 & a_{33} & a_{34} \\ a_{41} & p_4 & a_{43} & a_{44} \end{vmatrix}$$

$$x_3 = \frac{1}{|A|} \begin{vmatrix} a_{11} & a_{12} & p_1 & a_{14} \\ a_{21} & a_{22} & p_2 & a_{24} \\ a_{31} & a_{32} & p_3 & a_{34} \\ a_{41} & a_{42} & p_4 & a_{44} \end{vmatrix} \qquad x_4 = \frac{1}{|A|} \begin{vmatrix} a_{11} & a_{12} & a_{13} & p_1 \\ a_{21} & a_{22} & a_{23} & p_2 \\ a_{31} & a_{32} & a_{33} & p_3 \\ a_{41} & a_{42} & a_{43} & p_4 \end{vmatrix}$$

問題3.7

$$p_1 A_{12} + p_2 A_{22} + p_3 A_{32} + p_4 A_{42} = \begin{vmatrix} a_{11} & p_1 & a_{13} & a_{14} \\ a_{21} & p_2 & a_{23} & a_{24} \\ a_{31} & p_3 & a_{33} & a_{34} \\ a_{41} & p_4 & a_{43} & a_{44} \end{vmatrix}$$ が成り立つことを示せ。

n元連立1次方程式のクラメルの公式

一般のn元連立1次方程式についても、4元連立1次方程式の場合と同じように計算すると、クラメルの公式は成り立ち、次のようになる。

【n元連立1次方程式の解】

n元連立1方程式

$$a_{i1}x_1 + a_{i2}x_2 + \cdots\cdots + a_{in}x_n = p_i \qquad (i = 1, 2, \cdots, n) \qquad (3.27)$$

の係数行列を A とするとき、$|A| \neq 0$ ならば (3.27) の解は次のようになる。

$$x_1 = \frac{1}{|A|} \begin{vmatrix} p_1 & a_{12} & \cdots\cdots & a_{1n} \\ p_2 & a_{22} & \cdots\cdots & a_{2n} \\ \cdots & \cdots & \cdots\cdots & \cdots \\ p_n & a_{n2} & \cdots\cdots & a_{nn} \end{vmatrix}$$

$$x_j = \frac{1}{|A|} \begin{vmatrix} a_{11} & a_{12} & \cdots & a_{1(j-1)} & p_1 & a_{1(j+1)} & \cdots & a_{1n} \\ a_{21} & a_{22} & \cdots & a_{2(j-1)} & p_2 & a_{2(j+1)} & \cdots & a_{2n} \\ \cdots & \cdots & \cdots & \cdots & \cdots & \cdots & \cdots & \cdots \\ a_{n1} & a_{n2} & \cdots & a_{n(j-1)} & p_n & a_{n(j+1)} & \cdots & a_{nn} \end{vmatrix} \quad (j = 2, 3, \cdots, n-1)$$

$$x_n = \frac{1}{|A|} \begin{vmatrix} a_{11} & \cdots\cdots & a_{1(n-1)} & p_1 \\ a_{21} & \cdots\cdots & a_{2(n-1)} & p_2 \\ \cdots & \cdots & \cdots\cdots & \cdots \\ a_{n1} & \cdots\cdots & a_{n(n-1)} & p_n \end{vmatrix}$$

第 3 章　解答

問題3.1

係数行列の行列式は、

$$\begin{vmatrix} 0 & 1 & 2 \\ -1 & 2 & 3 \\ 2 & -5 & -1 \end{vmatrix} = 0 \cdot 2 \cdot (-1) + 1 \cdot 3 \cdot 2 + 2 \cdot (-5) \cdot (-1) - 0 \cdot (-5) \cdot 3$$
$$- 1 \cdot (-1) \cdot (-1) - 2 \cdot 2 \cdot 2$$
$$= 7$$

$$(x \text{の分子}) = \begin{vmatrix} 5 & 1 & 2 \\ 5 & 2 & 3 \\ -1 & -5 & -1 \end{vmatrix}$$

$$= 5 \cdot 2 \cdot (-1) + 1 \cdot 3 \cdot (-1) + 2 \cdot (-5) \cdot 5 - 5 \cdot (-5) \cdot 3$$
$$- 1 \cdot 5 \cdot (-1) - 2 \cdot 2 \cdot (-1)$$
$$= 21$$

$$(y \text{の分子}) = \begin{vmatrix} 0 & 5 & 2 \\ -1 & 5 & 3 \\ 2 & -1 & -1 \end{vmatrix}$$

$$= 0 \cdot 5 \cdot (-1) + 5 \cdot 3 \cdot 2 + 2 \cdot (-1) \cdot (-1) - 0 \cdot (-1) \cdot 3$$
$$- 5 \cdot (-1) \cdot (-1) - 2 \cdot 5 \cdot 2$$
$$= 7$$

$$(z \text{の分子}) = \begin{vmatrix} 0 & 1 & 5 \\ -1 & 2 & 5 \\ 2 & -5 & -1 \end{vmatrix}$$

$$= 0 \cdot 2 \cdot (-1) + 1 \cdot 5 \cdot 2 + 5 \cdot (-5) \cdot (-1) - 0 \cdot (-5) \cdot 5$$
$$- 1 \cdot (-1) \cdot (-1) - 5 \cdot 2 \cdot 2$$
$$= 14$$

よって、

$$x = \frac{21}{7} = 3、\ y = \frac{7}{7} = 1、\ z = \frac{14}{7} = 2$$

問題3.2

$$\begin{vmatrix} 0 & 1 & -2 & 3 \\ 1 & 3 & 2 & -1 \\ 3 & 5 & 7 & -1 \\ -1 & 0 & 3 & 4 \end{vmatrix} = - \begin{vmatrix} 1 & 3 & 2 & -1 \\ 0 & 1 & -2 & 3 \\ 3 & 5 & 7 & -1 \\ -1 & 0 & 3 & 4 \end{vmatrix}$$

性質(2)

第1行と第2行を入れ替える

性質(6)

(第3行) + (− 3)·(第1行)

(第4行) + (第1行)

$$= - \begin{vmatrix} 1 & 3 & 2 & -1 \\ 0 & 1 & -2 & 3 \\ 0 & -4 & 1 & 2 \\ 0 & 3 & 5 & 3 \end{vmatrix}$$

性質(7)

(1, 1)成分
×(第1行と第1列を除いた行列式)

$$= -1 \cdot \begin{vmatrix} 1 & -2 & 3 \\ -4 & 1 & 2 \\ 3 & 5 & 3 \end{vmatrix}$$

性質(6)

(第2行) + 4·(第1行)

(第3行) + (− 3)·(第1行)

$$= -1 \cdot \begin{vmatrix} 1 & -2 & 3 \\ 0 & -7 & 14 \\ 0 & 11 & -6 \end{vmatrix}$$

性質(7)

(1, 1)成分
×(第1行と第1列を除いた行列式)

$$= -1 \cdot 1 \begin{vmatrix} -7 & 14 \\ 11 & -6 \end{vmatrix}$$

$$= -1 \cdot 1 \cdot (-7) \begin{vmatrix} 1 & -2 \\ 11 & -6 \end{vmatrix}$$

性質(4)

1つの行をk倍にすると、
行列式がk倍

$$= 7\{1 \cdot (-6) - (-2) \cdot 11\}$$

$$= 112$$

問題3.3

2次の行列式のサラスの公式 $ad - bc$

$$c_1 A_{11} + c_2 A_{12} + c_3 A_{13}$$

$$= c_1 \begin{vmatrix} b_2 & b_3 \\ c_2 & c_3 \end{vmatrix} - c_2 \begin{vmatrix} b_1 & b_3 \\ c_1 & c_3 \end{vmatrix} + c_3 \begin{vmatrix} b_1 & b_2 \\ c_1 & c_2 \end{vmatrix}$$

$$= \begin{vmatrix} c_1 & 0 & 0 \\ b_1 & b_2 & b_3 \\ c_1 & c_2 & c_3 \end{vmatrix} - \begin{vmatrix} c_2 & 0 & 0 \\ b_2 & b_1 & b_3 \\ c_2 & c_1 & c_3 \end{vmatrix} + \begin{vmatrix} c_3 & 0 & 0 \\ b_3 & b_1 & b_2 \\ c_3 & c_1 & c_2 \end{vmatrix}$$

性質(7)

$$= \begin{vmatrix} c_1 & 0 & 0 \\ b_1 & b_2 & b_3 \\ c_1 & c_2 & c_3 \end{vmatrix} + \begin{vmatrix} 0 & c_2 & 0 \\ b_1 & b_2 & b_3 \\ c_1 & c_2 & c_3 \end{vmatrix} + \begin{vmatrix} 0 & 0 & c_3 \\ b_1 & b_2 & b_3 \\ c_1 & c_2 & c_3 \end{vmatrix}$$

性質(2)

$$= \begin{vmatrix} c_1 + 0 + 0 & 0 + c_2 + 0 & 0 + 0 + c_3 \\ b_1 & b_2 & b_3 \\ c_1 & c_2 & c_3 \end{vmatrix}$$ 性質(5)

$$= \begin{vmatrix} c_1 & c_2 & c_3 \\ b_1 & b_2 & b_3 \\ c_1 & c_2 & c_3 \end{vmatrix} = 0$$ 性質(3)

問題3.4

$c_1 A_{21} + c_2 A_{22} + c_3 A_{23}$

$$= -c_1 \begin{vmatrix} a_2 & a_3 \\ c_2 & c_3 \end{vmatrix} + c_2 \begin{vmatrix} a_1 & a_3 \\ c_1 & c_3 \end{vmatrix} - c_3 \begin{vmatrix} a_1 & a_2 \\ c_1 & c_2 \end{vmatrix}$$

$$= - \begin{vmatrix} c_1 & 0 & 0 \\ a_1 & a_2 & a_3 \\ c_1 & c_2 & c_3 \end{vmatrix} + \begin{vmatrix} c_2 & 0 & 0 \\ a_2 & a_1 & a_3 \\ c_2 & c_1 & c_3 \end{vmatrix} - \begin{vmatrix} c_3 & 0 & 0 \\ a_3 & a_1 & a_2 \\ c_3 & c_1 & c_2 \end{vmatrix}$$ 性質(7)

$$= - \begin{vmatrix} c_1 & 0 & 0 \\ a_1 & a_2 & a_3 \\ c_1 & c_2 & c_3 \end{vmatrix} - \begin{vmatrix} 0 & c_2 & 0 \\ a_1 & a_2 & a_3 \\ c_1 & c_2 & c_3 \end{vmatrix} - \begin{vmatrix} 0 & 0 & c_3 \\ a_1 & a_2 & a_3 \\ c_1 & c_2 & c_3 \end{vmatrix}$$ 性質(2)

$$= - \begin{vmatrix} c_1 + 0 + 0 & 0 + c_2 + 0 & 0 + 0 + c_3 \\ a_1 & a_2 & a_3 \\ c_1 & c_2 & c_3 \end{vmatrix}$$ 性質(5)

$$= - \begin{vmatrix} c_1 & c_2 & c_3 \\ b_1 & b_2 & b_3 \\ c_1 & c_2 & c_3 \end{vmatrix} = 0$$ 性質(3)

問題3.5

(1) $a_1 A_{31} + a_2 A_{32} + a_3 A_{33} = 0$ の証明

$a_1 A_{31} + a_2 A_{32} + a_3 A_{33}$

$$= a_1 \begin{vmatrix} a_2 & a_3 \\ b_2 & b_3 \end{vmatrix} - a_2 \begin{vmatrix} a_1 & a_3 \\ b_1 & b_3 \end{vmatrix} + a_3 \begin{vmatrix} a_1 & a_2 \\ b_1 & b_2 \end{vmatrix}$$

$$= \begin{vmatrix} a_1 & 0 & 0 \\ a_1 & a_2 & a_3 \\ b_1 & b_2 & b_3 \end{vmatrix} - \begin{vmatrix} a_2 & 0 & 0 \\ a_2 & a_1 & a_3 \\ b_2 & b_1 & b_3 \end{vmatrix} + \begin{vmatrix} a_3 & 0 & 0 \\ a_3 & a_1 & a_2 \\ b_3 & b_1 & b_2 \end{vmatrix}$$ 性質(7)

$$= \begin{vmatrix} a_1 & 0 & 0 \\ a_1 & a_2 & a_3 \\ b_1 & b_2 & b_3 \end{vmatrix} + \begin{vmatrix} 0 & a_2 & 0 \\ a_1 & a_2 & a_3 \\ b_1 & b_2 & b_3 \end{vmatrix} + \begin{vmatrix} 0 & 0 & a_3 \\ a_1 & a_2 & a_3 \\ b_1 & b_2 & b_3 \end{vmatrix} \qquad \text{性質(2)}$$

$$= \begin{vmatrix} a_1 + 0 + 0 & 0 + a_2 + 0 & 0 + 0 + a_3 \\ a_1 & a_2 & a_3 \\ b_1 & b_2 & b_3 \end{vmatrix} \qquad \text{性質(5)}$$

$$= \begin{vmatrix} a_1 & a_2 & a_3 \\ a_1 & a_2 & a_3 \\ b_1 & b_2 & b_3 \end{vmatrix} = 0 \qquad \text{性質(3)}$$

(2) $b_1 A_{31} + b_2 A_{32} + b_3 A_{33} = 0$ の証明

$$b_1 A_{31} + b_2 A_{32} + b_3 A_{33}$$

$$= b_1 \begin{vmatrix} a_2 & a_3 \\ b_2 & b_3 \end{vmatrix} - b_2 \begin{vmatrix} a_1 & a_3 \\ b_1 & b_3 \end{vmatrix} + b_3 \begin{vmatrix} a_1 & a_2 \\ b_1 & b_2 \end{vmatrix}$$

$$= \begin{vmatrix} b_1 & 0 & 0 \\ a_1 & a_2 & a_3 \\ b_1 & b_2 & b_3 \end{vmatrix} - \begin{vmatrix} b_2 & 0 & 0 \\ a_2 & a_1 & a_3 \\ b_2 & b_1 & b_3 \end{vmatrix} + \begin{vmatrix} b_3 & 0 & 0 \\ a_3 & a_1 & a_2 \\ b_3 & b_1 & b_2 \end{vmatrix} \qquad \text{性質(7)}$$

$$= \begin{vmatrix} b_1 & 0 & 0 \\ a_1 & a_2 & a_3 \\ b_1 & b_2 & b_3 \end{vmatrix} + \begin{vmatrix} 0 & b_2 & 0 \\ a_1 & a_2 & a_3 \\ b_1 & b_2 & b_3 \end{vmatrix} + \begin{vmatrix} 0 & 0 & b_3 \\ a_1 & a_2 & a_3 \\ b_1 & b_2 & b_3 \end{vmatrix} \qquad \text{性質(2)}$$

$$= \begin{vmatrix} b_1 + 0 + 0 & 0 + b_2 + 0 & 0 + 0 + b_3 \\ a_1 & a_2 & a_3 \\ b_1 & b_2 & b_3 \end{vmatrix} \qquad \text{性質(5)}$$

$$= \begin{vmatrix} b_1 & b_2 & b_3 \\ a_1 & a_2 & a_3 \\ b_1 & b_2 & b_3 \end{vmatrix} = 0 \qquad \text{性質(3)}$$

(3) $c_1 A_{31} + c_2 A_{32} + c_3 A_{33} = |A|$ の証明

$$c_1 A_{31} + c_2 A_{32} + c_3 A_{33}$$

$$= c_1 \begin{vmatrix} a_2 & a_3 \\ b_2 & b_3 \end{vmatrix} - c_2 \begin{vmatrix} a_1 & a_3 \\ b_1 & b_3 \end{vmatrix} + c_3 \begin{vmatrix} a_1 & a_2 \\ b_1 & b_2 \end{vmatrix}$$

$$= \begin{vmatrix} c_1 & 0 & 0 \\ a_1 & a_2 & a_3 \\ b_1 & b_2 & b_3 \end{vmatrix} - \begin{vmatrix} c_2 & 0 & 0 \\ a_2 & a_1 & a_3 \\ b_2 & b_1 & b_3 \end{vmatrix} + \begin{vmatrix} c_3 & 0 & 0 \\ a_3 & a_1 & a_2 \\ b_3 & b_1 & b_2 \end{vmatrix} \qquad \text{性質(7)}$$

$$= \begin{vmatrix} c_1 & 0 & 0 \\ a_1 & a_2 & a_3 \\ b_1 & b_2 & b_3 \end{vmatrix} + \begin{vmatrix} 0 & c_2 & 0 \\ a_1 & a_2 & a_3 \\ b_1 & b_2 & b_3 \end{vmatrix} + \begin{vmatrix} 0 & 0 & c_3 \\ a_1 & a_2 & a_3 \\ b_1 & b_2 & b_3 \end{vmatrix}$$

性質(2)

$$= \begin{vmatrix} c_1+0+0 & 0+c_2+0 & 0+0+c_3 \\ a_1 & a_2 & a_3 \\ b_1 & b_2 & b_3 \end{vmatrix}$$

性質(5)

$$= \begin{vmatrix} c_1 & c_2 & c_3 \\ a_1 & a_2 & a_3 \\ b_1 & b_2 & b_3 \end{vmatrix} = \begin{vmatrix} a_1 & a_2 & a_3 \\ b_1 & b_2 & b_3 \\ c_1 & c_2 & c_3 \end{vmatrix}$$

性質(2)

$$= |A|$$

問題3.6

① 行列式 $|A|$ を求める。ここでは、サラスの公式を利用する。

$$\begin{vmatrix} 0 & -2 & 1 \\ -1 & 1 & 1 \\ 2 & 5 & -5 \end{vmatrix} = 0 \cdot 1 \cdot (-5) + (-2) \cdot 1 \cdot 2 + 1 \cdot 5 \cdot (-1) - 0 \cdot 5 \cdot 1$$
$$- (-2) \cdot (-1) \cdot (-5) - 1 \cdot 1 \cdot 2 = -1$$

② 余因子 A_{ij} を求める。

$$A_{11} = (-1)^{1+1} \begin{vmatrix} 0 & -2 & 1 \\ -1 & 1 & 1 \\ 2 & 5 & -5 \end{vmatrix} = \begin{vmatrix} 1 & 1 \\ 5 & -5 \end{vmatrix} = 1 \cdot (-5) - 1 \cdot 5 = -10$$

$$A_{12} = (-1)^{1+2} \begin{vmatrix} 0 & -2 & 1 \\ -1 & 1 & 1 \\ 2 & 5 & -5 \end{vmatrix} = - \begin{vmatrix} -1 & 1 \\ 2 & -5 \end{vmatrix} = -\{(-1) \cdot (-5) - 1 \cdot 2\} = -3$$

$$A_{13} = (-1)^{1+3} \begin{vmatrix} 0 & -2 & 1 \\ -1 & 1 & 1 \\ 2 & 5 & -5 \end{vmatrix} = \begin{vmatrix} -1 & 1 \\ 2 & 5 \end{vmatrix} = (-1) \cdot 5 - 1 \cdot 2 = -7$$

$$A_{21} = (-1)^{2+1} \begin{vmatrix} 0 & -2 & 1 \\ -1 & 1 & 1 \\ 2 & 5 & -5 \end{vmatrix} = - \begin{vmatrix} -2 & 1 \\ 5 & -5 \end{vmatrix} = -\{(-2) \cdot (-5) - 1 \cdot 5\} = -5$$

$$A_{22} = (-1)^{2+2} \begin{vmatrix} 0 & -2 & 1 \\ -1 & 1 & 1 \\ 2 & 5 & -5 \end{vmatrix} = \begin{vmatrix} 0 & 1 \\ 2 & -5 \end{vmatrix} = 0 \cdot (-5) - 1 \cdot 2 = -2$$

$$A_{23} = (-1)^{2+3} \begin{vmatrix} 0 & -2 & 1 \\ -1 & 1 & 1 \\ 2 & 5 & -5 \end{vmatrix} = - \begin{vmatrix} 0 & -2 \\ 2 & 5 \end{vmatrix} = -\{0 \cdot 5 - (-2) \cdot 2\} = -4$$

$$A_{31} = (-1)^{3+1} \begin{vmatrix} 0 & -2 & 1 \\ -1 & 1 & 1 \\ 2 & 5 & -5 \end{vmatrix} = \begin{vmatrix} -2 & 1 \\ 1 & 1 \end{vmatrix} = (-2) \cdot 1 - 1 \cdot 1 = -3$$

$$A_{32} = (-1)^{3+2} \begin{vmatrix} 0 & -2 & 1 \\ -1 & 1 & 1 \\ 2 & 5 & -5 \end{vmatrix} = - \begin{vmatrix} 0 & 1 \\ -1 & 1 \end{vmatrix} = -\{0 \cdot 1 - 1 \cdot (-1)\} = -1$$

$$A_{33} = (-1)^{3+3} \begin{vmatrix} 0 & -2 & 1 \\ -1 & 1 & 1 \\ 2 & 5 & -5 \end{vmatrix} = \begin{vmatrix} 0 & -2 \\ -1 & 1 \end{vmatrix} = 0 \cdot 1 - (-2) \cdot (-1) = -2$$

③ 逆行列を求める

$$A^{-1} = \frac{1}{|A|} \begin{vmatrix} A_{11} & A_{21} & A_{31} \\ A_{12} & A_{22} & A_{32} \\ A_{13} & A_{23} & A_{33} \end{vmatrix} = \frac{1}{-1} \begin{vmatrix} -10 & -5 & -3 \\ -3 & -2 & -1 \\ -7 & -4 & -2 \end{vmatrix} = \begin{vmatrix} 10 & 5 & 3 \\ 3 & 2 & 1 \\ 7 & 4 & 2 \end{vmatrix}$$

問題3.7

$p_1 A_{12} + p_2 A_{22} + p_3 A_{32} + p_4 A_{42}$

$$= -p_1 \begin{vmatrix} a_{21} & a_{23} & a_{24} \\ a_{31} & a_{33} & a_{34} \\ a_{41} & a_{43} & a_{44} \end{vmatrix} + p_2 \begin{vmatrix} a_{11} & a_{13} & a_{14} \\ a_{31} & a_{33} & a_{34} \\ a_{41} & a_{43} & a_{44} \end{vmatrix} - p_3 \begin{vmatrix} a_{11} & a_{13} & a_{14} \\ a_{21} & a_{23} & a_{24} \\ a_{41} & a_{43} & a_{44} \end{vmatrix} + p_4 \begin{vmatrix} a_{11} & a_{13} & a_{14} \\ a_{21} & a_{23} & a_{24} \\ a_{31} & a_{33} & a_{34} \end{vmatrix}$$

$$= - \begin{vmatrix} p_1 & a_{11} & a_{13} & a_{14} \\ 0 & a_{21} & a_{23} & a_{24} \\ 0 & a_{31} & a_{33} & a_{34} \\ 0 & a_{41} & a_{43} & a_{44} \end{vmatrix} + \begin{vmatrix} p_2 & a_{21} & a_{23} & a_{24} \\ 0 & a_{11} & a_{13} & a_{14} \\ 0 & a_{31} & a_{33} & a_{34} \\ 0 & a_{41} & a_{43} & a_{44} \end{vmatrix} - \begin{vmatrix} p_3 & a_{31} & a_{33} & a_{34} \\ 0 & a_{11} & a_{13} & a_{14} \\ 0 & a_{21} & a_{23} & a_{24} \\ 0 & a_{41} & a_{43} & a_{44} \end{vmatrix} + \begin{vmatrix} p_4 & a_{41} & a_{43} & a_{44} \\ 0 & a_{11} & a_{13} & a_{14} \\ 0 & a_{21} & a_{23} & a_{24} \\ 0 & a_{31} & a_{33} & a_{34} \end{vmatrix}$$

$$= \begin{vmatrix} a_{11} & p_1 & a_{13} & a_{14} \\ a_{21} & 0 & a_{23} & a_{24} \\ a_{31} & 0 & a_{33} & a_{34} \\ a_{41} & 0 & a_{43} & a_{44} \end{vmatrix} - \begin{vmatrix} a_{21} & p_2 & a_{23} & a_{24} \\ a_{11} & 0 & a_{13} & a_{14} \\ a_{31} & 0 & a_{33} & a_{34} \\ a_{41} & 0 & a_{43} & a_{44} \end{vmatrix} + \begin{vmatrix} a_{31} & p_3 & a_{33} & a_{24} \\ a_{11} & 0 & a_{13} & a_{14} \\ a_{21} & 0 & a_{23} & a_{24} \\ a_{41} & 0 & a_{43} & a_{44} \end{vmatrix} - \begin{vmatrix} a_{41} & p_4 & a_{43} & a_{44} \\ a_{11} & 0 & a_{13} & a_{14} \\ a_{21} & 0 & a_{33} & a_{24} \\ a_{31} & 0 & a_{33} & a_{34} \end{vmatrix}$$

$$= \begin{vmatrix} a_{11} & p_1 & a_{13} & a_{14} \\ a_{21} & 0 & a_{23} & a_{24} \\ a_{31} & 0 & a_{33} & a_{34} \\ a_{41} & 0 & a_{43} & a_{44} \end{vmatrix} + \begin{vmatrix} a_{11} & 0 & a_{13} & a_{14} \\ a_{21} & p_2 & a_{23} & a_{24} \\ a_{31} & 0 & a_{33} & a_{34} \\ a_{41} & 0 & a_{43} & a_{44} \end{vmatrix} + \begin{vmatrix} a_{11} & 0 & a_{13} & a_{14} \\ a_{21} & 0 & a_{23} & a_{24} \\ a_{31} & p_3 & a_{33} & a_{34} \\ a_{41} & 0 & a_{43} & a_{44} \end{vmatrix} + \begin{vmatrix} a_{11} & 0 & a_{13} & a_{14} \\ a_{21} & 0 & a_{23} & a_{24} \\ a_{31} & 0 & a_{33} & a_{34} \\ a_{41} & p_4 & a_{43} & a_{44} \end{vmatrix}$$

$$= \begin{vmatrix} a_{11} & p_1 + 0 + 0 + 0 & a_{13} & a_{14} \\ a_{21} & 0 + p_2 + 0 + 0 & a_{23} & a_{24} \\ a_{31} & 0 + 0 + p_3 + 0 & a_{33} & a_{34} \\ a_{41} & 0 + 0 + 0 + p_4 & a_{43} & a_{44} \end{vmatrix}$$

$$= \begin{vmatrix} a_{11} & p_1 & a_{13} & a_{14} \\ a_{21} & p_2 & a_{23} & a_{24} \\ a_{31} & p_3 & a_{33} & a_{34} \\ a_{41} & p_4 & a_{43} & a_{44} \end{vmatrix}$$

第4章
線形空間と線形写像

前章までは、行列、ベクトル、行列式が三者三様に活躍していた。この章では、ベクトルが線形空間をつくり、行列が線形写像を表し、行列式が線形写像の性質を決めることによって、つくり出される華麗な世界を見ていく。しかし、一般のn次元線形空間ではわかり難いので、本書では主に2次元線形空間(平面ベクトルがつくる線形空間)について、以下の順序で見ていく。

1. 平行でない2つのベクトルを用いて、すべての平面ベクトルが表せることを示し、直線をベクトルで表す。
2. 1つの平面上にない3つのベクトルを用いて、すべての空間ベクトルが表せることを示し、直線や平面をベクトルで表す。
3. 平面ベクトルの集合や空間ベクトルの集合から、一般の線形空間を新たに定義し、この定義に当てはまる例を示す。
4. 線形空間から線形空間への写像で、
   (1) $f(\vec{a} + \vec{b}) = f(\vec{a}) + f(\vec{b})$　　(2) $f(k\vec{a}) = k\,f(\vec{a})$
   を満たす写像を線形写像という。この2式から導かれる線形写像の性質を見ていく。
5. 線形写像を行列で表し、行列式によって線形写像の性質が決まることを見ていく。
6. 線形写像で直線をうつすとどうなるかを見ていく。
7. 2つの線形写像を続けて行うことによってできる写像を合成写像という。この合成写像を用いて $|AB| = |A||B|$ が成り立つことを示す。
8. 3次元線形空間から3次元線形空間への線形写像の性質を分類するためには、行列式だけでは不十分なので、ランク(階数)という概念を導入する。
9. m次元線形空間からn次元線形空間への線形写像を行列で表す。

1. 平面ベクトルのつくる世界

こ こでは、平面上の点や直線を平面ベクトルで表そう。

平面は2つのベクトルで

平面上に、原点Oと2点U_1、U_2が同じ直線上にないようにとり、

$$\overrightarrow{OU_1} = \vec{u_1}、\quad \overrightarrow{OU_2} = \vec{u_2}$$

とする。この点の取り方から、$\vec{u_1}$、$\vec{u_2}$は平行でないベクトルである(図4.1)。

平面上の任意の点Pに対して、

$$\overrightarrow{OP} = \vec{p}$$

とすると、$\vec{p}$は原点Oを始点にしたときに点Pを表すベクトルになる。そこで、$\vec{p}$を点Pの**位置ベクトル**という(図4.1)。このとき、点Pを$\vec{p}$を用いて$P(\vec{p})$と書く。

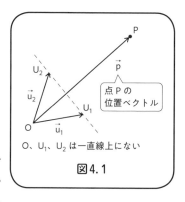

点Pの位置ベクトル

O、U₁、U₂は一直線上にない

図4.1

これからは、点をアルファベットの大文字で表し、その位置ベクトルをその小文字で表すことにする。

次に、点$P(\vec{p})$を通り、直線OU_2に平行な直線を引き直線OU_1との交点をH_1、同じように点Pを通り、直線OU_1に平行な直線を引き直線OU_2との交点をH_2とする(図4.2)。

3点O、U_1、H_1は同じ直線上にあるから、

$$\overrightarrow{OH_1} = x_1\overrightarrow{OU_1} = x_1\vec{u_1} \quad (x_1は実数)$$

と書け、同じように、

$$\overrightarrow{OH_2} = x_2\overrightarrow{OU_2} = x_2\vec{u_2} \quad (x_2は実数)$$

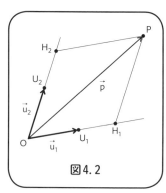

図4.2

と書ける（図4.3）。

　また、$\overrightarrow{H_1P} = \overrightarrow{OH_2}$であるから、

$$\vec{p} = \overrightarrow{OP} = \overrightarrow{OH_1} + \overrightarrow{H_1P} = \overrightarrow{OH_1} + \overrightarrow{OH_2}$$
$$= x_1\overrightarrow{OU_1} + x_2\overrightarrow{OU_2} = x_1\vec{u_1} + x_2\vec{u_2}$$

よって、

$$\vec{p} = x_1\vec{u_1} + x_2\vec{u_2} \qquad (4.1)$$

が成り立つ（図4.3）。

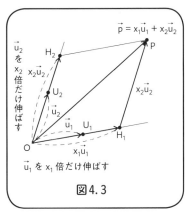

図4.3

　このことより、$\vec{p}$は、平行でない2つのベクトル$\vec{u_1}$、$\vec{u_2}$の実数倍の足し算で表すことができる。(4.1)の右辺を**線形結合**あるいは**一次結合**という。そこで、この2つのベクトルの組$\vec{u_1}$、$\vec{u_2}$を平面の**基底**という。このことを、**平面は基底$\vec{u_1}$、$\vec{u_2}$で張られる**という。

　x_1、x_2は、基底$\vec{u_1}$、$\vec{u_2}$で決まる実数だから、x_1、x_2の組を$(x_1, x_2)_u$と書き、**基底$\vec{u_1}$、$\vec{u_2}$に関する$\vec{p}$の成分**という。x_1を**第1成分**[注4.1]、x_2を**第2成分**という。また、点Oを始点とする基底$\vec{u_1}$、$\vec{u_2}$で、点Pの位置は、2つの数x_1、x_2の組で定まるから、$(x_1, x_2)_u$を**点Pの座標**という。点Pを座標を用いて、$P(x_1, x_2)_u$を書くこともある。

> 成分$(x_1, x_2)_u$の書き方は一般的でないが本書では基底$\vec{u_1}$、$\vec{u_2}$による成分を明確にするために$(x_1, x_2)_u$と書くことにする。

　平面上のベクトルは平行でない2つのベクトルで決まる。平行でない2つのベクトル$\vec{u_1}$、$\vec{u_2}$は1つのベクトルを何倍に伸ばしても（縮めても）他方のベクトルにならない（図4.4）。そこで、

　「$\vec{u_1}$、$\vec{u_2}$は平行でない」と

[注4.1]第1章では、$\vec{p} = (x_1, x_2)$のとき、x_1をx成分、x_2をy成分と呼んだが、4次元以上のベクトルを考えるとき、この呼び方では不都合なので、第1成分、第2成分と呼ぶことにする

条件「$x_1\vec{u_1} + x_2\vec{u_2} = \vec{0}$ ならば $x_1 = 0$、$x_2 = 0$ である」

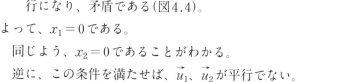

図4.4

は同値である。なぜならば、

$x_1\vec{u_1} + x_2\vec{u_2} = 0$ のとき、

$x_1 \neq 0$ ならば、$\vec{u_1} = -\dfrac{x_2}{x_1}\vec{u_2}$ だから、

$\vec{u_1}$ は、$\vec{u_2}$ の $-\dfrac{x_2}{x_1}$ 倍で、$\vec{u_1}$ と $\vec{u_2}$ は平

行になり、矛盾である(図4.4)。

よって、$x_1 = 0$ である。

同じよう、$x_2 = 0$ であることがわかる。

逆に、この条件を満たせば、$\vec{u_1}$、$\vec{u_2}$ が平行でない。

この条件を満たすベクトルを**線形独立**または**一次独立**という。

【線形独立】

$\vec{u_1}$、$\vec{u_2}$ が平行でない

$\Longleftrightarrow x_1\vec{u_1} + x_2\vec{u_2} = \vec{0}$ ならば、$x_1 = 0$、$x_2 = 0$

$\Longleftrightarrow \vec{u_1}$、$\vec{u_2}$ は線形独立

以上のことから、

【平面ベクトル】

平面ベクトルは、線形独立な2つのベクトルの線形結合で表される。すなわち、

$\vec{0}$ でない2つのベクトル $\vec{u_1}$、$\vec{u_2}$ が線形独立なベクトルのとき、任意の平面ベクトル $\vec{p}$ は、

$$\vec{p} = x_1\vec{u_1} + x_2\vec{u_2} \qquad (x_1、x_2 は実数) \qquad (4.1)$$

平面上の直線をベクトルで表す

ここでは、平面上の直線をベクトルを用いて表すことを考えよう。

考えやすくするために、基底として大きさが1で互いに垂直である2

つのベクトル $\vec{e_1}$、$\vec{e_2}$ を考える。すなわち、

$$|\vec{e_1}| = |\vec{e_2}| = 1、\quad \vec{e_1} \perp \vec{e_2}$$

である。

　この $\vec{e_1}$、$\vec{e_2}$ のように、大きさが1で互いに垂直であるベクトルからなる基底を**正規直交基底**という。

　(4.1) より平面ベクトル $\vec{a}$ は、

$$\vec{a} = a_1\vec{e_1} + a_2\vec{e_2}$$

と表されて、基底 $\vec{e_1}$、$\vec{e_2}$ による成分は $(a_1, a_2)_{\mathrm{e}}$ である。しかし、正規直交基底の場合は、$(a_1, a_2)_{\mathrm{e}}$ の e を省略して、単に (a_1, a_2) と書くことにする。また、$\overrightarrow{OA} = \vec{a}$ としたとき、$\vec{a}$ の終点の A の座標は $(a_1, a_2)_{\mathrm{e}}$ であるが、ここも e を省略して (a_1, a_2) と書き、$A(a_1, a_2)$ と表す。

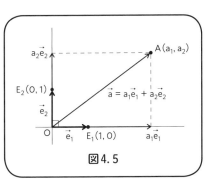
図4.5

　原点 O をとり、$\vec{e_1}$、$\vec{e_2}$、$\vec{a}$ の始点を O とし、終点をそれぞれ点 E_1、E_2、A とすると、それらの座標はそれぞれ $E_1(1, 0)$、$E_2(0, 1)$、$A(a_1, a_2)$ となる（図4.5）。

　それでは、平面上の点 $A(\vec{a})$ を通り、ベクトル $\vec{d} = (d_1, d_2)$ に平行な直線 ℓ の方程式を求めよう（図4.6）。

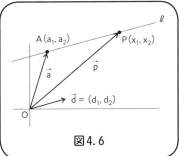
図4.6

　直線 ℓ 上の任意の点を $P(\vec{p})$ とする。

(1) 図4.7のように、

$$\vec{p} = \overrightarrow{OA} + \overrightarrow{AP} \qquad \cdots\cdots ①$$

であり、$\overrightarrow{AP}$ と $\vec{d}$ は平行なので、

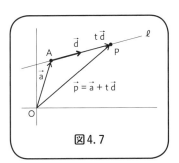
図4.7

$$\overrightarrow{AP} = t\vec{d} \qquad (t\text{は実数})$$

と表せる。また、$\overrightarrow{OA} = \vec{a}$ だから、①に代入して、

$$\vec{p} = \vec{a} + t\vec{d} \qquad\qquad (4.2)$$

である。

> この $\vec{p}$ が、直線の方程式
> ax + by = p の変数 x、y に相当する。

　これを、**直線 ℓ のベクトル方程式**という。このベクトル $\vec{d}$ を直線 ℓ の**方向ベクトル**という。そこで、「点 A($\vec{a}$) を通り方向ベクトルが $\vec{d}$ である直線」を**直線 $\vec{a} + t\vec{d}$** ということにする。

> この直線 $\vec{a} + t\vec{d}$ という言い方は、一般的には用いられない。便利なので本書では用いることにする。

(2)　次に、(4.2) を成分で表そう。

$\vec{a} = (a_1, a_2)$、$\vec{d} = (d_1, d_2)$、$\vec{p} = (x_1, x_2)$

とすると、

$$(x_1, x_2) = (a_1, a_2) + t(d_1, d_2)$$
$$= (a_1 + td_1, a_2 + td_2)$$

となり、

$$x_1 = a_1 + td_1, \quad x_2 = a_2 + td_2$$
$$(4.3)$$

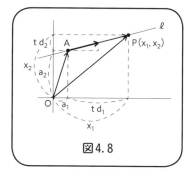

図4.8

が成り立つ（図4.8）。これを、直線 ℓ の**媒介変数表示**、t を**媒介変数**という。

　この媒介変数表示 (4.3) は、平面上の点

$$P(x_1, x_2) = P(a_1 + td_1, a_2 + td_2)$$

を変数 t で表した式で、t の値で点 $P(x_1, x_2)$ の位置が決まる。

　(4.3) で表される点 $P(x_1, x_2)$ の集合は直線になる。

　たとえば、点 A(1, 2) を通り、方向ベクトル $\vec{d} = (2, -1)$ の直線 ℓ

の媒介変数表示は、

$$(x_1, x_2) = (1, 2) + t(2, -1) = (1 + 2t, 2 - t)$$

より、

$$x_1 = 1 + 2t、x_2 = 2 - t$$

となる。

　具体的に、t に値を代入すると、

$t = -1$ のとき

$\quad (x_1, x_2) = (1 + 2 \cdot (-1), 2 - (-1)) = (-1, 3)$

$t = 0$ のとき

$\quad (x_1, x_2) = (1, 2)$、

$t = 1$ のとき

$\quad (x_1, x_2) = (3, 1)$

$t = 2$ のとき

$\quad (x_1, x_2) = (5, 0)$、

$t = 3$ のとき

$\quad (x_1, x_2) = (7, -1)$

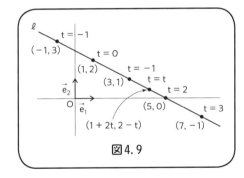

図4.9

という具合に、点が次々に決まる。それらの点の集合が直線 ℓ になる（図4.9）。

(3) $d_1 \neq 0$、$d_2 \neq 0$ のとき、(4.3) の2つの式は、

$$x_1 - a_1 = td_1、x_2 - a_2 = td_2$$

となり、d_1、d_2 でそれぞれの式を割ると、

$$\frac{x_1 - a_1}{d_1} = t、\frac{x_2 - a_2}{d_2} = t$$

したがって、

$$\frac{x_1 - a_1}{d_1} = \frac{x_2 - a_2}{d_2} \quad \text{または} \quad x_2 - a_2 = \frac{d_2}{d_1}(x_1 - a_1) \quad (4.4)$$

(4.4) の 2 番目の式は、この直線の傾きが $\dfrac{d_2}{d_1}$ であることを示している。

問題4.1

2 点 $A(\vec{a})$、$B(\vec{b})$ を通る直線 ℓ のベクトル方程式は、
$$\vec{p} = (1 - t)\vec{a} + t\vec{b}$$
であることを示せ。

2. 空間ベクトルのつくる世界

前 節で平面上のベクトルについて調べたので、ここでは、空間での ベクトルについて調べていこう。

空間は3つのベクトルで

原点 O と3点 $U_1(\vec{u_1})$、$U_2(\vec{u_2})$、$U_3(\vec{u_3})$ が 同一平面上にないようにとる（図4.10）。

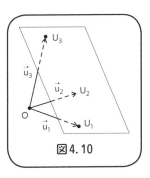

図4.10

空間の任意の点 $P(\vec{p})$ に対して、点 P を通 り平面 OU_2U_3 と平行な平面（図4.11の平面 $PH_6H_1H_4$）と直線 OU_1 の交点を H_1、点 P を 通り平面 OU_3U_1 と平行な平面（図4.11の平 面 $PH_5H_2H_4$）と直線 OU_2 の交点を H_2、点 P を通り平面 OU_1U_2 と平行な平面（図4.11の 平面 $PH_5H_3H_6$）と直線 OU_3 の交点を H_3 とする。

すると、図4.11のように、平行六面 体 $OH_1H_4H_2\text{-}H_3H_6PH_5$ ができる。

3点 O、U_1、H_1 は同じ直線上にある から、x_1 を実数として、

$$\overrightarrow{OH_1} = x_1\overrightarrow{OU_1} = x_1\vec{u_1}、$$

同じように、x_2、x_3 を実数として、

$$\overrightarrow{OH_2} = x_2\overrightarrow{OU_2} = x_2\vec{u_2}、$$
$$\overrightarrow{OH_3} = x_3\overrightarrow{OU_3} = x_3\vec{u_3}$$

が成り立つ。したがって、

$$\vec{p} = \overrightarrow{OP} = \overrightarrow{OH_1} + \overrightarrow{H_1H_4} + \overrightarrow{H_4P}$$

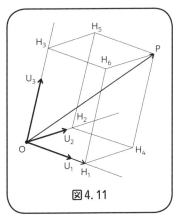

図4.11

$$= \overrightarrow{OH_1} + \overrightarrow{OH_2} + \overrightarrow{OH_3}$$
$$= x_1\vec{u}_1 + x_2\vec{u}_2 + x_3\vec{u}_3$$

である(図4.12)。よって、

$$\vec{p} = x_1\vec{u}_1 + x_2\vec{u}_2 + x_3\vec{u}_3$$

$$(4.5)$$

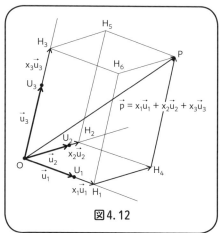

図4.12

(4.5)より、空間のすべての
ベクトルは、同一平面上にない
3つのベクトル$\vec{u}_1$、$\vec{u}_2$、$\vec{u}_3$の線
形結合で表すことができる。こ
の3つのベクトルの組$\vec{u}_1$、$\vec{u}_2$、$\vec{u}_3$
を空間の**基底**という。そこで、x_1、
x_2、x_3は、基底$\vec{u}_1$、$\vec{u}_2$、$\vec{u}_3$で決ま
る数だから、x_1、x_2、x_3の組を
$(x_1, x_2, x_3)_u$と書き、**基底$\vec{u}_1$、$\vec{u}_2$、
$\vec{u}_3$に関する$\vec{p}$の成分**という。x_1を
第1成分、x_2を**第2成分**、x_3を**第
3成分**という。また、Oを始点と
する基底$\vec{u}_1$、$\vec{u}_2$、$\vec{u}_3$で、点Pは、
3つの数x_1、x_2、x_3の組で位置が
定まるから、$(x_1, x_2, x_3)_u$を**点P**

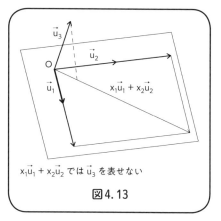

$x_1\vec{u}_1 + x_2\vec{u}_2$ では$\vec{u}_3$を表せない

図4.13

の座標という。点Pを座標を用いて$P(x_1, x_2, x_3)_u$と書く。

3つのベクトル$\vec{u}_1$、$\vec{u}_2$、$\vec{u}_3$は、1つの平面上にないから、1つのベク
トルを他の2つのベクトルの線形結合で表すことができない(図4.13)。
そこで、この3つのベクトルは、

条件「$x_1\vec{u}_1 + x_2\vec{u}_2 + x_3\vec{u}_3 = \vec{0}$　ならば　$x_1 = x_2 = x_3 = 0$」

を満たす。

平面の場合と同じように、この条件を満たすベクトルを**線形独立**また
は**一次独立**という。

問題4.2

「3つのベクトル $\vec{u_1}$、$\vec{u_2}$、$\vec{u_3}$ が同じ平面上ない」ことと、条件「$x_1\vec{u_1} + x_2\vec{u_2} + x_3\vec{u_3} = \vec{0}$ ならば $x_1 = x_2 = x_3 = 0$」が同値であることを証明せよ。

【線形独立】

$\vec{u_1}$、$\vec{u_2}$、$\vec{u_3}$ が同一平面上にない

$\iff x_1\vec{u_1} + x_2\vec{u_2} + x_2\vec{u_3} = \vec{0}$ ならば、$x_1 = 0$、$x_2 = 0$、$x_3 = 0$

$\iff \vec{u_1}$、$\vec{u_2}$、$\vec{u_3}$ は線形独立

以上のことから、

【空間ベクトル】

空間ベクトルは、線形独立な3つのベクトルの線形結合で表される。すなわち、

$\vec{0}$ でない3つのベクトル $\vec{u_1}$、$\vec{u_2}$、$\vec{u_2}$ が線形独立なベクトルのとき、任意の空間ベクトル $\vec{p}$ は、

$$\vec{p} = x_1\vec{u_1} + x_2\vec{u_2} + x_3\vec{u_3} \qquad (x_1、x_2、x_3 \text{ は実数}) \qquad (4.5)$$

空間の直線をベクトルで表す

ここからは、考えやすくするために、基底として、大きさが1で互いに垂直である3つのベクトル $\vec{e_1}$、$\vec{e_2}$、$\vec{e_3}$ を考える。すなわち、

$$|\vec{e_1}| = |\vec{e_2}| = |\vec{e_3}| = 1, \quad \vec{e_1} \perp \vec{e_2}, \quad \vec{e_2} \perp \vec{e_3}, \quad \vec{e_3} \perp \vec{e_1}$$

である。

この $\vec{e_1}$、$\vec{e_2}$、$\vec{e_3}$ のように、大きさが1で互いに垂直であるベクトルからなる基底を**正規直交基底**という。

(4.5)より空間ベクトル $\vec{a}$ は、

$$\vec{a} = a_1\vec{e_1} + a_2\vec{e_2} + a_3\vec{e_3}$$

と表されて、基底 $\vec{e_1}$、$\vec{e_2}$、$\vec{e_3}$ による成分は $(a_1, a_2, a_3)_e$ である。しかし、正規直交基底の場合は、$(a_1, a_2, a_3)_e$ の e を省略して、単に (a_1, a_2, a_3) と書くことにする。また、O を始点とする $\vec{a}$ の終点の A の座標は $(a_1, a_2, a_3)_e$ であるが、ここも e を省略して (a_1, a_2, a_3) と書き、点 A を $A(a_1, a_2, a_3)$ と表す。

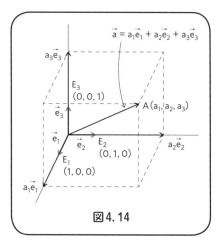

図 4.14

原点 O をとり $\vec{e_1}$、$\vec{e_2}$、$\vec{e_3}$、$\vec{a}$ の始点を O とし、終点をそれぞれ点 E_1、E_2、E_3、A とすると、それらの座標はそれぞれ $E_1(1, 0, 0)$、$E_2(0, 1, 0)$、$E_3(0, 0, 1)$、$A(a_1, a_2, a_3)$ となる（図4.14）。

さて、空間にある直線の方程式を求めよう。

空間の点 $A(\vec{a})$ を通り、$\vec{d}$ に平行な直線 ℓ 上の任意の点を $P(\vec{p})$ とする。
(1) 図4.15のように、

$$\vec{p} = \overrightarrow{OA} + \overrightarrow{AP} \quad \cdots\cdots ①$$

であり、$\overrightarrow{AP}$ と $\vec{d}$ は平行だから、

$$\overrightarrow{AP} = t\vec{d} \,(t は実数)$$

と表せる。また、$\overrightarrow{OA} = \vec{a}$ だから、①に代入して、

$$\vec{p} = \vec{a} + t\vec{d} \qquad (4.6)$$

が成り立つ。これを、直線 ℓ の**ベクトル方程式**という。このベクトル $\vec{d}$ を直線 ℓ の**方向ベクトル**という。この

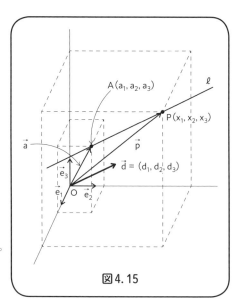

図 4.15

式を見てもわかるように、平面の場合の直線のベクトル方程式 (4.2) と、空間の場合の直線のベクトル方程式 (4.6) はまったく同じ形をしている。

(2) 次に、これを成分で表す。

$\vec{a} = (a_1,\, a_2,\, a_3)$、$\vec{d} = (d_1,\, d_2,\, d_3)$、$\vec{p} = (x_1,\, x_2,\, x_3)$ とすると、

$$(x_1,\, x_2,\, x_3) = (a_1,\, a_2,\, a_3) + t(d_1,\, d_2,\, d_3)$$

だから、

$$(x_1,\, x_2,\, x_3) = (a_1 + td_1,\, a_2 + td_2,\, a_3 + td_3)$$

よって、

$$x_1 = a_1 + td_1,\ \ x_2 = a_2 + td_2,\ \ x_3 = a_3 + td_3 \tag{4.7}$$

が成り立つ。これを、直線 ℓ の**媒介変数表示**といい、t を媒介変数という。

(3) また、$d_1 \neq 0$、$d_2 \neq 0$、$d_3 \neq 0$ のとき、(4.7) より、

$$\frac{x_1 - a_1}{d_1} = \frac{x_2 - a_2}{d_2} = \frac{x_3 - a_3}{d_3} \tag{4.8}$$

が成り立つ。これが直線の方程式である。

また、(4.7)、(4.8) で 3 番目の x_3 に関する式を除くと、平面上の直線の式 (4.3) や (4.4) になることに注意しよう。(172、174 ページ参照)

問題 4.3

$d_1 \neq 0$、$d_2 \neq 0$、$d_3 \neq 0$ のとき、上記の (4.7) から (4.8) を導け。

空間にある平面をベクトルで表す

前項で、空間にある直線のベクトル方程式を見てきたので、ここでは、空間にある平面の方程式を求めよう。

(1) はじめに、空間の点 $A(\vec{a})$ を通り、平行でない 2 つのベクトル $\vec{c}$、$\vec{d}$

に平行な平面 α の方程式を求めよう。

① 平面 α 上の任意の点 $P(\vec{p})$ に対して、$\overrightarrow{AP}$ は平面 α 上のベクトルだから、s、t を実数として、

$$\overrightarrow{AP} = s\vec{c} + t\vec{d}$$

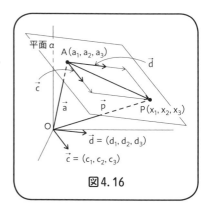

平面 α A(a_1, a_2, a_3) $\vec{d}$
$\vec{c}$
$\vec{a}$ $\vec{p}$ P(x_1, x_2, x_3)
O
$\vec{d} = (d_1, d_2, d_3)$
$\vec{c} = (c_1, c_2, c_3)$

図4.16

と表すことができる。

よって、

$$\vec{p} = \overrightarrow{OP} = \overrightarrow{OA} + \overrightarrow{AP} = \vec{a} + s\vec{c} + t\vec{d}$$

したがって、

$$\vec{p} = \vec{a} + s\vec{c_1} + t\vec{d} \tag{4.9}$$

が成り立つ（図4.16）。これを、**平面 α のベクトル方程式**という。

② (4.9)を成分で表そう。

$\vec{a} = (a_1, a_2, a_3)$、$\vec{c} = (c_1, c_2, c_3)$、$\vec{d} = (d_1, d_2, d_3)$、$\vec{p} = (x_1, x_2, x_3)$ とおくと、

$$(x_1, x_2, x_3) = (a_1, a_2, a_3) + s(c_1, c_2, c_3) + t(d_1, d_2, d_3)$$
$$(x_1, x_2, x_3) = (a_1 + sc_1 + td_1, a_2 + sc_2 + td_2, a_3 + sc_3 + td_3)$$

よって、

$$x_1 = a_1 + sc_1 + td_1,\ x_2 = a_2 + sc_2 + td_2,\ x_3 = a_3 + sc_3 + td_3 \tag{4.10}$$

となり、s、t を媒介変数とする媒介変数表示が得られる。

問題4.4

同じ直線上にない3点 $A(\vec{a})$、$B(\vec{b})$、$C(\vec{c})$ を通る平面 α のベクトル方程式を求めよ。

(2) 次に、点 $A(\vec{a})$ を通り、$\vec{n}$ に垂直な平面 $\alpha^{(注4.2)}$ の方程式を求めよう（図4.17）。この $\vec{n}$ を平面 α の**法線ベクトル**という。

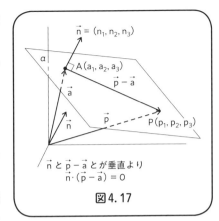

① 平面 α 上の任意の点を $P(\vec{p})$ とする。$\overrightarrow{AP}$ は平面 α 上のベクトルだから、$\overrightarrow{AP}$ と $\vec{n}$ は垂直である。

第1章で調べたように、垂直な2つのベクトルの内積は 0 に等しいから、

$$\vec{n} \cdot \overrightarrow{AP} = 0$$

である。また、$\vec{a} + \overrightarrow{AP} = \vec{p}$ より、

$$\overrightarrow{AP} = \vec{p} - \vec{a}$$

であるので、$\vec{n} \cdot \overrightarrow{AP} = 0$ に代入して、

$$\vec{n} \cdot (\vec{p} - \vec{a}) = 0 \tag{4.11}$$

となる。これも平面 α のベクトル方程式である。

② (4.11) を成分で表そう。

$\vec{a} = (a_1, a_2, a_3)$、$\vec{n} = (n_1, n_2, n_3)$、$\vec{p} = (x_1, x_2, x_3)$ とおくと、

$$\vec{p} - \vec{a} = (x_1 - a_1, x_2 - a_2, x_3 - a_3)$$

(注4.2)

「$\vec{n}$ が、平面 α と垂直である」とは、「$\vec{n}$ が平面 α 上の平行でない2つのベクトル $\vec{u}_1$、$\vec{u}_2$ と垂直である」と定義する。$\vec{u}_1$、$\vec{u}_2$ は平行でないから、平面 α 上の任意のベクトル $\vec{p}$ は、$\vec{p} = x_1\vec{u}_1 + x_2\vec{u}_2$ と書ける。そこで、$\vec{n}$ と $\vec{p}$ 内積は、

$\vec{n} \cdot \vec{p} = \vec{n} \cdot (x_1\vec{u}_1 + x_2\vec{u}_2) = x_1(\vec{n} \cdot \vec{u}_1) + x_2(\vec{n} \cdot \vec{u}_2) = x_1 \cdot 0 + x_2 \cdot 0$

（$\vec{n} \perp \vec{u}_1$ だから内積 $\vec{n} \cdot \vec{u}_1 = 0$）

$= 0$ となり、内積 $\vec{n} \cdot \vec{p} = 0$ だから、$\vec{n} \perp \vec{p}$

すなわち、「$\vec{n}$ は平面 α 上の任意のベクトルと垂直である」

$\vec{n} \cdot (\vec{p} - \vec{a}) = 0$ より、

$$n_1(x_1 - a_1) + n_2(x_2 - a_2) + n_3(x_3 - a_3) = 0 \qquad (4.12)$$

となる。これが点$A(a_1, a_2, a_3)$を通り、ベクトル$\vec{n} = (n_1, n_2, n_3)$に垂直な平面の方程式である。

問題4.5

2点$A(\vec{a})$、$B(\vec{b})$に対して、点Aを通り、直線ABに垂直である平面αのベクトル方程式を求めよ。

3. 線形空間

ベクトルは、「同じ向きと同じ大きさをもつ有向線分の集まり」として登場した。1つの有向線分に他の有向線分をつなぎ合わせることによってベクトルの和を定義し、有向線分の長さを実数倍伸ばすことによってベクトルの実数倍を定義した。このようなベクトルを幾何ベクトルと呼んだ。さらに、幾何ベクトルは、2つ(または3つ)の実数の組と1対1に対応するので、この2つ(または3つ)の実数の組もベクトルと見なし、このようなベクトルを数ベクトルと呼んだ。数ベクトルにも、幾何ベクトルの和と実数倍が自然に引き継がれた。このように「和と実数倍」がベクトルに導入された。そして、このベクトルの「和と実数倍」に注目して、新たに空間を定義する。それが線形空間(またはベクトル空間)という。

そのための準備として、集合について見ていこう。

集合

集合は、ものの集まりであるが、"若い男子の集まり"というと、若い男子の基準が明確でないので、"若い男子の集まり"に含まれるか含まれないかわからない。このような集まりは集合とは呼ばない。一方、"15歳の男子の集まり"というように、その集まりに含まれるか含まれないかがはっきりしている集まりを**集合**という。

集合 A に含まれる a を集合 A の**要素**または**元**といい、

$$a \in A \quad または \quad A \ni a$$

と書く。

また、b が集合 A の要素でないとき、

$$b \notin A \quad または \quad A \not\ni b$$

と書く(図4.18)

集合を表すには｛　｝の中に、

　（1）要素を書き並べる　例｛2, 4, 6, 8, 10｝

　（2）要素の条件を書く

　　　　例｛x｜xは10以下の2の倍数｝

の2通りある。ただし、（1）の場合、要素の数が多いときは、「…」を用いて、｛1, 2, 3, …, 10｝と表すこともある。

　集合Aに含まれる集合Bを集合Aの**部分集合**といい、

　　　$B \subset A$ または　$A \supset B$

と書く（図4.19）。たとえば、

　　　$A = \{x \mid x は15以下の自然数で、 2 の倍数\}$

　　　$B = \{x \mid x は15以下の自然数で、4の倍数\}$

　とするとき、$B \subset A$ である（図4.20）。

また、$A \subset A$ であるから、A自身もAの部分集合である。$A \subset B$ かつ$A \supset B$ ならば、AとBとはその要素がまったく一致するので、集合Aと集合Bは**等しい**といい、**A = B**と書く。

a∈A　　b∉A

集合を○などで表す
図をベン図という

図4.18

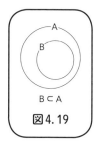

B⊂A

図4.19

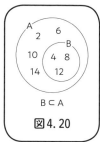

B⊂A

図4.20

線形空間とは

　天下り的ではあるが、今までの4つの「和の性質」、4つの「実数倍の性質」に着目して、線形空間を次のように定義する。

【線形空間】

　集合Vが次の条件 (1) と (2) を満たすとき、Vを線形空間または
ベクトル空間という。
(1) 集合Vの2つの要素$\vec{x}$、$\vec{y}$に対して、和と呼ばれる$\vec{x} + \vec{y}$が定
　　まり、次の法則が成り立つ。
　　① $(\vec{x} + \vec{y}) + \vec{z} = \vec{x} + (\vec{y} + \vec{z})$　　　（結合法則）
　　② $\vec{x} + \vec{y} = \vec{y} + \vec{x}$　　　　　　　（交換法則）
　　③零ベクトルと呼ばれる要素$\vec{0}$が存在し、Vのすべての要素$\vec{x}$に
　　　対して$\vec{0} + \vec{x} = \vec{x}$が成り立つ。
　　④Vの任意の要素$\vec{x}$に対して、$\vec{x} + \vec{x}' = \vec{0}$となる要素$\vec{x}'$が存在し、
　　　この$\vec{x}'$を$-\vec{x}$と表す。
(2) 集合Vの任意の要素$\vec{x}$と実数aに対して、$\vec{x}$のa倍と呼ばれる
　　要素$a\vec{x}$が定まり、次の法則が成り立つ。
　　⑤ $(a + b)\vec{x} = a\vec{x} + b\vec{x}$
　　⑥ $a(\vec{x} + \vec{y}) = a\vec{x} + a\vec{y}$
　　⑦ $(ab)\vec{x} = a(b\vec{x})$　　　（bは実数）
　　⑧ $1\vec{x} = \vec{x}$

　この定義でスカラーa、bを実数にしたが、複素数でも有理数でもよい。
四則演算が可能なものならば、何でもよい。とくに、実数のときは**実線
形空間**、複素数のときは**複素線形空間**と呼ぶことがある。そして、線形
空間の要素を**ベクトル**と呼ぶ。

　なぜ、あらためて線形空間をこのように定義するのか？　今までの平
面ベクトルの集合や空間ベクトルの集合は、もちろん線形空間であるが、
それ以外にもこの定義に当てはまれば、線形空間と呼ぶことができるか
らである。たとえば、

(1) 実数の集合R

$$R = \{a \mid a は実数\}$$

は普通の足し算、掛け算で線形空間になる。実数と数直線の点は 1：1

に対応するので、実数の集合 R を数直線と同一視してもよい。

(2) n 個の実数の組の集合 R^n

$R^n = \{(a_1, a_2, \cdots, a_n) \mid a_i$ は実数, $i = 1, 2, 3, \cdots, n\}$ は、

① $(a_1, a_2, \cdots, a_n) + (b_1, b_2, \cdots, b_n)$
$$= (a_1 + b_1, a_2 + b_2, \cdots, a_n + b_n)$$

② 実数 k に対して、$k(a_1, a_2, \cdots, a_n) = (ka_1, ka_2, \cdots, ka_n)$

で線形空間になる。

(3) 実数を成分とする $m \times n$ 行列からなる集合 $M_{m, n}$

$$M_{m, n} = \{A_{m, n} \mid A_{m, n}$ は実数を成分とする $m \times n$ 行列$\}$$

は、行列の足し算、実数倍で線形空間になる。

(4) n 次以下の多項式からなる集合 F

$$F = \{P_n(x) \mid P_n(x) = a_0 + a_1 x + a_2 x^2 + \cdots + a_n x^n、a_k$ は実数$\}$$

は、普通の足し算、実数倍で線形空間になる。

これ以外にも、線形空間になる例は多数存在する。

平面ベクトルは 2 次元空間で、空間ベクトルは 3 次元空間で考えてきた。しかし、この線形空間の定義では、次元については何も言っていないので、次に次元について考えよう。

任意の平面ベクトル $\vec{p}$ は、「平行でない 2 つのベクトル $\vec{u_1}$、$\vec{u_2}$」の線形結合で表された。すなわち

$$\vec{p} = x_1 \vec{u_1} + x_2 \vec{u_2} \quad (x_1、x_2$ は実数$)$$

任意の空間ベクトル $\vec{p}$ は、「同一平面上にない 3 つのベクトル $\vec{u_1}$、$\vec{u_2}$、$\vec{u_3}$」の線形結合で表された。すなわち、

$$\vec{p} = x_1 \vec{u_1} + x_2 \vec{u_2} + x_3 \vec{u_3} \quad (x_1、x_2、x_3$ は実数$)$$

ところが、次元が高くなると「平行でない」とか「同一平面上にない」

という表現は、わかりにくくなる。そこで、これらと同値である「線形独立」を用いることにする。

まず、線形結合から、

【線形結合】

　　線形空間 V のベクトル $\vec{u}_1$、$\vec{u}_2$、…、$\vec{u}_n$ に対して、
$$x_1\vec{u}_1 + x_2\vec{u}_2 + \cdots + x_n\vec{u}_n$$
の形のベクトルを $\vec{u}_1$、$\vec{u}_2$、…、$\vec{u}_n$ の線形結合という。

次に線形独立について、

【線形独立と線形従属】

　　線形空間 V のベクトル $\vec{u}_1$、$\vec{u}_2$、…、$\vec{u}_n$ に対して、
　　「$x_1\vec{u}_1 + x_2\vec{u}_2 + \cdots + x_n\vec{u}_n = \vec{0}$ ならば $x_1 = x_2 = \cdots = x_n = 0$」
が成り立つとき、$\vec{u}_1$、$\vec{u}_2$、…、$\vec{u}_n$ は線形独立という。
　　線形独立でないとき、線形従属という。

この線形独立を用いて、線形空間の基底を次のように定義する。

【線形空間の基底】

　　線形空間 V の有限個のベクトル $\vec{u}_1$、$\vec{u}_2$、…、$\vec{u}_n$ が次の 2 つの条件を満たすとき、$\vec{u}_1$、$\vec{u}_2$、…、$\vec{u}_n$ は、V の基底である。
(1) $\vec{u}_1$、$\vec{u}_2$、…、$\vec{u}_n$ は、線形独立である。
(2) V の任意のベクトルは、$\vec{u}_1$、$\vec{u}_2$、…、$\vec{u}_n$ の線形結合として表される。

そこで、n 次元線形空間を次のように定義する。

【n 次元線形空間】

　　線形空間 V が、n 個のベクトルからなる基底をもつとき、V を n 次元線形空間と呼ぶ。

たとえば、上記の 4 つの例に当てはめると、

(1) 実数の集合 $R = \{a \mid a \text{は実数}\}$ は、0 でない実数 u が基底になるから、

R は 1 次元線形空間である。

(2) n 個の実数の組の集合 R^n では、i 番目の数が 1 で他の数が 0 である実数の組を $\vec{e_i}(i = 1, 2, \cdots, n)$ とすると、

$$n \text{個の} \vec{e_1}, \vec{e_2}, \cdots, \vec{e_n}$$

が基底になる。したがって、R^n は n 次元線形空間である。

(3) 実数を成分とする $m \times n$ 行列からなる集合 $M_{m, n}$ では、(i, j) 成分が 1 で、他の成分が 0 である行列を A_{ij} とすると、

$$mn \text{個の行列} A_{ij}(i = 1, 2, \cdots, m 、j = 1, 2, \cdots, n)$$

が基底になる。したがって、$M_{m, n}$ は、mn 次元線形空間である

(4) n 次以下の多項式からなる集合 F では、

$$1 、x 、x_2 、\cdots 、x_n$$

が基底になる。したがって、F は $n + 1$ 次元線形空間である。

このように、いろいろな線形空間があるが、次のことがわかる。
「線形空間 V が n 個のベクトルからなる基底をもてば、V は R^n と同一視できる」

なぜならば、線形空間 V の基底が $\vec{u_1}$、$\vec{u_2}$、$\cdots$、$\vec{u_n}$ であるとき、V の任意のベクル $\vec{p}$ は、

$$\vec{p} = x_1\vec{u_1} + x_2\vec{u_2} + \cdots + x_n\vec{u_n}$$

と表される。そこで、

$$V \ni x_1\vec{u_1} + x_2\vec{u_2} + \cdots + x_n\vec{u_n} \quad \rightarrow \quad (x_1, x_2, \cdots, x_n) \in R^n$$

と対応させれば、V と R^n が同一視できる。

このことから、一般の線形空間 V を調べるためには、R^n を調べればよいことがわかる。しかし、R^n を調べるのは複雑なので、本書では、主に R^2 と R^3 について調べていく。

4. 線形写像

こ こでは、線形空間から線形空間への線形写像を考えるが、n次元線形空間ではわかり難いので、「平面ベクトルがつくる2次元線形空間 α から平面ベクトルがつくる2次元線形空間 β への線形写像」を考える。しかし、この言い方は長いので、単に「平面 α から平面 β へ線形写像」ということにする。

はじめに、写像とはどのようなものかを見ていこう。

写像とは

集合 X の任意の要素 x に対して、Y の要素 y がただ1つ対応するとき、その対応を**写像**という。

f が $x \in X$ に対して $y \in Y$ を対応させる写像のとき、

$$f(x) = y \quad または \quad f : x \to y$$

などと書く。

また、X から Y への写像を、

$$f : X \to Y$$

などと書く。とくに、Y が数の集合であるとき写像 f を**関数**という。

写像 $f : X \to Y$ で、X の要素に対

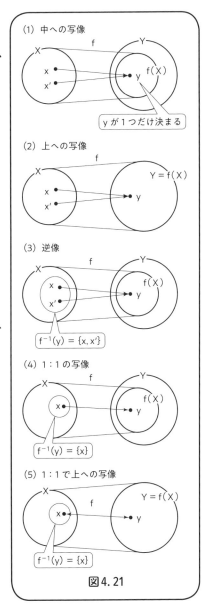

(1) 中への写像

y が1つだけ決まる

(2) 上への写像

(3) 逆像

$f^{-1}(y) = \{x, x'\}$

(4) 1:1の写像

$f^{-1}(y) = \{x\}$

(5) 1:1で上への写像

$f^{-1}(y) = \{x\}$

図4.21

応するYの要素の集合はYの部分集合になり、それを、

　　f(X)　または　Imf　（Imはimage（像）の前2文字imを示す）

と書き、fによる**像**という。$f(X)$は、Yの部分集合である。

　　$f(X) \neq Y$のとき、fをXからYの**中へ
の写像**といい（図4.21(1)）、

　　$f(X) = Y$のとき、fをXからYの**上へ
の写像**という（図4.21(2)）。

　　また、$f : X \to Y$に対して、$y \in Y$に対
応するXの要素はXの部分集合になり、
それを$f^{-1}(y)$と書き、yのfによる**逆像**
という（図4.21(3)）。

　　とくに、$f^{-1}(y)$がただ1つの要素から
なるとき、fは**1：1の写像**であるという
（図4.21(4)）。$f : X \to Y$が1：1で上への
写像のとき、fと逆の対応をする写像
$f^{-1} : Y \to X$が存在し、これをfの**逆写像**
という（図4.21(5)）。

　　ここで、具体的な例を考えよう。

　　X、Yともに数直線として、XからY
への写像$f(x) = 2x$と$g(x) = x^2$を考え
る。

(1) $f(x) = 2x$の場合（図4.22）

　　$y = f(x)$とすると$y = 2x$だから、
任意のyの値pに対して、$p = 2x$より
$x = \dfrac{1}{2}p$となり、xの値が決まる。
よって、

　　　$f(X) = Y$であり$f^{-1}(p) = \{\dfrac{1}{2}p\}$

このことより、fは上への写像であり、

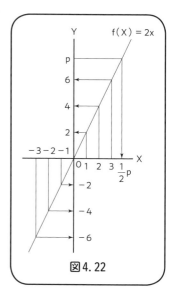

図4.22

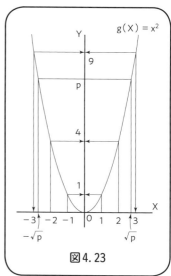

図4.23

1：1の写像でもある。

したがって、逆写像$f^{-1}(y) = \dfrac{1}{2}y$が存在する。

(2) $g(x) = x^2$の場合(図4.23)

$g(x) = x^2 \geqq 0$であるから、

$$g(X) = \{0以上の実数\} \subset Y \quad かつ、g(X) \neq Y$$

よって、gはXからYへの中への写像$y = g(x)$とおくと、$y = x^2$だから、yの値$p (p \geqq 0)$に対して、$p = x^2$より$x = \pm\sqrt{p}$

よって、$g^{-1}(p) = \{\sqrt{p}, -\sqrt{p}\}$　であるからgの逆写像は存在しない。

線形写像とは

ここでは、線形写像がどのような写像かを見ていくために、数直線Xから数直線Yへの写像で$f(x) = 2x$と$g(x) = x^2$という2つの写像について、足し算や掛け算の関係を比べてみよう。

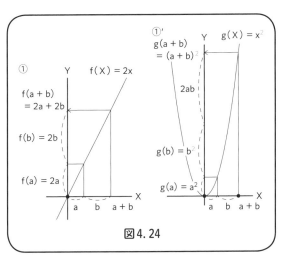

図4.24

まず、$x = a + b$のとき、$f(x)$と$g(x)$の性質を比べると(図4.24)、

① $f(a + b) = 2(a + b) = 2a + 2b = f(a) + f(b)$

①′ $g(a + b) = (a + b)^2 = a^2 + 2ab + b^2 = g(a) + g(b) + 2ab$

次に、$x = ka$のとき、$f(x)$と$g(x)$の性質を比べると(図4.25)、

② $f(ka) = 2(ka) = k(2a) = kf(a)$

②′ $g(ka) = (ka)^2 = k^2 a^2 = k^2 g(a)$

となる。

これらの計算から、$f(x)$については、

① $f(a + b) = f(a) + f(b)$

② $f(ka) = kf(a)$

$g(x)$ については、

①′$g(a + b)$
   $= g(a) + g(b)$
   $+ 2ab$

②′$g(ka)$
   $= k^2 g(a)$

が成り立つことが
わかる。

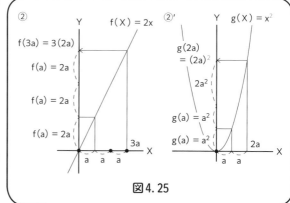

図4.25

$f(x)$ は①、②と
いうきれいな関係式が成り立つが、$g(x)$ については、①′では $2ab$ という余分な項が現れ、②′では k が k^2 となって $g(x)$ の外に出ている。

$f(x)$ のように、①、②のきれいな関係式が成り立つ写像を**線形写像**、または**1次写像**という。これに対して、$g(x)$ のように①、②の式が成り立たない写像を**非線形写像**という。

ここでは、数直線についての線形写像を見てきたが、ベクトルについても、同じように線形写像を定義する。

【線形写像】

写像 f が次の (1)、(2) を満たすとき線形写像または 1 次写像という。

(1) $f(\vec{a} + \vec{b}) = f(\vec{a}) + f(\vec{b})$

(2) $f(k\vec{a}) = kf(\vec{a})$　　（k は実数）　　　　　(4.13)

5. 平面から平面への線形写像

こ こでは、平面 α から平面 β への線形写像 f を見ていこう。

格子縞を格子縞にうつす

　線形写像は、(4.13)を満たす写像である。数直線では、191、192ページの①、②を満たす写像は、$f(x) = ax$ であることがわかったが、平面ではどのような写像になるか考えよう。

　平面 α の原点を O、基底を $\vec{u_1}$、$\vec{u_2}$ とする。m、n を整数として、

$$m\vec{u_1} + n\vec{u_2} = \overrightarrow{OU}_{m,n}$$

と点 $U_{m,n}$ をとる(図4.26①)。とくに、

$m = 1$、$n = 0$ のとき、$\vec{u_1} = \overrightarrow{OU}_{1,0}$
$m = 0$、$n = 1$ のとき、$\vec{u_2} = \overrightarrow{OU}_{0,1}$
$m = 0$、$n = 0$ のとき、$\vec{0} = \overrightarrow{OU}_{0,0}$ なので $O = U_{0,0}$

である。

　同じように、平面 β の原点を O' とし、$f(\vec{u_1})$、$f(\vec{u_2})$ が平面 β のベクトルであるから、

$$mf(\vec{u_1}) + nf(\vec{u_2}) = \overrightarrow{O'U'}_{m,n}$$

と点 $U'_{m,n}$ をとる(図4.26②)。とくに

$m = 1$、$n = 0$ のとき、$f(\vec{u_1}) = \overrightarrow{O'U'}_{1,0}$
$m = 0$、$n = 1$ のとき、$f(\vec{u_2}) = \overrightarrow{O'U'}_{0,1}$
$m = 0$、$n = 0$ のとき、$\vec{0} = \overrightarrow{O'U'}_{0,0}$ なので $O' = U'_{0,0}$

である。

「平行でない」こと

I．まず、$f(\vec{u_1})$ と $f(\vec{u_2})$ が線形独立であるとき、

第4章　線形空間と線形写像

線形写像の定義式(2)$f(k\vec{a}) = kf(\vec{a})$ より、

$$f(m\vec{u_1}) = mf(\vec{u_1}), \quad f(n\vec{u_2}) = nf(\vec{u_2})$$

が成り立つ。

$f(\vec{u_1})$、$f(\vec{u_2})$ は平面 β のベクトルで、

$mf(\vec{u_1})$ は、$f(\vec{u_1})$ の大きさ $|f(\vec{u_1})|$ より m 倍大きいベクトル、
$nf(\vec{u_2})$ は、$f(\vec{u_2})$ の大きさ $|f(\vec{u_2})|$ より n 倍大きいベクトル

になることを示している。

このことは、m、n が整数だから、図4.26②のように、

$$f(m\vec{u_1}) = mf(\vec{u_1}) = \overrightarrow{O'U'}_{m, 0}$$
$$f(n\vec{u_2}) = nf(\vec{u_2}) = \overrightarrow{O'U'}_{0, n}$$

> 原点 O′ を通り、方向ベクトルが f($\vec{u_1}$) である直線。図4.26②の直線 ℓ_1' のこと（172ページ参照）

となり、

点 $U'_{m, 0}$ は、直線 $tf(\vec{u_1})$ 上に $|f(\vec{u_1})|$ の間隔で、
点 $U'_{0, n}$ は、直線 $tf(\vec{u_2})$ 上に $|f(\vec{u_2})|$ の間隔で

並ぶ。

> 原点 O′ を通り、方向ベクトルが f($\vec{u_2}$) である直線。図4.26②の直線 ℓ_2' のこと（172ページ参照）

そして、線形写像の定義式(1)
$f(\vec{a} + \vec{b}) = f(\vec{a}) + f(\vec{b})$ を用いると、
たとえば、$\overrightarrow{OU}_{3, 2} = 3\vec{u_1} + 2\vec{u_2}$ ならば、

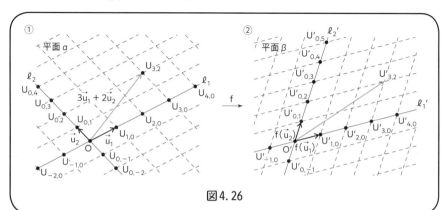

図4.26

$$f(\overrightarrow{OU}_{3,2}) = f(3\vec{u_1} + 2\vec{u_2}) = f(3\vec{u_1}) + f(2\vec{u_2})$$
$$= 3f(\vec{u_1}) + 2f(\vec{u_2}) = \overrightarrow{O'U'}_{3,2}$$

となる（図4.26②）。

一般に、m と n が整数のとき、

$$f(\overrightarrow{OU}_{m,n}) = f(m\vec{u_1} + n\vec{u_2}) = mf(\vec{u_1}) + nf(\vec{u_2}) = \overrightarrow{O'U'}_{m,n}$$

が成り立つ。このような点 $U_{m,n}$、$U'_{m,n}$ を**格子点**という。

210ページの問題4.10で示すように、

「$f(\vec{u_1})$、$f(\vec{u_2})$ が線形独立のとき、平面 α 上の2点 $A(\vec{a})$、$B(\vec{b})$ を通る直線は、線形写像 f によって、平面 β 上の2点 $A'(f(\vec{a}))$、$B'(f(\vec{b}))$ を通る直線にうつる」

したがって、

2点 $U_{m-1,n}$、$U_{m,n}$ を通る直線は、$U'_{m-1,n}$、$U'_{m,n}$ を通る直線に、

2点 $U_{m,n-1}$、$U_{m,n}$ を通る直線は、$U'_{m,n}$、$U'_{m,n-1}$ を通る直線に、

うつることになる（図4.26）。

直線 $U_{0,n}U_{1,n}$ と $U_{m,0}U_{m,1}$ からなる縞模様（図4.26①の点線）を、$\vec{u_1}$、$\vec{u_2}$ による**格子縞**ということにする。

> 「格子縞」という言葉は数学では一般的ではないが、わかりやすいので本書ではこの言葉を使うことにする。

【格子縞を格子縞にうつす】

平面 α の基底 $\vec{u_1}$、$\vec{u_2}$ とし、平面 α から平面 β への線形写像を f とする。$f(\vec{u_1})$ と $f(\vec{u_2})$ が線形独立のとき、f は $\vec{u_1}$、$\vec{u_2}$ による格子縞を $f(\vec{u_1})$、$f(\vec{u_2})$ による格子縞にうつす。

Ⅱ．次に、$f(\vec{u_1})$ と $f(\vec{u_2})$ が線形従属のとき、$f(\vec{u_1})$ と $f(\vec{u_2})$ は平行だから、

$$f(\vec{u_2}) = kf(\vec{u_1}) \qquad （k は実数）$$

> 「平行である」こと

となる。この式は、

$$\overrightarrow{O'U'}_{0,1} = k\overrightarrow{O'U'}_{1,0} \qquad\qquad \cdots\cdots①$$

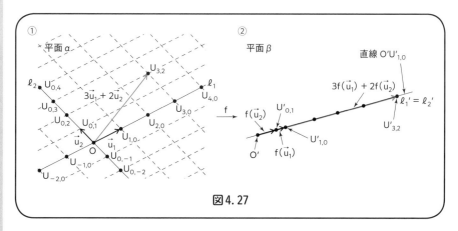

図 4. 27

と書けるから、3 点 O'、$U'_{1,0}$、$U'_{0,1}$ は同一直線上にあることを示している。すなわち、直線 $O'U'_{1,0}$ と $O'U'_{0,1}$ は同じ直線になる（図 4.27 ② の $\ell_1' = \ell_2'$）。したがって、平面 α 上の点は、線形写像 f によって平面 β 上の直線 $O'U'_{1,0}$ の点にうつる。

たとえば、$\overrightarrow{OU}_{3,2} = 3\vec{u_1} + 2\vec{u_2}$ ならば、

$$
\begin{aligned}
f(\overrightarrow{OU}_{3,2}) &= f(3\vec{u_1} + 2\vec{u_2}) = f(3\vec{u_1}) + f(2\vec{u_2}) \\
&= 3f(\vec{u_1}) + 2f(\vec{u_2}) = 3\overrightarrow{O'U'}_{1,0} + 2\overrightarrow{O'U'}_{0,1} \\
&= 3\overrightarrow{O'U'}_{1,0} + 2 \cdot k\,\overrightarrow{O'U'}_{1,0} \\
&= (3 + 2k)\overrightarrow{O'U'}_{1,0}
\end{aligned}
$$

195 ページの ① より

となり、点 $U'_{3,2}$ は直線 $O'U'_{1,0}$ 上にある（図 4.27 ②）。

以上をまとめると、

> **【平面を直線にうつす】**
>
> 　平面 α の基底 $\vec{u_1}$、$\vec{u_2}$ とし、平面 α から平面 β への線形写像を f とする。$f(\vec{u_1})$ と $f(\vec{u_2})$ が線形従属のとき、f は平面 α 上の点を直線 $tf(\vec{u_1})$ 上の点にうつす。

このように、$f(\vec{u_1})$ と $f(\vec{u_2})$ が線形独立になるかならないかによって、線形写像 f の性質が大きく変わる。

そこで、$f(\vec{u_1})$ と $f(\vec{u_2})$ が線形独立になる条件を求めよう。そのために、まず線形写像と行列の関係を調べる。

6. 線形写像と行列

　ここでは、線形写像と行列の関係を調べる。そこで、わかりやすくするために、正規直交基底について考えることにする。ただし、ここで成り立つ式は、正規直交基底でない一般の基底についても成り立つ。

表現行列

　平面αの正規直交基底を$\vec{e_1}$、$\vec{e_2}$、平面βの正規直交基底を$\vec{f_1}$、$\vec{f_2}$とし、平面αから平面βへの線形写像をfとする。

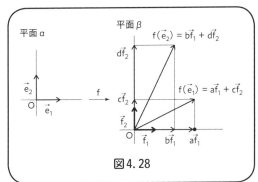

図4.28

　$f(\vec{e_1})$、$f(\vec{e_2})$は平面βのベクトルだから、a、b、c、dを実数として、

$$\begin{cases} f(\vec{e_1}) = a\vec{f_1} + c\vec{f_2} \\ f(\vec{e_2}) = b\vec{f_1} + d\vec{f_2} \end{cases} \qquad (4.14)$$

> a、b、c、dの並びに注意

と書ける（図4.28）。(4.14)によって、平面αのすべてのベクトルを、平面βのベクトルにうつすことができる。この(4.14)が線形写像fの具体的な式である。

　たとえば、この線形写像fで、平面α上のベクトル

$$\vec{p} = 3\vec{e_1} + 2\vec{e_2} = (3, 2)$$

> 171ページより
> $\vec{a} = a_1\vec{e_1} + a_2\vec{e_2}$
> のとき、(a_1, a_2)を正規直交基底$\vec{e_1}$、$\vec{e_2}$の成分という。

がどのようにうつるかを見よう。

$$\begin{aligned} f(\vec{p}) &= f(3\vec{e_1} + 2\vec{e_2}) = 3f(\vec{e_1}) + 2f(\vec{e_2}) \\ &= 3(a\vec{f_1} + c\vec{f_2}) + 2(b\vec{f_1} + d\vec{f_2}) = (3a + 2b)\vec{f_1} + (3c + 2d)\vec{f_2} \end{aligned}$$

$$= (3a + 2b,\ 3c + 2d)$$

となるので、線形写像 f は、

$$f : \vec{p} = (3,\ 2)\ \rightarrow\ f(\vec{p}) = (3a + 2b,\ 3c + 2d)$$

である（図4.29）。

189ページで示したように
$f(x) = y$ と $f : x \rightarrow y$
は同じことを意味している。

この関係を行列で表すと、

$$f(\vec{p}) = \begin{pmatrix} 3a + 2b \\ 3c + 2d \end{pmatrix} = \begin{pmatrix} a & b \\ c & d \end{pmatrix} \begin{pmatrix} 3 \\ 2 \end{pmatrix}$$

紙面の都合上、これからは、
文中で示すベクトルの成分は
行ベクトルで表し、行列との計
算では列ベクトルで表すこと
にする。

となる。そこで、

$A = \begin{pmatrix} a & b \\ c & d \end{pmatrix}$ とおけば、

$$f(\vec{p}) = A\vec{p}$$

191ページで見てきた数直線から数直線への線形
写像 $f(x) = ax$ と同じ形をしていることに注意。

となる。

したがって、線形写像 f は行列 A で表すことができる。この A を線形写像 f の基底 $\vec{e_1}$、$\vec{e_2}$ と基底 $\vec{f_1}$、$\vec{f_2}$ とに関する**表現行列**という。このこと

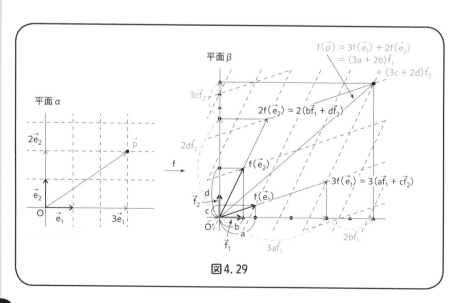

図4.29

は、一般の基底 $\vec{u_1}$、$\vec{u_2}$ と基底 $\vec{v_1}$、$\vec{v_2}$ についても成り立つので、まとめると次のようになる。

【表現行列】

　　平面 α の基底を $\vec{u_1}$、$\vec{u_2}$、平面 β の基底を $\vec{v_1}$、$\vec{v_2}$ とし、平面 α から平面 β への線形写像 f が

$$\begin{cases} f(\vec{u_1}) = a\vec{v_1} + c\vec{v_2} \\ f(\vec{u_2}) = b\vec{v_1} + d\vec{v_2} \end{cases}$$

a、b、c、d の並びに注意する。このように並べる理由は、表現行列 A を $A = \begin{pmatrix} a & b \\ c & d \end{pmatrix}$ の並びにしたいためである。197 ページの下から 2 行目と 1 行目を参照（式の変形に注意）

のとき、$A = \begin{pmatrix} a & b \\ c & d \end{pmatrix}$ とすると、

平面 α 上の任意のベクトル $\vec{p}$ に対して、

$$f(\vec{p}) = A\vec{p}$$

が成り立つ。A を線形写像 f の表現行列という。

ただし、**表現行列は、基底の取り方によって変わる。**

例題4.1

　　平面 α の正規直交基底を $\vec{e_1}$、$\vec{e_2}$、平面 β の正規直交基底を $\vec{f_1}$、$\vec{f_2}$ とし、平面 α から平面 β への線形写像 f が、

$$\begin{cases} f(\vec{e_1}) = 2\vec{f_1} + \vec{f_2} \\ f(\vec{e_2}) = -\vec{f_1} + 2\vec{f_2} \end{cases}$$

で与えられているとき、次の問に答えよ。
(1) 表現行列 A を求めよ。
(2) 平面 α 上のベクトル $\vec{p} = 2\vec{e_1} + \vec{e_2}$ について、$f(\vec{p})$ を $\vec{f_1}$ と $\vec{f_2}$ の線形結合で表せ。

《解答》
（図 4.30 を参照）

(1) 表現行列　$A = \begin{pmatrix} 2 & -1 \\ 1 & 2 \end{pmatrix}$

2、1、−1、2 の並びに注意する

199

第4章　線形空間と線形写像

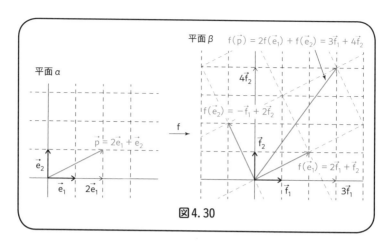

図4.30

(2) $\vec{p} = 2\vec{e_1} + \vec{e_2} = (2,\ 1)$ より、

$$f(\vec{p}) = A\vec{p} = \begin{pmatrix} 2 & -1 \\ 1 & 2 \end{pmatrix}\begin{pmatrix} 2 \\ 1 \end{pmatrix} = \begin{pmatrix} 2\cdot 2 + (-1)\cdot 1 \\ 1\cdot 2 + 2\cdot 1 \end{pmatrix} = \begin{pmatrix} 3 \\ 4 \end{pmatrix}$$

よって、

$$f(\vec{p}) = 3\vec{f_1} + 4\vec{f_2} \quad \boxed{f(\vec{p})\text{の成分が}(3、4)\text{だから}}$$

(2)の別解　次のようにしてもよい。

$$\begin{aligned} f(\vec{p}) &= f(2\vec{e_1} + \vec{e_2}) = 2f(\vec{e_1}) + f(\vec{e_2}) \\ &= 2(2\vec{f_1} + \vec{f_2}) + (-\vec{f_1} + 2\vec{f_2}) = (4-1)\vec{f_1} + (2+2)\vec{f_1} = 3\vec{f_1} + 4\vec{f_2} \end{aligned}$$

（終）

問題4.6

平面 α の正規直交基底を $\vec{e_1}$、$\vec{e_2}$、平面 β の正規直交基底を $\vec{f_1}$、$\vec{f_2}$ とし、平面 α から平面 β への線形写像 f が、

$$\begin{cases} f(\vec{e_1}) = \vec{f_1} - 2\vec{f_2} \\ f(\vec{e_2}) = \vec{f_1} + \vec{f_2} \end{cases}$$

で与えられているとき、次の問に答えよ。

(1) 表現行列 A を求めよ。

(2) 平面 α 上のベクトル $\vec{p} = \vec{e_1} + \vec{e_2}$ について、$f(\vec{p})$ を $\vec{f_1}$ と $\vec{f_2}$ の線形結合で表せ。

f($\vec{u}_1$) と f($\vec{u}_2$) が線形独立・線形従属になる条件

次に、平面 α の基底を $\vec{u_1}$ と $\vec{u_2}$、平面 β の基底を $\vec{v_1}$ と $\vec{v_2}$ とし、平面 α から平面 β への線形写像を f とする。このとき、$f(\vec{u_1})$ と $f(\vec{u_2})$ が線形独立または線形従属になる条件を求めよう。

そのためには、条件「$mf(\vec{u_1}) + nf(\vec{u_2}) = \vec{0}$ ならば、$m = 0$、$n = 0$」が成り立つ条件、成り立たない条件を求めればよい。

いま、線形写像 f を、

$$\begin{cases} f(\vec{u_1}) = a\vec{v_1} + c\vec{v_2} \\ f(\vec{u_2}) = b\vec{v_1} + d\vec{v_2} \end{cases} \tag{4.15}$$

とすると、f の表現行列は $A = \begin{pmatrix} a & b \\ c & d \end{pmatrix}$ である。

(4.15) を $mf(\vec{u_1}) + nf(\vec{u_2}) = \vec{0}$ に代入すると、

$$m(a\vec{v_1} + c\vec{v_2}) + n(b\vec{v_1} + d\vec{v_2}) = \vec{0}$$
$$(ma + nb)\vec{v_1} + (mc + nd)\vec{v_2} = \vec{0}$$

$\vec{v_1}$ と $\vec{v_2}$ は線形独立だから、

$$\begin{cases} am + bn = 0 \\ cm + dn = 0 \end{cases}$$

この式は、m、n を未知数とする連立 1 次方程式だから、99 ページの【2 元連立 1 次方程式の解】より、

(1) $|A| = ad - bc \neq 0$ のとき、

$$m = \frac{d \cdot 0 - b \cdot 0}{ad - bc} = 0$$
$$n = \frac{-c \cdot 0 + a \cdot 0}{ad - bc} = 0$$

> 【2 元連立 1 次方程式の解】
> $$\begin{cases} ax + by = p \\ cx + dy = q \end{cases}$$
> の解は、
> $|A| = ad - bc \neq 0$ のとき
> $$x = \frac{dp - bq}{ad - bc}、\quad y = \frac{-cp + aq}{ad - bc}$$

よって、

第 4 章　線形空間と線形写像

条件「$mf(\vec{u_1}) + nf(\vec{u_2}) = \vec{0}$ ならば、$m = 0$、$n = 0$」

が成り立つ。すなわち、

　　　$|A| \neq 0$ のとき、$f(\vec{u_1})$ と $f(\vec{u_2})$ は線形独立

(2) $|A| = ad - bc = 0$ のとき、

$ad = bc$ だから両辺を ab で割ると　　　$\dfrac{d}{b} = \dfrac{c}{a}$

$\dfrac{d}{b} = \dfrac{c}{a} = k$　とおくと、

　　　$d = kb$、$c = ka$

したがって、

　　　$c = ka$、$d = kb$、$0 = k \cdot 0$

が成り立つから、解は無数にある。

> 【2元連立1次方程式の解】
> $\begin{cases} ax + by = p \\ cx + dy = q \end{cases}$
> の解は、
> $|A| = ad - bc = 0$ のとき
> $c = ka$、$d = kb$、$q = kp$　ならば
> 解は無限にある。

よって、

　　　条件「$mf(\vec{u_1}) + nf(\vec{u_2}) = \vec{0}$　ならば　$m = 0$、$n = 0$」

が成り立たない。すなわち、

　　　$|A| = 0$ のとき、$f(\vec{u_1})$ と $f(\vec{u_2})$ は線形従属

以上のことと、195ページの【格子縞を格子縞にうつす】と196ページの【平面を直線にうつす】を合わせると、

┌─────────────────────────────┐
　【表現行列Aによる条件】

　　平面 α の基底 $\vec{u_1}$、$\vec{u_2}$ とし、平面 α から平面 β への線形写像を f とする。f の表現行列を A とするとき、

　$|A| \neq 0$ のとき、f は $\vec{u_1}$、$\vec{u_2}$ による格子縞を $f(\vec{u_1})$、$f(\vec{u_2})$ による格子縞にうつす。

　$|A| = 0$ のとき、f は平面 α 上の点を直線 $tf(\vec{u_1})$ 上の点にうつす。
└─────────────────────────────┘

例題4.2

平面 α の基底を $\vec{u}_1$、$\vec{u}_2$、平面 β の基底を $\vec{v}_1$、$\vec{v}_2$ とし、平面 α から平面 β への線形写像 f の表現行列を $A = \begin{pmatrix} 1 & -2 \\ -2 & 4 \end{pmatrix}$ とする。

このとき次の問に答えよ。
(1) $|A| = 0$ であることを示せ。
(2) $f(\vec{u}_2) = -2f(\vec{u}_1)$ であることを示せ。
(3) 平面 α の原点を O、平面 β の原点を O′ とし、平面 α 上の点 P を $\overrightarrow{OP} = 3\vec{u}_1 + 2\vec{u}_2$ とする。このとき、$f(\overrightarrow{OP}) = \overrightarrow{O'Q}$ となる点 Q は直線 $tf(\vec{u}_1)$ 上にあることを示せ。

・・・

《解答》

（図4.31 を参照）

(1) $|A| = \begin{vmatrix} 1 & -2 \\ -2 & 4 \end{vmatrix} = 1\cdot4 - (-2)\cdot(-2) = 0$

(2) $\vec{u}_1 = 1\cdot\vec{u}_1 + 0\cdot\vec{u}_2 = (1, 0)_u$
$\vec{u}_2 = 0\cdot\vec{u}_1 + 1\cdot\vec{u}_2 = (0, 1)_u$

> 169ページより
> $\vec{p} = x_1\vec{u}_1 + x_2\vec{u}_2$
> のとき、$(x_1, x_2)_u$ を基底 $\vec{u}_1$、$\vec{u}_2$ に関する $\vec{p}$ の成分という。
> 括弧の右下に u が付くことに注意

より、

$$f(\vec{u}_1) = A\vec{u}_1 = \begin{pmatrix} 1 & -2 \\ -2 & 4 \end{pmatrix}\begin{pmatrix} 1 \\ 0 \end{pmatrix} = \begin{pmatrix} 1\cdot1 + (-2)\cdot0 \\ -2\cdot1 + 4\cdot0 \end{pmatrix} = \begin{pmatrix} 1 \\ -2 \end{pmatrix}$$

$$f(\vec{u}_2) = A\vec{u}_2 = \begin{pmatrix} 1 & -2 \\ -2 & 4 \end{pmatrix}\begin{pmatrix} 0 \\ 1 \end{pmatrix} = \begin{pmatrix} 1\cdot0 + (-2)\cdot1 \\ -2\cdot0 + 4\cdot1 \end{pmatrix} = \begin{pmatrix} -2 \\ 4 \end{pmatrix}$$

この2式より、

$$f(\vec{u}_2) = \begin{pmatrix} -2 \\ 4 \end{pmatrix} = -2\begin{pmatrix} 1 \\ -2 \end{pmatrix} = -2f(\vec{u}_1)$$

よって、　　$f(\vec{u}_2) = -2f(\vec{u}_1)$

(3) 点 Q が、直線 $tf(\vec{u}_1)$ 上にあることを示すには、$\overrightarrow{O'Q} = tf(\vec{u}_1)$（t は実数）になることを示せばよい。

$\overrightarrow{OP} = 3\vec{u}_1 + 2\vec{u}_2$ より、

第4章　線形空間と線形写像

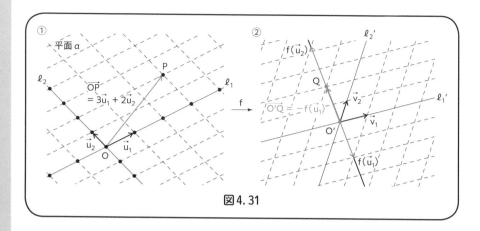

図 4. 31

$$f(\overrightarrow{OP}) = f(3\overrightarrow{u_1} + 2\overrightarrow{u_2}) = 3f(\overrightarrow{u_1}) + 2f(\overrightarrow{u_2})$$

$$= 3f(\overrightarrow{u_1}) + 2(-2f(\overrightarrow{u_1})) = -f(\overrightarrow{u_1})$$

$$f(\overrightarrow{OP}) = \overrightarrow{O'Q} \, だから、\overrightarrow{O'Q} = -f(\overrightarrow{u_1})$$

よって、点 Q は直線 $tf(\overrightarrow{u_1})$ 上にある　　　　　　　　（終）

問題 4.7

　平面 α の基底を $\overrightarrow{u_1}$、$\overrightarrow{u_2}$、平面 β の基底を $\overrightarrow{v_1}$、$\overrightarrow{v_2}$ とし、平面 α から平面 β への線形写像 f の表現行列を $A = \begin{pmatrix} 1 & 2 \\ 3 & 6 \end{pmatrix}$ とする。

　このとき次の問に答えよ。

(1) $|A| = 0$ であることを示せ。

(2) $f(\overrightarrow{u_2}) = 2f(\overrightarrow{u_1})$ であることを示せ。

(3) 平面 α の原点を O、平面 β の原点を O' とし、平面 α 上の点 P を $\overrightarrow{OP} = \overrightarrow{u_1} - \overrightarrow{u_2}$ とする。このとき、$f(\overrightarrow{OP}) = \overrightarrow{O'Q}$ となる点 Q は直線 $tf(\overrightarrow{u_1})$ 上にあることを示せ。

逆写像

　平面 α から平面 β への線形写像 f の表現行列を A とすると、平面 α 上の任意のベクトル $\overrightarrow{p}$ に対して、

$$f(\overrightarrow{p}) = A\overrightarrow{p}$$

が成り立った。
そこで、

$$f(\vec{p}) = \vec{q}$$

とすると、

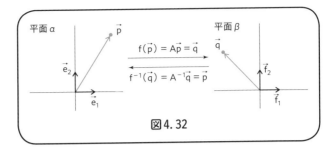

図4.32

$$A\vec{p} = \vec{q}$$

である。

$|A| \neq 0$ のとき、A の逆行列 A^{-1} が存在して、

左から A^{-1} を掛けて
$A^{-1}A\vec{p} = A^{-1}\vec{q}$
$A^{-1}A = E$（Eは単位行列）
だから
$E\vec{p} = A^{-1}\vec{q}$
$\vec{p} = A^{-1}\vec{q}$
左辺と右辺を入れ換えて
$A^{-1}\vec{q} = \vec{p}$

$$A^{-1}\vec{q} = \vec{p}$$

である。そこで、A^{-1} を表現行列とする平面 β から平面 α への線形写像を f^{-1} とすれば、

$$f^{-1}(\vec{q}) = \vec{p}$$

となり、f^{-1} は f の逆写像である。

$|A| = 0$ のときは、A の逆行列が存在しないので、f の逆写像も存在しない。

【逆写像】

　線形写像 f の表現行列を A とする。

　$|A| \neq 0$ のとき、f の逆写像 f^{-1} が存在して、f^{-1} の表現行列は A^{-1}。

　$|A| = 0$ のとき、f の逆写像 f^{-1} は存在しない。

ところで、2章において、

$$2元連立1次方程式 \quad \begin{cases} ax + by = p \\ cx + dy = q \end{cases} \tag{4.16}$$

を解く方法として、

第4章　線形空間と線形写像

$A = \begin{pmatrix} a & b \\ c & d \end{pmatrix}$、$X = \begin{pmatrix} x \\ y \end{pmatrix}$、$P = \begin{pmatrix} p \\ q \end{pmatrix}$ とおいて、2元連立1次方程式を

$$AX = P \qquad\qquad (4.16)'$$

と、行列を使って表した。

そして、A の逆行列 A^{-1} を求め、$(4.16)'$ の左から A^{-1} を掛けて、

$$X = A^{-1}P$$

として、X を求めた。

このことは、次のことを示している。

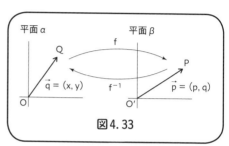

図4.33

「連立方程式 (4.16) を解くことは、A を表現行列とする線形写像 f の逆写像 f^{-1} を用いて、平面 β 上のベクトル $\vec{p} = (p, q)$ の逆像 $f^{-1}(\vec{p}) = \vec{q} = (x, y)$ を求めることにほかならない(図4.33)。」

190ページ参照

例題4.3

平面 α の基底を $\vec{u_1}$ と $\vec{u_2}$、平面 β の基底を $\vec{v_1}$ と $\vec{v_2}$ とし、平面 α から平面 β への線形写像を f とする。f の表現行列を $A = \begin{pmatrix} 2 & 1 \\ 1 & 1 \end{pmatrix}$、平面 β 上のベクトルを $\vec{q} = \vec{v_1} + 2\vec{v_2}$ とする。

$f(\vec{p}) = \vec{q}$ となる平面 α 上のベクトル $\vec{p}$ を、$\vec{u_1}$ と $\vec{u_2}$ の線形結合で表せ。

《解答》

(図4.34を参照)

$$A^{-1} = \frac{1}{2 \cdot 1 - 1 \cdot 1}\begin{pmatrix} 1 & -1 \\ -1 & 2 \end{pmatrix} = \begin{pmatrix} 1 & -1 \\ -1 & 2 \end{pmatrix}$$
$$\vec{q} = \vec{v_1} + 2\vec{v_2} = (1, 2)_v$$

より、

$$\vec{p} = f^{-1}(\vec{q}) = A^{-1}\vec{q}$$

$$= \begin{pmatrix} 1 & -1 \\ -1 & 2 \end{pmatrix}\begin{pmatrix} 1 \\ 2 \end{pmatrix}$$

$$= \begin{pmatrix} 1 \cdot 1 + (-1) \cdot 2 \\ (-1) \cdot 1 + 2 \cdot 2 \end{pmatrix} = \begin{pmatrix} -1 \\ 3 \end{pmatrix}$$

よって、

$$\vec{p} = -\vec{u_1} + 3\vec{u_2} \qquad (終)$$

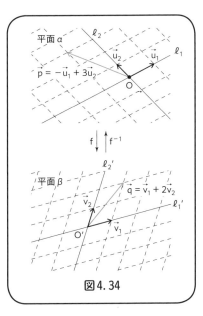

図4.34

問題4.8

　平面 α の基底を $\vec{u_1}$ と $\vec{u_2}$、平面 β の基底を $\vec{v_1}$ と $\vec{v_2}$ とし、平面 α から平面 β への線形写像を f とする。f の表現行列を $A = \begin{pmatrix} 3 & 1 \\ 2 & 1 \end{pmatrix}$ とし、平面 β 上のベクトルを $\vec{q} = 2\vec{v_1} - 3\vec{v_2}$ とする。
　$f(\vec{p}) = \vec{q}$ となる平面 α 上のベクトル $\vec{p}$ を $\vec{u_1}$ と $\vec{u_2}$ の線形結合で表せ。

第4章　線形空間と線形写像

平面 α 上の直線を平面 β に線形写像でうつすとどうなるかを考えよう。ここでも平面 α は正規直交基底 $\vec{e_1}$、$\vec{e_2}$、平面 β も正規直交基底 $\vec{f_1}$、$\vec{f_2}$ で考える。

直線を直線にうつす線形写像

さて、平面 α 上の点 $R(\vec{r})$ を通り、方向ベクトルが $\vec{d}$ の直線 ℓ のベクトル方程式は、172ページの (4.2) より $\vec{p} = \vec{r} + t\vec{d}$ であった。平面 α から平面 β への線形写像 f でうつすと、

$$f(\vec{p}) = f(\vec{r} + t\vec{d}) = f(\vec{r}) + tf(\vec{d}) \qquad (4.17)$$

となる。したがって、

$f(\vec{d}) \neq \vec{0}$ ならば、直線 ℓ は、

　　「点 $f(\vec{r})$ を通り、方向ベクトルが $f(\vec{d})$ の直線」

にうつる。この直線を直線 ℓ の線形写像 f による**像**いい、$f(\ell)$ と書く（190ページ参照）。

─────────────────────
例題4.4
─────────────────────

平面 α の正規直交基底を $\vec{e_1}$、$\vec{e_2}$、平面 β の正規直交基底を $\vec{f_1}$、$\vec{f_2}$ とし、平面 α から平面 β への線形写像 f を、

$$\begin{cases} f(\vec{e_1}) = 2\vec{f_1} + \vec{f_2} \\ f(\vec{e_2}) = \vec{f_1} + 3\vec{f_2} \end{cases}$$

とする。このとき、点 R(2, 1) を通り、方向ベクトルが $\vec{d} = (1, -1)$ である直線 ℓ の線形写像 f による像 f(ℓ) の媒介変数表示を求めよ。

《解答》

（図 4.35 を参照）

点 $R(\vec{r})$ を通り、方向ベクトルが $\vec{d}$ である直線のベクトル方程式は、

$$\vec{p} = \vec{r} + t\vec{d}$$

であり、f による像は、

$$f(\vec{p}) = f(\vec{r}) + tf(\vec{d}) \quad \cdots\cdots ①$$

f の表現行列 A は、$A = \begin{pmatrix} 2 & 1 \\ 1 & 3 \end{pmatrix}$

$$f(\vec{e_1}) = \boxed{2} \cdot \vec{f_1} + \boxed{1} \cdot \vec{f_2}$$
$$f(\vec{e_2}) = \boxed{1} \cdot \vec{f_1} + \boxed{3} \cdot \vec{f_2}$$
より表現行列は $A = \begin{pmatrix} 2 & 1 \\ 1 & 3 \end{pmatrix}$

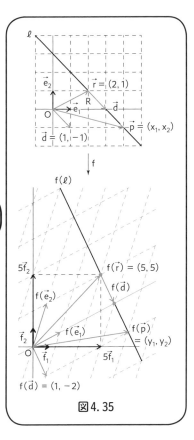

図 4.35

で、$\vec{r} = (2, 1)$ であるから、

$$f(\vec{r}) = A\vec{r} = \begin{pmatrix} 2 & 1 \\ 1 & 3 \end{pmatrix}\begin{pmatrix} 2 \\ 1 \end{pmatrix}$$

$$= \begin{pmatrix} 2\cdot 2 + 1\cdot 1 \\ 1\cdot 2 + 3\cdot 1 \end{pmatrix} = \begin{pmatrix} 5 \\ 5 \end{pmatrix}$$

$\vec{d} = (1, -1)$ であるから、

$$f(\vec{d}) = A\vec{d} = \begin{pmatrix} 2 & 1 \\ 1 & 3 \end{pmatrix}\begin{pmatrix} 1 \\ -1 \end{pmatrix}$$

$$= \begin{pmatrix} 2\cdot 1 + 1\cdot(-1) \\ 1\cdot 1 + 3\cdot(-1) \end{pmatrix} = \begin{pmatrix} 1 \\ -2 \end{pmatrix}$$

① に代入して、

$$f(\vec{p}) = \begin{pmatrix} 5 \\ 5 \end{pmatrix} + t\begin{pmatrix} 1 \\ -2 \end{pmatrix} = \begin{pmatrix} 5+t \\ 5-2t \end{pmatrix}$$

だから、直線 ℓ の像の媒介変数表示は、$f(\vec{p}) = (y_1、y_2)$ として、

$$\begin{cases} y_1 = 5 + t \\ y_2 = 5 - 2t \end{cases}$$

（終）

問題4.9

平面 α の正規直交基底を $\vec{e_1}$、$\vec{e_2}$、平面 β の正規直交基底を $\vec{f_1}$、$\vec{f_2}$ とし、平面 α から平面 β への線形写像 f を、

$$\begin{cases} f(\vec{e_1}) = -2\vec{f_1} + 3\vec{f_2} \\ f(\vec{e_2}) = \vec{f_1} - 2\vec{f_2} \end{cases}$$

とする。点 $R(1, 1)$ を通り、方向ベクトルが $\vec{d} = (-2, -1)$ である直線 ℓ の線形写像 f による像 $f(\ell)$ の媒介変数表示を求めよ。

問題4.10

平面 α の基底を $\vec{u_1}$、$\vec{u_2}$、平面 β の基底を $\vec{v_1}$、$\vec{v_2}$ とし、平面 α から平面 β への線形写像を f とする。$f(\vec{u_1})$、$f(\vec{u_2})$ が線形独立のとき、平面 α 上の 2 点 $A(\vec{a})$、$B(\vec{b})$ を通る直線は、f によって、平面 β 上の 2 点 $A'(f(\vec{a}))$、$B'(f(\vec{b}))$ を通る直線にうつることを示せ。

直線が点に縮む

平面 α 上の点 $R(\vec{r})$ を通り、方向ベクトルが $\vec{d}$ の直線 ℓ を線形写像 f でうつすと、(4.17) より、

$$f(\vec{p}) = f(\vec{r}) + tf(\vec{d})$$

であった。

ここでは、$f(\vec{d}) = \vec{0}$ の場合について考えよう。

$f(\vec{d}) = \vec{0}$ ならば、$f(\vec{p}) = f(\vec{r}) + t\vec{0} = f(\vec{r})$

となり、直線 ℓ は点 $f(\vec{r})$ にうつる。

それでは、$f(\vec{d}) = \vec{0}$ となる方向ベクトル $\vec{d}$ を求めよう。

f の表現行列を A とすると、

$$A\vec{d} = \vec{0} \quad \longleftarrow \quad \boxed{f(\vec{d}) = A\vec{d}\text{だから}}$$

$$\boxed{\begin{array}{l} A\vec{d} = \vec{0}\text{に左から}A^{-1}\text{を掛けて} \\ A^{-1}A\vec{d} = A^{-1}\vec{0} \\ A^{-1}A = E(\text{単位行列})\text{だから} \\ \vec{d} = A^{-1}\vec{0} = \vec{0} \end{array}}$$

である。

$|A| \neq 0$ とすると、A は逆行列をもち、$\vec{d} = \vec{0}$ となり、不適当である。

そこで、$|A| = 0$ である。

表現行列 $A = \begin{pmatrix} a & b \\ c & d \end{pmatrix}$、$\vec{d} = (d_1, d_2)$ とすると、

$$A\vec{d} = \begin{pmatrix} a & b \\ c & d \end{pmatrix}\begin{pmatrix} d_1 \\ d_2 \end{pmatrix} = \begin{pmatrix} 0 \\ 0 \end{pmatrix}$$

$$\begin{pmatrix} ad_1 + bd_2 \\ cd_1 + dd_2 \end{pmatrix} = \begin{pmatrix} 0 \\ 0 \end{pmatrix}$$

これは、d_1 と d_2 を未知数とする連立方程式

よって、$\begin{cases} ad_1 + bd_2 = 0 \\ cd_1 + dd_2 = 0 \end{cases}$　　……①

$|A| = 0$ のときは、$ad - bc = 0$ であるから、

$c = sa$、$d = sb$　　（s は実数）

$ad - bc = 0$ より
$ad = bc$
両辺を ab で割って、

$$\frac{ad}{ab} = \frac{bc}{ab}$$

この式を s とおくと

$$\frac{d}{b} = \frac{c}{a} = s$$

よって
$c = sa$、$d = sb$

とおくことができる。

①の第2式 $cd_1 + dd_2 = 0$ に $c = sa$、$d = sb$ を代入すると、

$$\begin{cases} ad_1 + bd_2 = 0 \\ sad_1 + sbd_2 = 0 \end{cases}$$

第2式を s で割って、

$$\begin{cases} ad_1 + bd_2 = 0 \\ ad_1 + bd_2 = 0 \end{cases}$$

よって、2元連立1次方程式①は、

$$ad_1 + bd_2 = 0 \qquad\qquad ……②$$

と1つの1次方程式になる。そこで、②より $d_2 = -\dfrac{a}{b}d_1$

$d_1 = \alpha$ とおくと、$d_2 = -\dfrac{a}{b}\alpha$

よって、

$$\vec{d} = (d_1, d_2) = \left(\alpha, -\frac{a}{b}\alpha\right) = \frac{\alpha}{b}(b, -a)$$

あらためて、$k = \dfrac{\alpha}{b}$ とおくと、

第4章　線形空間と線形写像

$$\vec{d} = k(b, -a)$$

となる。以上から、

「表現行列 $A = \begin{pmatrix} a & b \\ c & d \end{pmatrix}$ が $|A| = 0$

のとき、方向ベクトル $\vec{d} = k(b,$

$-a)$ の直線は、1つの点にうつ

る。」

また、202ページで見てきたように、

「$|A| = 0$ のとき、f は平面 α 上の

点を直線 $tf(\vec{e_1})$ 上の点にうつ

す。」

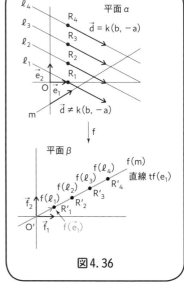

図4.36

から、次のことがわかる(図4.36)。

$|A| = 0$ のとき、

$\vec{d} = k(b, -a)$ の直線 ℓ の像 $f(\ell)$ は、直線 $tf(\vec{e_1})$ 上の点である。

$\vec{d} \neq k(b, -a)$ の直線 m の像 $f(m)$ は、直線 $tf(\vec{e_1})$ である。

ここで、正規直交基底で考えたが、一般の基底でも成り立つ。

【直線を線形写像でうつす】

平面 α の基底を $\vec{u_1}$、$\vec{u_2}$、平面 β の基底を $\vec{v_1}$、$\vec{v_2}$ とし、平面 α から

平面 β への線形写像を f、f の表現行列を $A = \begin{pmatrix} a & b \\ c & d \end{pmatrix}$ とする。

平面 α 上の点 $R(\vec{r})$ を通り、方向ベクトルが $\vec{d}$ である直線 ℓ の f

による像 $f(\ell)$ について、次のことがいえる。

$|A| \neq 0$ のとき、

$f(\ell)$ は点 $R'(f(\vec{r}))$ を通り、方向ベクトルが $f(\vec{d})$ の直線

$|A| = 0$ のとき、k を実数として、

$\vec{d} = k(b, -a)$ ならば、$f(\ell)$ は直線 $tf(\vec{u_1})$ 上の点

$\vec{d} \neq k(b, -a)$ ならば、$f(\ell)$ は直線 $tf(\vec{u_1})$

例題4.5

平面 α の正規直交基底を $\vec{e_1}$、$\vec{e_2}$、平面 β の正規直交基底を $\vec{f_1}$、$\vec{f_2}$ とし、平面 α から平面 β への線形写像 f の表現行列を $A = \begin{pmatrix} 2 & 1 \\ 4 & 2 \end{pmatrix}$ とする。次の問に答えよ。

(1) $|A|$ を求めよ。

(2) $f(\vec{e_1})$ と $f(\vec{e_2})$ を求め、$f(\vec{e_2}) = \dfrac{1}{2} f(\vec{e_1})$ であることを示せ。

(3) 点 $R_1(0, 1)$ を通り、方向ベクトルが $\vec{d_1} = (1, -2)$ である直線 ℓ_1 の媒介変数表示を求めよ。

(4) 直線 ℓ_1 の f による像 $f(\ell_1)$ は、直線 $tf(\vec{e_1})$ 上の点 $R'_1(1, 2)$ であることを示せ。

(5) 点 $R_2(1, 0)$ を通り、方向ベクトルが $\vec{d_1} = (1, -2)$ である直線 ℓ_2 の像 $f(\ell_2)$ は、直線 $tf(\vec{e_1})$ 上の点 $R'_2(2, 4)$ であることを示せ。

(6) 点 $R_2(1, 0)$ を通り、方向ベクトルが $\vec{d_2} = (1, 1)$ である直線 m の像 $f(m)$ は、直線 $tf(\vec{e_1})$ であることを示せ。

《解答》

((2)は図4.37、(3)(4)(5)は図4.38、(6)は図4.39を参照)

(1) $|A| = 2 \cdot 2 - 1 \cdot 4 = 0$

(2) $\vec{e_1} = 1 \cdot \vec{e_1} + 0 \cdot \vec{e_2} = (1, 0)$、$\vec{e_2} = 0 \cdot \vec{e_1} + 1 \cdot \vec{e_2} = (0, 1)$ より、

$$f(\vec{e_1}) = A\vec{e_1} = \begin{pmatrix} 2 & 1 \\ 4 & 2 \end{pmatrix}\begin{pmatrix} 1 \\ 0 \end{pmatrix} = \begin{pmatrix} 2 \cdot 1 + 1 \cdot 0 \\ 4 \cdot 1 + 2 \cdot 0 \end{pmatrix} = \begin{pmatrix} 2 \\ 4 \end{pmatrix}$$

$$f(\vec{e_2}) = A\vec{e_2} = \begin{pmatrix} 2 & 1 \\ 4 & 2 \end{pmatrix}\begin{pmatrix} 0 \\ 1 \end{pmatrix} = \begin{pmatrix} 2 \cdot 0 + 1 \cdot 1 \\ 4 \cdot 0 + 2 \cdot 1 \end{pmatrix} = \begin{pmatrix} 1 \\ 2 \end{pmatrix}$$

である。よって、

$$f(\vec{e_2}) = \begin{pmatrix} 1 \\ 2 \end{pmatrix} = \frac{1}{2}\begin{pmatrix} 2 \\ 4 \end{pmatrix} = \frac{1}{2}f(\vec{e_1})$$

(3) 点 $R_1(\vec{r_1})$ を通り、方向ベクトルが $\vec{d_1}$ である直線 ℓ_1 のベクトル方程式は、

$$\vec{p} = \vec{r_1} + t\vec{d_1}$$

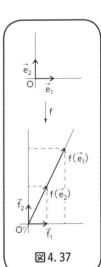

図4.37

第4章　線形空間と線形写像

である。ここで、$\vec{r_1} = (0, 1)$、$\vec{d_1} = (1, -2)$ だから、$\vec{p} = (x_1, x_2)$ とおいて、

$$\begin{pmatrix} x_1 \\ x_2 \end{pmatrix} = \begin{pmatrix} 0 \\ 1 \end{pmatrix} + t \begin{pmatrix} 1 \\ -2 \end{pmatrix} = \begin{pmatrix} 0 + t \\ 1 - 2t \end{pmatrix}$$

よって、直線 ℓ_1 の媒介変数表示は、

$$\begin{cases} x_1 = t \\ x_2 = 1 - 2t \end{cases}$$

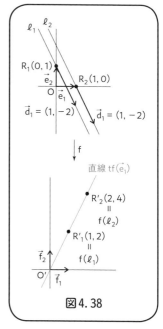

図 4.38

(4) 直線 ℓ_1 上の点 $P(\vec{p})$ は、$\vec{p} = (t, 1 - 2t)$ だから、

$$f(\vec{p}) = \begin{pmatrix} 2 & 1 \\ 4 & 2 \end{pmatrix} \begin{pmatrix} t \\ 1 - 2t \end{pmatrix}$$
$$= \begin{pmatrix} 2 \cdot t + 1 \cdot (1 - 2t) \\ 4 \cdot t + 2 \cdot (1 - 2t) \end{pmatrix} = \begin{pmatrix} 1 \\ 2 \end{pmatrix}$$

よって、ℓ_1 上のすべての点 P は、f によって点 $R'_1(1, 2)$ にうつるから、f によるの像 $f(\ell_1)$ は、点 $R'_1(1, 2)$ である。

(5) 点 $R_2(\vec{r_2})$ を通り、方向ベクトルが $\vec{d_1}$ である直線 ℓ_2 のベクトル方程式は、

$$\vec{p} = \vec{r_2} + t \vec{d_1}$$

ここで、$\vec{r_2} = (1, 0)$、$\vec{d_1} = (1, -2)$ だから、$\vec{p} = (x_1, x_2)$ とおいて、

$$\begin{pmatrix} x_1 \\ x_2 \end{pmatrix} = \begin{pmatrix} 1 \\ 0 \end{pmatrix} + t \begin{pmatrix} 1 \\ -2 \end{pmatrix} = \begin{pmatrix} 1 + t \\ -2t \end{pmatrix}$$

よって、直線 ℓ_2 の媒介変数表示は、

$$\begin{cases} x_1 = 1 + t \\ x_2 = -2t \end{cases}$$

直線 ℓ_2 上の点 $P(\vec{p})$ は、$\vec{p} = (1+t, -2t)$ だから、

$$f(\vec{p}) = \begin{pmatrix} 2 & 1 \\ 4 & 2 \end{pmatrix}\begin{pmatrix} 1+t \\ -2t \end{pmatrix} = \begin{pmatrix} 2\cdot(1+t) + 1\cdot(-2t) \\ 4\cdot(1+t) + 2\cdot(-2t) \end{pmatrix} = \begin{pmatrix} 2 \\ 4 \end{pmatrix}$$

よって、ℓ_2 上のすべての点 P は、f によって点 $R'_2(2, 4)$ にうつるから f による像 $f(\ell_2)$ は、点 $R'_2(2, 4)$ である。

(6) 点 $R_2(\vec{r_2})$ を通り、方向ベクトルが $\vec{d_2} = (1, 1)$ である直線 m のベクトル方程式は、

$$\vec{p} = \vec{r_2} + t\vec{d_2}$$

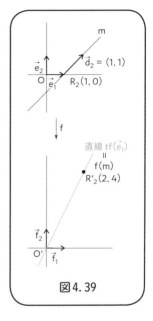

図4.39

ここで $\vec{r_2} = (1, 0)$、$\vec{d_2} = (1, 1)$ だから、$\vec{p} = (x_1, x_2)$ とおいて、

$$\begin{pmatrix} x_1 \\ x_2 \end{pmatrix} = \begin{pmatrix} 1 \\ 0 \end{pmatrix} + t\begin{pmatrix} 1 \\ 1 \end{pmatrix} = \begin{pmatrix} 1+t \\ t \end{pmatrix}$$

よって、直線 m の媒介変数表示は、

$$\begin{cases} x_1 = 1+t \\ x_2 = t \end{cases}$$

直線 m 上の点 $P(\vec{p})$ は、$\vec{p} = (1+t, t)$ だから、

$$f(\vec{p}) = \begin{pmatrix} 2 & 1 \\ 4 & 2 \end{pmatrix}\begin{pmatrix} 1+t \\ t \end{pmatrix} = \begin{pmatrix} 2\cdot(1+t) + 1\cdot t \\ 4\cdot(1+t) + 2\cdot t \end{pmatrix}$$

$$= \begin{pmatrix} 2+3t \\ 4+6t \end{pmatrix} = \begin{pmatrix} 2 \\ 4 \end{pmatrix} + \begin{pmatrix} 3t \\ 6t \end{pmatrix} = \begin{pmatrix} 2 \\ 4 \end{pmatrix} + \frac{3}{2}t\begin{pmatrix} 2 \\ 4 \end{pmatrix}$$

$$= \left(1 + \frac{3}{2}t\right)\begin{pmatrix} 2 \\ 4 \end{pmatrix} = \left(1 + \frac{3}{2}t\right)f(\vec{e_1})$$

新たに、$1 + \dfrac{3}{2}t = k$　とおくと、

$$f(\vec{p}) = kf(\vec{e_1})$$

よって、f による直線 m の像 $f(m)$ は、直線 $tf(\vec{e_1})$ である。　**(終)**

問題4.11

平面 α の正規直交基底を $\vec{e_1}$、$\vec{e_2}$、平面 β の正規直交基底を $\vec{f_1}$、$\vec{f_2}$ とし、平面 α から平面 β への線形写像 f の表現行列を $A = \begin{pmatrix} -1 & 2 \\ -2 & 4 \end{pmatrix}$ とする。次の問に答えよ。

(1) $|A|$ を求めよ。

(2) $f(\vec{e_1})$ と $f(\vec{e_2})$ を求め、$f(\vec{e_2}) = -2f(\vec{e_1})$ であることを示せ。

(3) 点 $R_1(0, 1)$ を通り、方向ベクトルが $\vec{d_1} = (2, 1)$ である直線 ℓ_1 の媒介変数表示を求めよ。

(4) 直線 ℓ_1 の f による像 $f(\ell_1)$ は、直線 $tf(\vec{e_1})$ 上の点 $R'_1(2, 4)$ であることを示せ。

(5) 点 $R_2(1, 0)$ を通り、方向ベクトルが $\vec{d_1} = (2, 1)$ である直線 ℓ_2 の像 $f(\ell_2)$ は、直線 $tf(\vec{e_1})$ 上の点 $R'_2(-1, -2)$ であることを示せ。

(6) 点 $R_2(1, 0)$ を通り、方向ベクトルが $\vec{d_2} = (1, -1)$ である直線 m の像 $f(m)$ は、直線 $tf(\vec{e_1})$ であることを示せ。

8. 合成写像と行列式

平面αから平面βへの線形写像をf、平面βから平面γへの線形写像をgとして、fとgをつなげると、平面αから平面γへの線形写像ができる。この写像を合成写像という。この合成写像を利用して、$|AB| = |A||B|$が成り立つことを示す。

線形写像の合成

平面αから平面βへの線形写像をf、表現行列をAとし、平面βから平面γへの線形写像をg、表現行列をBとする。

図4.40のように、平面αのベクトル$\vec{p}$に対して、

$$\vec{q} = f(\vec{p})、\quad \vec{r} = g(\vec{q})$$

とする。前者を後者に代入して、

$$\vec{r} = g(f(\vec{p})) \tag{4.18}$$

となる。この写像は平面αから平面γへの写像になるので、(4.18)を

$$\vec{r} = g \circ f(\vec{p})$$

と書き、fとgの合成写像という。すなわち、

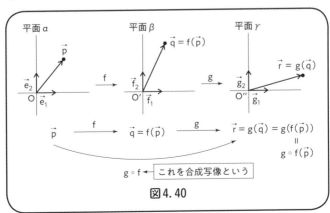

図4.40

$$g \circ f(\vec{p}) = g(f(\vec{p}))$$

と定義する。

(1) まず、$g \circ f$ が線形写像になるか調べよう。そのためには、

$$g \circ f(\vec{a}+\vec{b}) = g \circ f(\vec{a}) + g \circ f(\vec{b})$$
$$g \circ f(k\vec{a}) = kg \circ f(\vec{a})$$

が成り立つことを示せばよい。

f と g は線形写像だから、

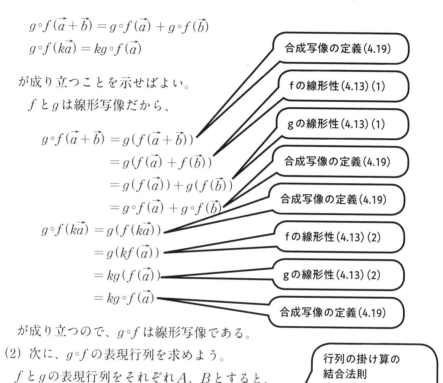

$$g \circ f(\vec{a}+\vec{b}) = g(f(\vec{a}+\vec{b}))$$

合成写像の定義(4.19)

$$= g(f(\vec{a}) + f(\vec{b}))$$

f の線形性(4.13)(1)

$$= g(f(\vec{a})) + g(f(\vec{b}))$$

g の線形性(4.13)(1)

$$= g \circ f(\vec{a}) + g \circ f(\vec{b})$$

合成写像の定義(4.19)

$$g \circ f(k\vec{a}) = g(f(k\vec{a}))$$

合成写像の定義(4.19)

$$= g(kf(\vec{a}))$$

f の線形性(4.13)(2)

$$= kg(f(\vec{a}))$$

g の線形性(4.13)(2)

$$= kg \circ f(\vec{a})$$

合成写像の定義(4.19)

が成り立つので、$g \circ f$ は線形写像である。

(2) 次に、$g \circ f$ の表現行列を求めよう。

f と g の表現行列をそれぞれ A、B とすると、

行列の掛け算の
結合法則
A(BC) = (AB)C
(79ページ)

$$g \circ f(\vec{p}) = g(f(\vec{p})) = g(A\vec{p}) = B(A\vec{p}) = (BA)\vec{p}$$

したがって、$g \circ f$ の表現行列は g と f の表現行列のかけ算 BA になる。

以上のことをまとめると、

【線形写像の合成】

　　平面αから平面βへの線形写像をf、表現行列をAとし、平面β
から平面γへの線形写像をg、表現行列をBとする。
　　平面αのベクトル$\vec{p}$に対して、
$$g \circ f(\vec{p}) = g(f(\vec{p}))$$
と線形写像g∘fを定義する。これをfとgの合成写像という。
　　線形写像g∘fの表現行列は、BAである。

線形写像と面積

ここでは、次のことを証明する。

【線形写像と面積】

　　平面αから平面βへの線形写像をf、その表現行列をAとし、平
面α上の平行でないベクトル$\vec{u_1}$と$\vec{u_2}$がつくる平行四辺形の面積を
Sとするとき、$f(\vec{u_1})$と$f(\vec{u_2})$がつくる平行四辺形の面積はS|A|の
絶対値に等しい（図4.41）。

|A|は行列式で、Aの絶対値ではない

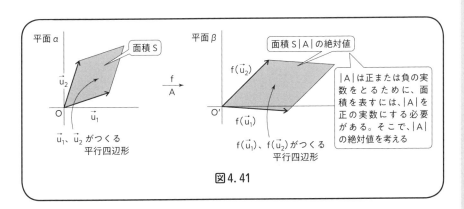

図4.41

（手順）

　　この証明は、少し複雑なので、次の手順で証明する。

平面αの正規直交基底を$\vec{e_1}$、$\vec{e_2}$とし、

(i) $f(\vec{e_1})$と$f(\vec{e_2})$がつくる平行四辺形の面積は$|A|$の絶対値に等しい(図4.42)。

(ii) m、nが正の実数のとき、$f(m\vec{e_1})$と$f(n\vec{e_2})$がつくる平行四辺形の面積は$mn|A|$の絶対値に等しい(図4.43、図4.44)。

(iii) 平面α上の平行でないベクトル$\vec{u_1}$と$\vec{u_2}$がつくる平行四辺形の面積をSとする。$f(\vec{u_1})$と$f(\vec{u_2})$がつくる平行四辺形の面積は$S|A|$の絶対値に等しい(図4.48)。

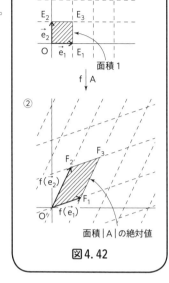

図4.42

【証明】

(i) $\vec{e_1}$、$\vec{e_2}$がつくる正方形$OE_1E_3E_2$(面積は1)を線形写像fでうつすと、$f(\vec{e_1})$と$f(\vec{e_2})$がつくる平行四辺形$O'F_1F_3F_2$にうつる(図4.42)。

$A = \begin{pmatrix} a & b \\ c & d \end{pmatrix}$とすると、

$\vec{e_1} = (1, 0)$、$\vec{e_2} = (0, 1)$だから、

$$f(\vec{e_1}) = \begin{pmatrix} a & b \\ c & d \end{pmatrix}\begin{pmatrix} 1 \\ 0 \end{pmatrix} = \begin{pmatrix} a \\ c \end{pmatrix}$$

$$f(\vec{e_2}) = \begin{pmatrix} a & b \\ c & d \end{pmatrix}\begin{pmatrix} 0 \\ 1 \end{pmatrix} = \begin{pmatrix} b \\ d \end{pmatrix}$$

よって、$f(\vec{e_1}) = (a, c)$、$f(\vec{e_2}) = (b, d)$である。

61ページより、$f(\vec{e_1})$と$f(\vec{e_2})$がつくる平行四辺形$O'F_1F_3F_2$の面積は、$|ad - bc|$に等しい。

|ad − bc| は ad − bc の絶対値

$ad - bc = |A|$であるから、

「$f(\vec{e_1})$と$f(\vec{e_2})$がつくる平行四辺形$O'F_1F_3F_2$の面積は表現行列Aの行列式$|A|$の絶対値に等しい」

(ii) わかりやすくするために具体例で示す。

(1) たとえば、$3\vec{e_1}$、$2\vec{e_2}$ の場合

図4.43①のように、$3\vec{e_1}$ と $2\vec{e_2}$ がつくる長方形 $OU_1U_3U_2$ の面積は、$3 \times 2 = 6$ である。この長方形を線形写像 f でうつすと、

$$f(3\vec{e_1}) = 3f(\vec{e_1}),\ f(2\vec{e_2}) = 2f(\vec{e_2})$$

だから、図4.43②のように、$3f(\vec{e_1})$ と $2f(\vec{e_2})$ がつくる平行四辺形 $O'V_1V_3V_2$ になる。その面積は、$3 \cdot 2|A| = 6|A|$ の絶対値である。

(2) 次に、$\dfrac{1}{3}\vec{e_1}$、$\dfrac{1}{2}\vec{e_2}$ の場合

図4.44①のように、$\dfrac{1}{3}\vec{e_1}$ と $\dfrac{1}{2}\vec{e_2}$ でできる長方形 $OX_1X_3X_2$ の面積は、$\dfrac{1}{3} \times \dfrac{1}{2} = \dfrac{1}{6}$ である。この長方形を線形写像 f でうつすと、

$$f\left(\frac{1}{3}\vec{e_1}\right) = \frac{1}{3}f(\vec{e_1}),$$

$$f\left(\frac{1}{2}\vec{e_2}\right) = \frac{1}{2}f(\vec{e_2})$$

だから、図4.44②のように、$\dfrac{1}{3}f(\vec{e_1})$ と $\dfrac{1}{2}f(\vec{e_2})$ がつくる平行四辺形 $O'Y_1Y_3Y_2$ になる。その面積は、$\dfrac{1}{3} \cdot \dfrac{1}{2}|A| = \dfrac{1}{6}|A|$ の絶対値である。

これらの例から、

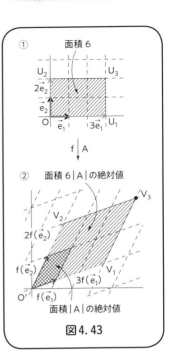

図4.43

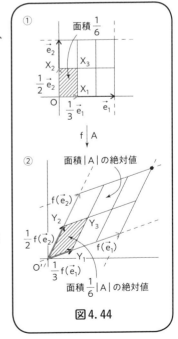

図4.44

第4章 線形空間と線形写像

「m、nが正の実数のとき、$f(m\overrightarrow{e_1})$ と $f(n\overrightarrow{e_2})$ がつくる平行四辺形の面積は $mn|A|$ の絶対値に等しい」

がわかる。このことは、

「平面 α 上の面積が S の長方形を、f によって平面 β にうつすと面積が $S|A|$ の絶対値の平行四辺形になる」

ことを示している。

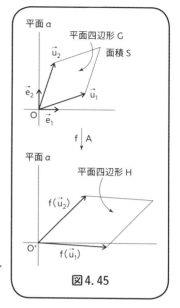

図4.45

(iii) $\overrightarrow{u_1}$ と $\overrightarrow{u_2}$ がつくる平行四辺形 G を f でうつすと、$f(\overrightarrow{u_1})$ と $f(\overrightarrow{u_2})$ がつくる平行四辺形 H になる（図4.45）。

(1) 平行四辺形 G を図4.46①のように、等間隔の細かい格子縞で覆うと、平行四辺形 G は、小さな正方形で覆われる（図4.46①の網掛け部分）。平行四辺形 G にかかる小さな正方形の面積を s とし、s の和（図4.46①の網掛け部分の面積）をとると、平行四辺形 G の面積 S に近い値が得られる。

　　次に、これらを平面 β にうつすと、小さい正方形の面積が s だから、(ii) より小さい平行四辺形の面積は $s|A|$ の絶対値である（図4.46②）。これらの面積 $s|A|$ の絶対値の和（図4.46②の網掛け部分）は、平行四辺形 H の面積 S に近い値になる。

(2) 平面 α で格子縞の間隔を限りなく狭くすると、小さい正方形の面積 s の和（図4.47の網掛けの面積）は、平行四辺形 G の面積 S に限りなく近づく（図4.47①）。

　　次に、これらを平面 β にうつすと、s の和が S に限りなく近づくから、小さい平行四辺形の面積 $s|A|$ の絶対値の和（図4.47②の網掛けの面積）は、値 $S|A|$ の絶対値に限りなく近づく。この $S|A|$ の絶対値が平行四辺形 H の面積である（図4.48②）。

これで、

「平面 α 上の平行でないベクトル $\overrightarrow{u_1}$ と $\overrightarrow{u_2}$ がつくる平行四辺形の面積

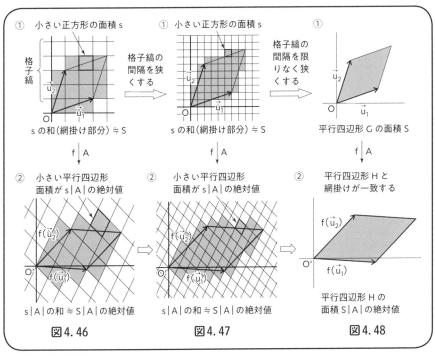

① 小さい正方形の面積 s　格子縞の間隔を狭くする　① 小さい正方形の面積 s　格子縞の間隔を限りなく狭くする　①

$\vec{u_2}$

$\vec{u_1}$

O

s の和（網掛け部分）≒ S　s の和（網掛け部分）≒ S　平行四辺形 G の面積 S

$f|A$　$f|A$　$f|A$

② 小さい平行四辺形 面積が s|A| の絶対値　② 小さい平行四辺形 面積が s|A| の絶対値　② 平行四辺形 H と網掛けが一致する

$f(\vec{u_2})$

O'　$f(\vec{u_1})$

s|A| の和 ≒ S|A| の絶対値　s|A| の和 ≒ S|A| の絶対値　平行四辺形 H の面積 S|A| の絶対値

図 4.46　図 4.47　図 4.48

を S とするとき $f(\vec{u_1})$ と $f(\vec{u_2})$ がつくる平行四辺形の面積は $S|A|$ の絶対値に等しい」ことが示された。　　　　　　　　　　　（終）

ここでは、平行四辺形の面積についてついて証明したが、この証明方法から、平行四辺形に限らず、どのような図形についても成り立つことがわかる。

すなわち、

「面積が S の図形を、線形写像 f でうつすと、面積が $S|A|$ の図形になる（図4.49①）」

問題 4.12

平面 α 上のベクトル $\vec{u_1} = (2, 1)$、$\vec{u_2} = (-1, 1)$ のつくる平行四辺形の面積を S とする。表現行列が $A = \begin{pmatrix} 1 & 3 \\ 1 & 1 \end{pmatrix}$ である線形写像 f によってできる平面 β 上のベクトル $f(\vec{u_1})$、$f(\vec{u_2})$ のつくる平行四辺形の面積を S' とする。S と S' を求め、S' は $S|A|$ の絶対値に等しいことを確かめよ（図4.29②）。

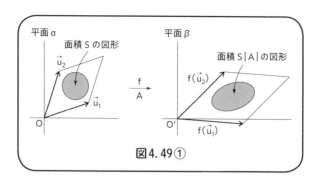

図4.49①

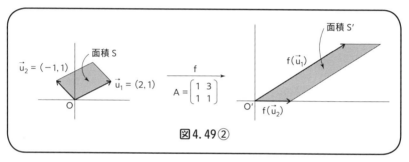

図4.49②

|AB| = |A||B|

さて、いよいよ次の式(4.20)を証明する。

【行列の積と行列式の積】

AとBを2次正方行列としたとき、次の式が成り立つ。

$$|AB| = |A||B| \tag{4.20}$$

【証明】

　平面αから平面βへの線形写像をf、表現行列をAとし、平面βから平面γへの線形写像をg、表現行列をBとする。前項の線形写像と面積の関係を用いて、次の順に証明する。

（i）「$|BA|$の絶対値$=|B||A|$の絶対値」であることを示す。

（ii）「$|BA|$と$|B||A|$の正負が一致する」ことを示す。

（i）の証明

(1) 平面αの正規直交基底$\vec{e_1}$と$\vec{e_2}$がつくる正方形は面積が1である（図$4.50$①）。これを線形写像fで、平面βに移すと$f(\vec{e_1})$と$f(\vec{e_2})$がつくる平行四辺形の面積は、**【線形写像と面積】**より、$|A|$の絶対値である（図$4.50$②）。

次に、$f(\vec{e_1})$と$f(\vec{e_2})$を線形写像gで平面γにうつすと、$f(\vec{e_1})$と$f(\vec{e_2})$がつくる平行四辺形の面積が$|A|$の絶対値だから、$g(f(\vec{e_1}))$と$g(f(\vec{e_2}))$がつくる平行四辺形の面積は、**【線形写像と面積】**より、$|A||B|$の絶対値である（図$4.50$③）。

> **【線形写像と面積】**のSに当たるのが、ここでは$|A|$で、**【線形写像と面積】**の$|A|$に当たるのが、ここでは$|B|$である。

$|A|$、$|B|$はともに実数だから
$$|A||B| = |B||A|$$
である。よって、
「$g(f(\vec{e_1}))$と$g(f(\vec{e_1}))$がつくる平行四辺形の面積は、
　$|B||A|$の絶対値」
である。

(2) また、合成写像$g \circ f$は平面αから平面γへの線形写像で表現行列がBAだから、
「$g \circ f(\vec{e_1}) = g(f(\vec{e_1}))$と$g \circ f(\vec{e_2}) = g(f(\vec{e_2}))$がつくる平行四辺形の面積は、$|BA|$の絶対値」

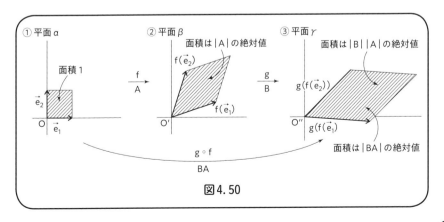

図4.50

である。

　この(1)、(2)より、「$|BA|$ の絶対値＝$|B||A|$ の絶対値」が成り立つ。

(ii) 次に、「$|BA|$ と $|B||A|$ の正負が一致する」ことを示す。しかし、一般の場合の証明は大変なので、$|A| = ad - bc$ で　$ab > 0$ の場合を考える。

(1) まず、$|A|$ の正負について調べよう。

　　$|A| = ad - bc$ だから、

　　$|A| > 0$ のときは　$ad - bc > 0$　すなわち、$ad > bc$

　　$ab > 0$ だから、$ad > bc$ を ab で割って $\dfrac{d}{b} > \dfrac{c}{a}$

　　となる。$|A| < 0$ のときも同様だから、

$$|A| > 0 \text{ のとき} \qquad \frac{d}{b} > \frac{c}{a} \qquad\qquad \cdots\cdots ①$$

$$|A| < 0 \text{ のとき} \qquad \frac{d}{b} < \frac{c}{a} \qquad\qquad \cdots\cdots ②$$

　　であることがわかる。

(2) それでは、$\dfrac{d}{b}$ と $\dfrac{c}{a}$ は何を意味しているか？　そのため、$f(\vec{e_1})$ と $f(\vec{e_2})$ の成分を求めよう。

$$f(\vec{e_1}) = \begin{pmatrix} a & b \\ c & d \end{pmatrix}\begin{pmatrix} 1 \\ 0 \end{pmatrix} = \begin{pmatrix} a \\ c \end{pmatrix}$$

$$f(\vec{e_2}) = \begin{pmatrix} a & b \\ c & d \end{pmatrix}\begin{pmatrix} 0 \\ 1 \end{pmatrix} = \begin{pmatrix} b \\ d \end{pmatrix}$$

だから、$f(\vec{e_1})$ と $f(\vec{e_2})$ の成分は、

$$f(\vec{e_1}) = (a, c), \ f(\vec{e_2}) = (b, d)$$

となる。したがって、

$\dfrac{c}{a}$ は、直線 $tf(\vec{e_1})$ の傾き（図4.51）

原点Oを通り、方向ベクトルが $f(\vec{e_1})$ の直線

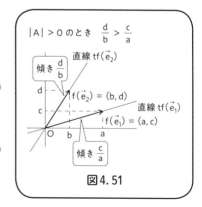

$|A| > 0$ のとき　$\dfrac{d}{b} > \dfrac{c}{a}$

傾き $\dfrac{d}{b}$　直線 $tf(\vec{e_2})$

$f(\vec{e_2}) = (b, d)$　直線 $tf(\vec{e_1})$

$f(\vec{e_1}) = (a, c)$

傾き $\dfrac{c}{a}$

図4.51

$\dfrac{d}{b}$ は、直線 $tf(\vec{e_2})$ の傾き（図4.51）

であることがわかる。

(3) 次に、$|B||A|$ の正負と $|BA|$ の
正負が一致することを示す。

①、②と (2) のことから、

$|A|>0$ のときは、

直線 $tf(\vec{e_2})$ の傾き

$>$ 直線 $tf(\vec{e_1})$ の傾き

（図4.51）

$|A|<0$ のときは、

直線 $tf(\vec{e_2})$ の傾き

$<$ 直線 $tf(\vec{e_1})$ の傾き

（図4.52）

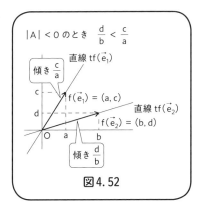

図4.52

である。すなわち、

$|A|>0$ のときは、

反時計回りに $f(\vec{e_1})$、$f(\vec{e_2})$ の順
に並ぶ（図4.53）

$|A|<0$ のときは、

反時計回りに $f(\vec{e_2})$、$f(\vec{e_1})$ の
順に並ぶ（図4.54）

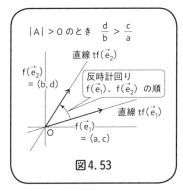

図4.53

であることがわかった。

このことは、反時計回りでの順
序を考えたとき、

$|A|>0$ のとき、$\vec{e_1}$ と $\vec{e_2}$ の順序と
$f(\vec{e_1})$ と $f(\vec{e_2})$ の順序は同じ

$|A|<0$ のとき、$\vec{e_1}$ と $\vec{e_2}$ の順序と
$f(\vec{e_1})$ と $f(\vec{e_2})$ の順序が逆

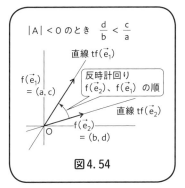

図4.54

になることを示している。そこで、一般に、2つのベクトル$\vec{u_1}$、$\vec{u_2}$の反時計回りに並ぶ順序が、

$\vec{u_1}$、$\vec{u_2}$の順に並ぶとき$(1, 2)$
$\vec{u_2}$、$\vec{u_1}$の順に並ぶとき$(2, 1)$

と書くことにする。

この書き方で、$|A|$、$|B|$の正負によって、反時計回りで$f(\vec{e_1})$と$f(\vec{e_2})$の順序、$g(f(\vec{e_1}))$と$g(f(\vec{e_2}))$の順序がどのようになるか調べると図4.55のようになる。

この図4.55から、次のことがわかる。

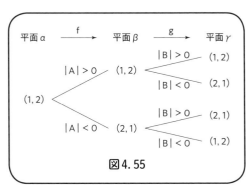

図4.55

$|A| > 0$、$|B| > 0$のとき、平面αで$(1, 2)$、平面γで$(1, 2)$
$|A| > 0$、$|B| < 0$のとき、平面αで$(1, 2)$、平面γで$(2, 1)$
$|A| < 0$、$|B| > 0$のとき、平面αで$(1, 2)$、平面γで$(2, 1)$
$|A| < 0$、$|B| < 0$のとき、平面αで$(1, 2)$、平面γで$(1, 2)$

すなわち、

$|B||A| > 0$のとき、平面αで$(1, 2)$、平面γで$(1, 2)$
$|B||A| < 0$のとき、平面αで$(1, 2)$、平面γで$(2, 1)$

一方、合成写像$g \circ f$は、平面αから平面γへの線形写像で、その表現行列はBAであった。この場合の$|BA|$の正負による$g \circ f(\vec{e_1})$と$g \circ f(\vec{e_2})$の位置関係を調べると、図4.56になる。

すなわち、

$|BA| > 0$のとき、平面αで$(1, 2)$、平面γで$(1, 2)$
$|BA| < 0$のとき、平面αで$(1, 2)$、平面γで$(2, 1)$

である。

以上のことから、

平面γで順序が$(1, 2)$になるのは、

　　共に$|B||A| > 0$、$|BA| > 0$のとき

平面γで順序が$(2, 1)$になるのは、

　　共に$|B||A| < 0$、$|BA| < 0$のとき

であることがわかった。

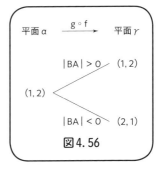

図4.56

　これらのことから、$|BA|$と$|B||A|$の正負は一致する。

これで、$ab > 0$のとき「$|BA|$と$|B||A|$の正負は一致する」ことが示された。$ab < 0$や$ab = 0$　の場合も同様にして、「$|BA|$と$|B||A|$の正負は一致する」ことが示される。

以上より、

　（i）で「$|BA|$の絶対値＝$|B||A|$の絶対値」

　（ii）で「$|BA|$と$|B||A|$の正負は一致する」

ことが示されたから

$$|BA| = |B||A|$$

である。さらに、BをAに、AをBに書きかえれば

$$|AB| = |A||B| \tag{終}$$

　導くのが大変であったが、この考え方は、n次の行列式についても適応できる。しかし、2次の行列式については、成分の計算で、$|AB| = |A||B|$を容易に導くことができる。

問題4.13

$A = \begin{pmatrix} a & b \\ c & d \end{pmatrix}$、$B = \begin{pmatrix} u & v \\ w & x \end{pmatrix}$ として、$|AB|$ と $|A||B|$ を計算し、$|AB| = |A||B|$ であることとを示せ。

さて、$|AB| = |A||B|$ より、次の2つの式が成り立つ。

(1) $|AB| = |BA|$　　　　　　　　　　　　　　　　　(4.21)

(2) $|A^{-1}| = |A|^{-1}$　　　　　　　　　　　　　　(4.22)

(4.21)については、

> 一般に、0でない実数aに対して、$\dfrac{1}{a}$ を a^{-1} と書く

$$|AB| = |A||B| = |B||A| = |BA|$$

より、$|AB| = |BA|$

> $|A|$、$|B|$ ともに実数だから交換法則が成り立つ。

行列の掛け算では、一般的に $BA \neq AB$ であるが、行列式では、必ず $|BA| = |AB|$ が成り立つ。

(4.22)については、

(4.21)で $B = A^{-1}$ とおくと、$|AA^{-1}| = |A||A^{-1}|$　　……①

$A^{-1}A = E$ より、$|AA^{-1}| = |E| = 1$　　……②

> $E = \begin{pmatrix} 1 & 0 \\ 0 & 1 \end{pmatrix}$ だから
> $|E| = 1 \cdot 1 - 0 \cdot 0$
> $= 1$

①、②より、　　$|A||A^{-1}| = 1$

$|A|$ で割って、　　$|A^{-1}| = \dfrac{1}{|A|} = |A|^{-1}$

問題4.14

$A = \begin{pmatrix} 2 & 1 \\ -1 & 1 \end{pmatrix}$、$B = \begin{pmatrix} 3 & 2 \\ 1 & -1 \end{pmatrix}$ のとき、$AB \neq BA$ であるが、$|AB| = |BA|$ であることを確かめよ。

前項まで、「平面 α から平面 β への線形写像 f」、すなわち、「平面ベクトルがつくる線形空間 α から平面ベクトルがつくる線形空間 β への線形写像 f」を見てきた。ここでは、「空間ベクトルがつくる線形空間 α から空間ベクトルがつくる線形空間 β への線形写像 f」について見ていく。平面の場合と同じように、これを単に「空間 α から空間 β への線形写像 f」ということにする。

空間における線形写像

線形写像は、(4.13)で示した次の2式を満たす写像である。

(1) $f(\vec{a} + \vec{b}) = f(\vec{a}) + f(\vec{b})$

(2) $f(k\vec{a}) = kf(\vec{a})$ （k は実数） (4.13)

この性質により、空間の場合も平面の場合と同じようなことが成り立つ。

空間 α の1つの基底を $\vec{u_1}$、$\vec{u_2}$、$\vec{u_3}$ とし、x_1、x_2、x_3 を実数として、空間 α の任意のベクトル $\vec{p}$ は、

$$\vec{p} = x_1\vec{u_1} + x_2\vec{u_2} + x_3\vec{u_3}$$ (4.23)

と書くことができる。このベクトルを f で空間 β にうつすと、

$$\begin{aligned} f(\vec{p}) &= f(x_1\vec{u_1} + x_2\vec{u_2} + x_3\vec{u_3}) \\ &= f(x_1\vec{u_1}) + f(x_2\vec{u_2} + x_3\vec{u_3}) \\ &= f(x_1\vec{u_1}) + f(x_2\vec{u_2}) + f(x_3\vec{u_3}) \\ &= x_1 f(\vec{u_1}) + x_2 f(\vec{u_2}) + x_3 f(\vec{u_3}) \end{aligned}$$

> $x_2\vec{u_2} + x_3\vec{u_3}$ を1つのベクトルと考えて(4.13)の(1)を用いる。

よって、

$$f(\vec{p}) = x_1 f(\vec{u_1}) + x_2 f(\vec{u_2}) + x_3 f(\vec{u_3})$$ (4.24)

となる。

　平面の場合と同じで、この3つの
ベクトル$f(\vec{u_1})$、$f(\vec{u_2})$、$f(\vec{u_3})$が重
要な役割を担う。

Ⅰ. $f(\vec{u_1})$、$f(\vec{u_2})$、$f(\vec{u_3})$が線形独
　　立ならば、3つのベクトル$f(\vec{u_1})$、
　　$f(\vec{u_2})$、$f(\vec{u_3})$は同一平面上にない。

　　このとき、平面の場合は、線形
　写像fで格子縞を格子縞にうつし
　た。これと同じように、空間の場
　合も$\vec{u_1}$、$\vec{u_2}$、$\vec{u_3}$による立体的な格
　子縞を$f(\vec{u_1})$、$f(\vec{u_2})$、$f(\vec{u_3})$によ
　る立体的な格子縞にうつす（図4.
　57）。

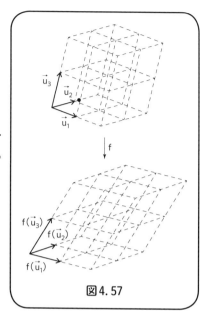

図4.57

Ⅱ. $f(\vec{u_1})$、$f(\vec{u_2})$、$f(\vec{u_3})$が線形従属ならば、

$$x_1 f(\vec{u_1}) + x_2 f(\vec{u_2}) + x_3 f(\vec{u_3}) = \vec{0}$$

のとき、0でない実数x_1、x_2、x_3が存在する。

たとえば、$x_3 \neq 0$ならば、

$$x_3 f(\vec{u_3}) = -x_1 f(\vec{u_1}) - x_2 f(\vec{u_2})$$

x_3でわって、

$$f(\vec{u_3}) = -\frac{x_2}{x_3} f(\vec{u_1}) - \frac{x_2}{x_3} f(\vec{u_2})$$

$-\dfrac{x_1}{x_3} = a_1$、　$-\dfrac{x_2}{x_3} = a_2$とおくと、

$$f(\vec{u_3}) = a_1 f(\vec{u_1}) + a_2 f(\vec{u_2}) \tag{4.25}$$

と表せる。

このとき、次の2つの場合がある。

(i) $f(\vec{u_1})$、$f(\vec{u_2})$ が線形独立

(ii) $f(\vec{u_1})$、$f(\vec{u_2})$ が線形従属

である。

(i)の場合は、(4.25)より、$f(\vec{u_1})$ と $f(\vec{u_2})$ が張る平面上に $f(\vec{u_3})$ がある（図4.58）。

このとき、

> 「張る」という言葉は169ページ参照

「空間にあるすべてのベクトルは、f によって、1つの平面上のベクトルにうつる」

(ii)の場合は、$f(\vec{u_2}) = mf(\vec{u_1})$（$m$は実数）と表されるから、

(4.25)より、

$$f(\vec{u_3}) = a_1 f(\vec{u_1}) + a_2 \cdot m f(\vec{u_1})$$
$$= (a_1 + ma_2)f(\vec{u_1})$$

$a_1 + ma_2 = n$ とおくと、

$$f(\vec{u_3}) = nf(\vec{u_1})$$

となり、$f(\vec{u_1})$ と $f(\vec{u_2})$ と $f(\vec{u_3})$ は同じ直線上にある（図4.59）。

このとき、

「空間にあるすべてのベクトルは、f によって1つの直線上のベクトルにうつる」

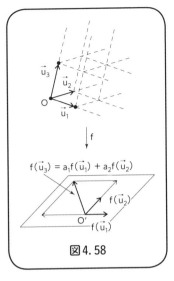

図4.58

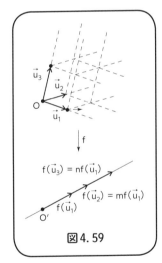

図4.59

ランク

空間αの原点をO、基底を$\vec{u_1}$、$\vec{u_2}$、$\vec{u_3}$、空間βの原点をO'、基底を$\vec{v_1}$、$\vec{v_2}$、$\vec{v_3}$として、空間αから空間βへの線形写像fの表現行列を求めよう。

線形写像fを、

$$\begin{cases} f(\vec{u_1}) = a_1\vec{v_1} + b_1\vec{v_2} + c_1\vec{v_3} \\ f(\vec{u_2}) = a_2\vec{v_1} + b_2\vec{v_2} + c_2\vec{v_3} \\ f(\vec{u_3}) = a_3\vec{v_1} + b_3\vec{v_2} + c_3\vec{v_3} \end{cases} \tag{4.26}$$

とする。

空間 α 上の任意のベクトル $(4.23)\vec{p} = x_1\vec{u_1} + x_2\vec{u_2} + x_3\vec{u_3}$ に対して、

$$\begin{aligned} f(\vec{p}) &= f(x_1\vec{u_1} + x_2\vec{u_2} + x_3\vec{u_3}) \\ &= x_1 f(\vec{u_1}) + x_2 f(\vec{u_2}) + x_3 f(\vec{u_3}) \qquad \text{(4.24) より} \quad \text{(4.26) を代入} \\ &= x_1(a_1\vec{v_1} + b_1\vec{v_2} + c_1\vec{v_3}) + x_2(a_2\vec{v_1} + b_2\vec{v_2} + c_2\vec{v_3}) \\ &\quad + x_3(a_3\vec{v_1} + b_3\vec{v_2} + c_3\vec{v_3}) \\ &= (a_1 x_1\vec{v_1} + b_1 x_1\vec{v_2} + c_1 x_1\vec{v_3}) + (a_2 x_2\vec{v_1} + b_2 x_2\vec{v_2} + c_2 x_2\vec{v_3}) \\ &\quad + (a_3 x_3\vec{v_1} + b_3 x_3\vec{v_2} + c_3 x_3\vec{v_3}) \\ &= (a_1 x_1 + a_2 x_2 + a_3 x_3)\vec{v_1} + (b_1 x_1 + b_2 x_2 + b_3 x_3)\vec{v_2} \\ &\quad + (c_1 x_1 + c_2 x_2 + c_3 x_3)\vec{v_3} \end{aligned}$$

$f(\vec{p})$ を成分で表すと、

$$f(\vec{p}) = \begin{pmatrix} a_1 x_1 + a_2 x_2 + a_3 x_3 \\ b_1 x_1 + b_2 x_2 + b_3 x_3 \\ c_1 x_1 + c_2 x_2 + c_3 x_3 \end{pmatrix} = \begin{pmatrix} a_1 & a_2 & a_3 \\ b_1 & b_2 & b_3 \\ c_1 & c_2 & c_3 \end{pmatrix} \begin{pmatrix} x_1 \\ x_2 \\ x_3 \end{pmatrix}$$

だから、表現行列は、

$$A = \begin{pmatrix} a_1 & a_2 & a_3 \\ b_1 & b_2 & b_3 \\ c_1 & c_2 & c_3 \end{pmatrix}$$

である。

一方、(4.26) の第 1 式から、$f(\vec{u_1})$ を成分で表すと、

$$f(\vec{u_1}) = (a_1, b_1, c_1)_V、$$

である。これは、表現行列 A の第 1 列の成分と一致する。

同じように、

$f(\vec{u_2})$ の成分は、A の第2列の成分と一致し、

$f(\vec{u_3})$ の成分は、A の第3列の成分と一致する。

したがって、A の第 n 列をベクトルと考え、それを**第n列ベクトル**と呼んだとき、

A の第1列ベクトルは、$f(\vec{u_1})$

A の第2列ベクトルは、$f(\vec{u_2})$

A の第3列ベクトルは、$f(\vec{u_3})$

であることがわかる(図4.60)。

$f(\vec{u_1})$、$f(\vec{u_2})$、$f(\vec{u_3})$ の線形独立は、表現行列 A の第1列ベクトル、第2列ベクトル、第3列ベクトルの線形独立と一致する。この列ベクトルの線形独立な個数によって、前項で示した線形写像の性質Ⅰ、Ⅱ(ⅰ)、Ⅱ(ⅱ)が決まる。

そこで、A の各列を列ベクトルとして考えたときの線形独立な列ベクトルの数の最大値 n を rankA と書き、A の**ランク**または**階数**という。

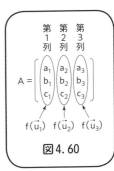

図4.60

【線形写像のランクによる分類】

　空間 α の基底を $\vec{u_1}$、$\vec{u_2}$、$\vec{u_3}$ とし、空間 α から空間 β への線形写像 f の表現行列を A とするとき、

rankA = 3のとき、

　$\vec{u_1}$、$\vec{u_2}$、$\vec{u_3}$ による立体的な格子縞を $f(\vec{u_1})$、$f(\vec{u_2})$、$f(\vec{u_3})$ による立体的な格子縞にうつす。

rankA = 2のとき、

　空間 α にあるすべてのベクトルは、f によって、空間 β にある1つの平面上のベクトルにうつる。

rankA = 1のとき、

　空間 α にあるすべてのベクトルは、f によって、空間 β にある1つの直線上のベクトルにうつる。

平面の場合は、表現行列Aの行列式$|A|$が、$|A| \neq 0$と$|A| = 0$で線形写像fが分類できたが、3次元以上になるとこの方法では分類できない。そこで、ランクが必要になる。

ところが、行列を見ただけでは、ランクの数がわからない。

たとえば、

$$A = \begin{pmatrix} 2 & 4 & 3 \\ 1 & 3 & 2 \\ 3 & 2 & 1 \end{pmatrix}, \qquad B = \begin{pmatrix} 1 & -2 & 1 \\ -3 & 6 & 2 \\ 5 & -10 & -3 \end{pmatrix} \tag{4.27}$$

を見たときに、すぐにはランクはわからない。そのために、ランクを求めるときは、第2章で見てきた基本変形を行う。基本変形によって、ランクは変わらないことがわかっているので、基本変形を列ベクトルが線形独立かがわかるまで行えばよい。

たとえば、図4.60のような階段状まで変形するとランクがわかる。

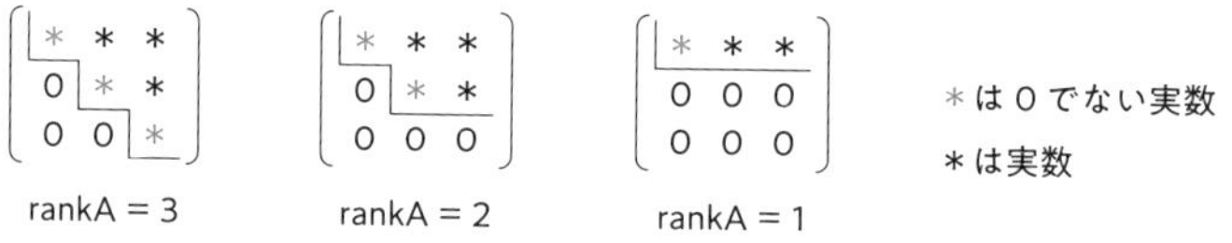

図4.60②

106ページより、基本変形は次の操作をすることだった。

(1) 2つの行を入れ替える。

(2) ある行に0でない実数を掛ける。

(3) ある行に他の行の実数倍を加える。

ここでは、行についての変形であるが、列について変形しても同じである。

(4.27)の行列AとBを基本変形すると、

236

$$A = \begin{pmatrix} 2 & 4 & 3 \\ 1 & 3 & 2 \\ 3 & 2 & 1 \end{pmatrix} \xrightarrow[\text{入れかえる}]{\text{①第1行と第2行を}} \begin{pmatrix} 1 & 3 & 2 \\ 2 & 4 & 3 \\ 3 & 2 & 1 \end{pmatrix} \xrightarrow[+\text{(第2行)}]{\text{②(第1行)}\times(-2)} \begin{pmatrix} 1 & 3 & 2 \\ 0 & -2 & -1 \\ 3 & 2 & 1 \end{pmatrix}$$

$$\xrightarrow[+\text{(第3行)}]{\text{③(第1行)}\times(-3)} \begin{pmatrix} 1 & 3 & 2 \\ 0 & -2 & -1 \\ 0 & -7 & -5 \end{pmatrix} \xrightarrow[+\text{(第3行)}]{\text{④(第2行)}\times(-\frac{7}{2})} \begin{pmatrix} 1 & 3 & 2 \\ 0 & -2 & -1 \\ 0 & 0 & -\frac{3}{2} \end{pmatrix}$$

よって、　　$\mathrm{rank}A = 3$

$$B = \begin{pmatrix} 1 & -2 & 1 \\ -3 & 6 & 2 \\ 5 & -10 & -3 \end{pmatrix} \xrightarrow[+\text{第2行}]{\text{①(第1行)}\times 3} \begin{pmatrix} 1 & -2 & 1 \\ 0 & 0 & 5 \\ 5 & -10 & -3 \end{pmatrix} \xrightarrow[+\text{第3行}]{\text{②(第1行)}\times(-5)} \begin{pmatrix} 1 & -2 & 1 \\ 0 & 0 & 5 \\ 0 & 0 & -8 \end{pmatrix}$$

$$\xrightarrow[+\text{第3行}]{\text{③(第2行)}\times\frac{8}{5}} \begin{pmatrix} 1 & -2 & 1 \\ 0 & 0 & 5 \\ 0 & 0 & 0 \end{pmatrix}$$

よって、　　$\mathrm{rank}B = 2$

問題4.15

次の行列のランクを求めよ。

(1) $A = \begin{pmatrix} 0 & 2 & 4 \\ 1 & 2 & 3 \\ -2 & -1 & 0 \end{pmatrix}$ 　(2) $B = \begin{pmatrix} 2 & -1 & 4 \\ -6 & 3 & -12 \\ 4 & -2 & 8 \end{pmatrix}$ 　(3) $C = \begin{pmatrix} 2 & 2 & 4 \\ -2 & -3 & -1 \\ 1 & 2 & 3 \end{pmatrix}$

10. m次元線形空間からn次元線形空間への線形写像

今まで、平面から平面への線形写像、空間から空間への線形写像を見てきたが、一般的には、m次元線形空間からn次元線形空間への線形写像が考えられる。

m次元線形空間の基底を$\vec{u}_1$、$\vec{u}_2$、$\vec{u}_3$、……、$\vec{u}_m$とし、n次元線形空間の基底を$\vec{v}_1$、$\vec{v}_2$、$\vec{v}_3$、……、$\vec{v}_n$としたとき、線形写像を、

$$f(\vec{u}_1) = a_{11}\vec{v}_1 + a_{21}\vec{v}_2 + a_{31}\vec{v}_3 + \cdots\cdots + a_{n1}\vec{v}_n$$
$$f(\vec{u}_2) = a_{12}\vec{v}_1 + a_{22}\vec{v}_2 + a_{32}\vec{v}_3 + \cdots\cdots + a_{n2}\vec{v}_n$$
$$f(\vec{u}_3) = a_{13}\vec{v}_1 + a_{23}\vec{v}_2 + a_{33}\vec{v}_3 + \cdots\cdots + a_{n3}\vec{v}_n$$
$$\vdots \qquad \vdots \qquad \vdots \qquad \vdots \qquad\qquad \vdots$$
$$f(\vec{u}_m) = a_{1m}\vec{v}_1 + a_{2m}\vec{v}_2 + a_{3m}\vec{v}_3 + \cdots\cdots + a_{nm}\vec{v}_n$$

と表す。このとき、表現行列Aは、

$$A = \begin{pmatrix} a_{11} & a_{12} & a_{13} & \cdots\cdots & a_{1m} \\ a_{21} & a_{22} & a_{23} & \cdots\cdots & a_{2m} \\ a_{31} & a_{32} & a_{33} & \cdots\cdots & a_{3m} \\ & & \cdots\cdots & & \\ a_{n1} & a_{n2} & a_{n3} & \cdots\cdots & a_{nm} \end{pmatrix}$$

となる。

この線形写像の性質は、表現行列のランクによって分類され、平面や空間で見てきたことと同じようなことが成り立つ。

問題4.1

直線 ℓ 上の任意の点を $P(\vec{p})$ とする。
$$\overrightarrow{OP} = \overrightarrow{OA} + t\overrightarrow{AB} = \overrightarrow{OA} + t(\overrightarrow{OB} - \overrightarrow{OA})$$
であるから、
$$\vec{p} = \vec{a} + t(\vec{b} - \vec{a}) = (1-t)\vec{a} + t\vec{b}$$
よって、2点 $A(\vec{a})$、$B(\vec{b})$ を通る直線
ℓ のベクトル方程式は、
$$\vec{p} = (1-t)\vec{a} + t\vec{b}$$

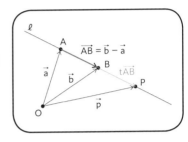

問題4.2

(1) はじめに、「3つのベクトル $\vec{u_1}$、$\vec{u_2}$、$\vec{u_3}$ が同じ平面上ない」ならば、
「$x_1\vec{u_1} + x_2\vec{u_2} + x_3\vec{u_3} = \vec{0}$ ならば $x_1 = x_2 = x_3 = 0$」
が成り立つことを示す。

(証明)

$x_1\vec{u_1} + x_2\vec{u_2} + x_3\vec{u_3} = \vec{0}$ のとき、

$x_1 \neq 0$ ならば、$\vec{u_1} = -\dfrac{x_2}{x_1}\vec{u_2} - \dfrac{x_3}{x_1}\vec{u_3}$ だから、$\vec{u_1}$ は、$\vec{u_2}$ と $\vec{u_3}$ が張る平面上にある。

すなわち、「3つのベクトル $\vec{u_1}$、$\vec{u_2}$、$\vec{u_3}$ が同じ平面上にある」。これは、「3つのベクトル $\vec{u_1}$、$\vec{u_2}$、$\vec{u_3}$ が同じ平面上ない」という仮定に反する。

よって、$x_1 = 0$ である。

同じように、$x_2 = 0$、$x_3 = 0$ であることがわかる。

(2) 逆に、「$x_1\vec{u_1} + x_2\vec{u_2} + x_3\vec{u_3} = 0$ ならば、$x_1 = x_2 = x_3 = 0$」を満たすならば、「3つのベクトル $\vec{u_1}$、$\vec{u_2}$、$\vec{u_3}$ が同じ平面上ない」ことを示す。

(証明)

もし、「3つのベクトル $\vec{u_1}$、$\vec{u_2}$、$\vec{u_3}$ が同じ平面上ある」ならば、実数 y_2、y_3 が存在して、

$$\vec{u_1} = y_2\vec{u_2} + y_3\vec{u_3}$$

と表すことができる。よって、

$$\vec{u_1} - y_2\vec{u_2} - y_3\vec{u_3} = \vec{0}$$

が成り立つ。これは、

「$x_1\vec{u_1} + x_2\vec{u_2} + x_3\vec{u_3} = \vec{0}$ ならば $x_1 = x_2 = x_3 = 0$」

であるという仮定に反する。

よって、「3つのベクトル $\vec{u_1}$、$\vec{u_2}$、$\vec{u_3}$ が同じ平面上ない」

問題 4.3

(4.7) より、$x_1 - a_1 = td_1$、$x_2 - a_2 = td_2$、$x_3 - a_3 = td_3$

$d_1 \neq 0$、$d_2 \neq 0$、$d_3 \neq 0$ だから、この3式をそれぞれ d_1、d_2、d_3 でわって、

$$\frac{x_1 - a_1}{d_1} = t 、\frac{x_2 - a_2}{d_2} = t 、\frac{x_3 - a_3}{d_3} = t$$

よって、 $$\frac{x_1 - a_1}{d_1} = \frac{x_2 - a_2}{d_2} = \frac{x_3 - a_3}{d_3}$$

問題 4.4

3点 $A(\vec{a})$、$B(\vec{b})$、$C(\vec{c})$ を通る平面 α 上の任意の点を $P(\vec{p})$ とする。

3点 A、B、C が同一直線上にないから、平面 α は、2つのベクトル $\overrightarrow{AB}$、$\overrightarrow{AC}$ で張られる。よって、

$$\overrightarrow{AP} = s\overrightarrow{AB} + t\overrightarrow{AC}$$

と表すことができる。したがって、

$$\vec{p} = \overrightarrow{OA} + \overrightarrow{AP} = \overrightarrow{OA} + (s\overrightarrow{AB} + t\overrightarrow{AC})$$
$$= \overrightarrow{OA} + s(\overrightarrow{OB} - \overrightarrow{OA}) + t(\overrightarrow{OC} - \overrightarrow{OA})$$
$$= \vec{a} + s(\vec{b} - \vec{a}) + t(\vec{c} - \vec{a})$$
$$= (1 - s - t)\vec{a} + s\vec{b} + t\vec{c}$$

よって、3点 $A(\vec{a})$、$B(\vec{b})$、$C(\vec{c})$ を通る平面のベクトル方程式は、
$$\vec{p} = (1-s-t)\vec{a} + s\vec{b} + t\vec{c}$$

問題4.5

平面 α 上の任意の点を $P(\vec{p})$ とする。

AB が平面 α に垂直だから、$\overrightarrow{AB}$ は平面 α の法線ベクトルである。よって、

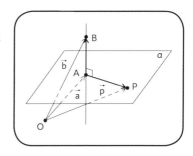

$\overrightarrow{AP} \cdot \overrightarrow{AB} = 0$　　　…①

$\overrightarrow{AB} = \overrightarrow{OB} - \overrightarrow{OA} = \vec{b} - \vec{a}$　　…②

$\overrightarrow{AP} = \overrightarrow{OP} - \overrightarrow{OA} = \vec{p} - \vec{a}$　　…③

である。②、③を①に代入して
$$(\vec{p} - \vec{a}) \cdot (\vec{b} - \vec{a}) = 0$$

ゆえに、点 A を通り、直線 AB に垂直である平面 α のベクトル方程式は、
$$(\vec{p} - \vec{a}) \cdot (\vec{b} - \vec{a}) = 0$$

問題4.6

(1) $A = \begin{pmatrix} 1 & 1 \\ -2 & 1 \end{pmatrix}$

(2) $\vec{p} = \vec{e_1} + \vec{e_2} = (1, 1)$ より、

$$f(\vec{p}) = A\vec{p} = \begin{pmatrix} 1 & 1 \\ -2 & 1 \end{pmatrix}\begin{pmatrix} 1 \\ 1 \end{pmatrix}$$

$$= \begin{pmatrix} 1 \cdot 1 + 1 \cdot 1 \\ -2 \cdot 1 + 1 \cdot 1 \end{pmatrix} = \begin{pmatrix} 2 \\ -1 \end{pmatrix}$$

よって、
$$f(\vec{p}) = 2\vec{f_1} - \vec{f_2}$$

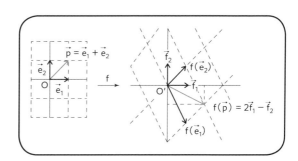

(2)の別解

$$f(\vec{p}) = f(\vec{e_1} + \vec{e_2})$$
$$= f(\vec{e_1}) + f(\vec{e_2})$$
$$= (\vec{f_1} - 2\vec{f_2}) + (\vec{f_1} + \vec{f_2}) = 2\vec{f_1} - \vec{f_2}$$

問題 4. 7

(1) $|A| = \begin{vmatrix} 1 & 2 \\ 3 & 6 \end{vmatrix} = 1 \cdot 6 - 2 \cdot 3 = 0$

(2) $f(\vec{u_1}) = \begin{pmatrix} 1 & 2 \\ 3 & 6 \end{pmatrix}\begin{pmatrix} 1 \\ 0 \end{pmatrix} = \begin{pmatrix} 1 \cdot 1 + 2 \cdot 0 \\ 3 \cdot 1 + 6 \cdot 0 \end{pmatrix} = \begin{pmatrix} 1 \\ 3 \end{pmatrix}$

$f(\vec{u_2}) = \begin{pmatrix} 1 & 2 \\ 3 & 6 \end{pmatrix}\begin{pmatrix} 0 \\ 1 \end{pmatrix} = \begin{pmatrix} 1 \cdot 0 + 2 \cdot 1 \\ 3 \cdot 0 + 6 \cdot 1 \end{pmatrix} = \begin{pmatrix} 2 \\ 6 \end{pmatrix}$

この2式より、

$$f(\vec{u_2}) = \begin{pmatrix} 2 \\ 6 \end{pmatrix} = 2\begin{pmatrix} 1 \\ 3 \end{pmatrix} = 2 f(\vec{u_1})$$

よって、 $f(\vec{u_2}) = 2f(\vec{u_1})$

(3) 点 Q が、直線 $tf(\vec{u_1})$ 上にあることを示すには、$O'Q = tf(\vec{u_1})$ (t は実数)になることを示せばよい。

$\overrightarrow{OP} = \vec{u_1} - \vec{u_2}$ より、

$$f(\overrightarrow{OP}) = f(\vec{u_1} - \vec{u_2})$$
$$= f(\vec{u_1}) - f(\vec{u_2})$$
$$= f(\vec{u_1}) - 2f(\vec{u_1})$$
$$= -f(\vec{u_1})$$

$f(\overrightarrow{OP}) = \overrightarrow{O'Q}$ だから、

$$\overrightarrow{O'Q} = -f(\vec{u_1})$$

よって、点 Q は直線 $tf(\vec{u_1})$ 上にある。

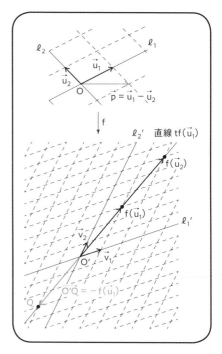

242

問題4.8

$$A^{-1} = \frac{1}{3 \cdot 1 - 1 \cdot 2}\begin{pmatrix} 1 & -1 \\ -2 & 3 \end{pmatrix} = \begin{pmatrix} 1 & -1 \\ -2 & 3 \end{pmatrix}$$

より、

$$\vec{p} = f^{-1}(\vec{q}) = A^{-1}\vec{q} = \begin{pmatrix} 1 & -1 \\ -2 & 3 \end{pmatrix}\begin{pmatrix} 2 \\ -3 \end{pmatrix} = \begin{pmatrix} 1 \cdot 2 + (-1) \cdot (-3) \\ -2 \cdot 2 + 3 \cdot (-3) \end{pmatrix} = \begin{pmatrix} 5 \\ -13 \end{pmatrix}$$

よって、　$\vec{p} = 5\vec{u_1} - 13\vec{u_2}$

問題4.9

点 $R(\vec{r})$ を通り、方向ベクトルが $\vec{d}$ である直線のベクトル方程式は、

$$\vec{p} = \vec{r} + t\vec{d}$$

であり、f による像は、

$$f(\vec{p}) = f(\vec{r}) + tf(\vec{d}) \qquad\qquad \cdots\cdots\text{①}$$

f の表現行列 A は、$A = \begin{pmatrix} -2 & 1 \\ 3 & -2 \end{pmatrix}$ で、$\vec{r} = (1, 1)$ であるから、

$$f(\vec{r}) = A\vec{r} = \begin{pmatrix} -2 & 1 \\ 3 & -2 \end{pmatrix}\begin{pmatrix} 1 \\ 1 \end{pmatrix} = \begin{pmatrix} -2 \cdot 1 + 1 \cdot 1 \\ 3 \cdot 1 - 2 \cdot 1 \end{pmatrix} = \begin{pmatrix} -1 \\ 1 \end{pmatrix}$$

$\vec{d} = (-2, -1)$ であるから、

$$f(\vec{d}) = A\vec{d} = \begin{pmatrix} -2 & 1 \\ 3 & -2 \end{pmatrix}\begin{pmatrix} -2 \\ -1 \end{pmatrix} = \begin{pmatrix} -2 \cdot (-2) + 1 \cdot (-1) \\ 3 \cdot (-2) + (-2) \cdot (-1) \end{pmatrix} = \begin{pmatrix} 3 \\ -4 \end{pmatrix}$$

①に代入して、

$$f(\vec{p}) = \begin{pmatrix} -1 \\ 1 \end{pmatrix} + t\begin{pmatrix} 3 \\ -4 \end{pmatrix} = \begin{pmatrix} -1 + 3t \\ 1 - 4t \end{pmatrix}$$

だから、直線 ℓ の像の媒介変数表示は、$f(\vec{p}) = (y_1, y_2)$ として、

$$\begin{cases} y_1 = -1 + 3t \\ y_2 = 1 - 4t \end{cases}$$

問題4.10

2点 $A(\vec{a})$、$B(\vec{b})$ を通る直線のベクトル方程式は、問題4.1より、

$$\vec{p} = (1 - t)\vec{a} + t\vec{b}$$

よって、
$$f(\vec{p}) = f((1-t)\vec{a} + t\vec{b}) = (1-t)f(\vec{a}) + tf(\vec{b})$$

この式は、2点 $A'(f(\vec{a}))$、$B'(f(\vec{b}))$ を通る直線のベクトル方程式である。ゆえに、平面 α 上の2点 $A(\vec{a})$、$B(\vec{b})$ を通るの直線は、f によって、平面 β 上の2点 $A'(f(\vec{a}))$、$B'(f(\vec{b}))$ を通る直線にうつる。

問題4.11

(1) $|A| = -1 \cdot 4 - 2 \cdot (-2) = 0$

(2) $\vec{e_1} = 1 \cdot \vec{e_1} + 0 \cdot \vec{e_2} = (1, 0)$、$\vec{e_2} = 0 \cdot \vec{e_1} + 1 \cdot \vec{e_2} = (0, 1)$ より、

$$f(\vec{e_1}) = A\vec{e_1} = \begin{pmatrix} -1 & 2 \\ -2 & 4 \end{pmatrix} \begin{pmatrix} 1 \\ 0 \end{pmatrix} = \begin{pmatrix} -1 \cdot 1 + 2 \cdot 0 \\ -2 \cdot 1 + 4 \cdot 0 \end{pmatrix} = \begin{pmatrix} -1 \\ -2 \end{pmatrix}$$

$$f(\vec{e_2}) = A\vec{e_2} = \begin{pmatrix} -1 & 2 \\ -2 & 4 \end{pmatrix} \begin{pmatrix} 0 \\ 1 \end{pmatrix} = \begin{pmatrix} -1 \cdot 0 + 2 \cdot 1 \\ -2 \cdot 0 + 4 \cdot 1 \end{pmatrix} = \begin{pmatrix} 2 \\ 4 \end{pmatrix}$$

である。よって、

$$f(\vec{e_2}) = \begin{pmatrix} 2 \\ 4 \end{pmatrix} = -2 \begin{pmatrix} -1 \\ -2 \end{pmatrix} = -2f(\vec{e_1})$$

(3) 点 $R_1(\vec{r_1})$ を通り、方向ベクトルが $\vec{d_1}$ である直線 ℓ_1 のベクトル方程式は、

$$\vec{p} = \vec{r_1} + t\vec{d_1}$$

ここで、$\vec{r_1} = (0, 1)$、$\vec{d_1} = (2, 1)$ だから、$\vec{p} = (x_1, x_2)$ とおいて、

$$\begin{pmatrix} x_1 \\ x_2 \end{pmatrix} = \begin{pmatrix} 0 \\ 1 \end{pmatrix} + t \begin{pmatrix} 2 \\ 1 \end{pmatrix} = \begin{pmatrix} 2t \\ 1+t \end{pmatrix}$$

よって、直線 ℓ_1 の媒介変数表示は、

$$\begin{cases} x_1 = 2t \\ x_2 = 1 + t \end{cases}$$

(4) 直線 ℓ_1 上の点 $P(\vec{p})$ は、$\vec{p} = (2t, 1+t)$ だから、

$$f(\vec{p}) = \begin{pmatrix} -1 & 2 \\ -2 & 4 \end{pmatrix} \begin{pmatrix} 2t \\ 1+t \end{pmatrix}$$

$$= \begin{pmatrix} -1 \cdot 2t + 2 \cdot (1+t) \\ -2 \cdot 2t + 4 \cdot (1+t) \end{pmatrix} = \begin{pmatrix} 2 \\ 4 \end{pmatrix}$$

よって、ℓ_1 上のすべての点 P は、f によって点 $R'_1(2, 4)$ にうつるから、f によるの像 $f(\ell_1)$ は、点 $R'_1(2, 4)$ である。

(5) 点 $R_2(\vec{r_2})$ を通り、方向ベクトルが $\vec{d_1}$ である直線 ℓ_2 のベクトル方程式は、

$$\vec{p} = \vec{r_2} + t\vec{d_1}$$

ここで、$\vec{r_2} = (1, 0)$、$\vec{d_1} = (2, 1)$ だから、$\vec{p} = (x_1, x_2)$ とおいて、

$$\begin{pmatrix} x_1 \\ x_2 \end{pmatrix} = \begin{pmatrix} 1 \\ 0 \end{pmatrix} + t\begin{pmatrix} 2 \\ 1 \end{pmatrix} = \begin{pmatrix} 1 + 2t \\ t \end{pmatrix}$$

よって、直線 ℓ_2 の媒介変数表示は、

$$\begin{cases} x_1 = 1 + 2t \\ x_2 = t \end{cases}$$

直線 ℓ_2 上の点 $P(\vec{p})$ は、$\vec{p} = (1 + 2t, t)$ だから、

$$f(\vec{p}) = \begin{pmatrix} -1 & 2 \\ -2 & 4 \end{pmatrix}\begin{pmatrix} 1 + 2t \\ t \end{pmatrix} = \begin{pmatrix} -1 \cdot (1 + 2t) + 2 \cdot t \\ -2 \cdot (1 + 2t) + 4 \cdot t \end{pmatrix} = \begin{pmatrix} -1 \\ -2 \end{pmatrix}$$

よって、ℓ_2 上のすべての点 P は、f によって点 $R'_2(-1, -2)$ にうつるから、像 $f(\ell_2)$ は点 $R'_2(-1, -2)$ である。

(6) 点 $R_2(\vec{r_2})$ を通り、方向ベクトルが $\vec{d_2} = (1, -1)$ である直線 m のベクトル方程式は、

$$\vec{p} = \vec{r_2} + t\vec{d_2}$$

ここで、$\vec{r_2} = (1, 0)$、$\vec{d_1} = (1, -1)$ だから、$\vec{p} = (x_1, x_2)$ とおいて、

$$\begin{pmatrix} x_1 \\ x_2 \end{pmatrix} = \begin{pmatrix} 1 \\ 0 \end{pmatrix} + t\begin{pmatrix} 1 \\ -1 \end{pmatrix} = \begin{pmatrix} 1 + t \\ -t \end{pmatrix}$$

よって、直線 m の媒介変数表示は、

$$\begin{cases} x_1 = 1 + t \\ x_2 = -t \end{cases}$$

直線 m 上の点 $P(\vec{p})$ は、$\vec{p} = (1 + t, -t)$ だから、

$$f(\vec{p}) = \begin{pmatrix} -1 & 2 \\ -2 & 4 \end{pmatrix}\begin{pmatrix} 1 + t \\ -t \end{pmatrix} = \begin{pmatrix} -1 \cdot (1 + t) - 2 \cdot t \\ -2 \cdot (1 + t) - 4 \cdot t \end{pmatrix}$$

$$= \begin{pmatrix} -1 - 3t \\ -2 - 6t \end{pmatrix} = \begin{pmatrix} -1(1 + 3t) \\ -2(1 + 3t) \end{pmatrix} = (1 + 3t)\begin{pmatrix} -1 \\ -2 \end{pmatrix}$$

$$= (1 + 3t)f(\vec{e_1})$$

新たに、$1 + 3t$ を新たに t とおくと、
$$f(\vec{p}) = tf(\vec{e_1})$$
よって、f による直線 m の像 $f(m)$ は、直線 $tf(e_1)$ である。

問題4.12

(1) はじめに、$S|A|$ の絶対値を求める。

$\vec{u_1} = (2, 1)$、$\vec{u_2} = (-1, 1)$ のつくる平行四辺形の面積 S は、
$$S = |2 \cdot 1 - 1 \cdot (-1)| = |3| = 3$$
$$|A| = 1 \cdot 1 - 3 \cdot 1 = -2$$

したがって、$S|A|$ の絶対値 $= |3 \cdot (-2)| = |-6| = 6 \cdots\cdots①$

(2) 次に、$f(\vec{u_1})$ と $f(\vec{u_2})$ がつくる平行四辺形の面積 S' を求める。

$$f(\vec{u_1}) = \begin{pmatrix} 1 & 3 \\ 1 & 1 \end{pmatrix}\begin{pmatrix} 2 \\ 1 \end{pmatrix} = \begin{pmatrix} 1 \cdot 2 + 3 \cdot 1 \\ 1 \cdot 2 + 1 \cdot 1 \end{pmatrix} = \begin{pmatrix} 5 \\ 3 \end{pmatrix}$$

$$f(\vec{u_2}) = \begin{pmatrix} 1 & 3 \\ 1 & 1 \end{pmatrix}\begin{pmatrix} -1 \\ 1 \end{pmatrix} = \begin{pmatrix} 1 \cdot (-1) + 3 \cdot 1 \\ 1 \cdot (-1) + 1 \cdot 1 \end{pmatrix} = \begin{pmatrix} 2 \\ 0 \end{pmatrix}$$

よって、$f(\vec{u_1})$ と $f(\vec{u_2})$ がつくる平行四辺形の面積 S' は、
$$S' = |5 \cdot 0 - 2 \cdot 3| = |-6| = 6 \qquad\qquad\cdots\cdots②$$

①、②より、$S' = S|A|$ の絶対値

問題4.13

$$AB = \begin{pmatrix} a & b \\ c & d \end{pmatrix}\begin{pmatrix} u & v \\ w & x \end{pmatrix} = \begin{pmatrix} au + bw & av + bx \\ cu + dw & cv + dx \end{pmatrix}$$

より、

$$|AB| = (au + bw)(cv + dx) - (av + bx)(cu + dw)$$
$$= (\underline{aucv} + audx + bwcv + \underline{bwdx})$$
$$\quad - (\underline{avcu} + avdw + bxcu + \underline{bxdw})$$
$$= audx + bwcv - avdw - bxcu$$

よって、$|AB| = audx + bwcv - avdw - bxcu \qquad\qquad\cdots\cdots①$

$$|A||B| = (ad - bc)(ux - vw)$$
$$= adux - advw - bcux + bcvw$$

$$= adux + bcvw - advw - bcux$$

よって、$|A||B| = adux + bcvw - advw - bcux$ ......②

①と②の右辺が等しいから、

$$|AB| = |A||B|$$

問題4.14

$$AB = \begin{pmatrix} 2 & 1 \\ -1 & 1 \end{pmatrix} \begin{pmatrix} 3 & 2 \\ 1 & -1 \end{pmatrix} = \begin{pmatrix} 2 \cdot 3 + 1 \cdot 1 & 2 \cdot 2 + 1 \cdot (-1) \\ -1 \cdot 3 + 1 \cdot 1 & -1 \cdot 2 + 1 \cdot (-1) \end{pmatrix} = \begin{pmatrix} 7 & 3 \\ -2 & -3 \end{pmatrix}$$

$$BA = \begin{pmatrix} 3 & 2 \\ 1 & -1 \end{pmatrix} \begin{pmatrix} 2 & 1 \\ -1 & 1 \end{pmatrix} = \begin{pmatrix} 3 \cdot 2 + 2 \cdot (-1) & 3 \cdot 1 + 2 \cdot 1 \\ 1 \cdot 2 + (-1) \cdot (-1) & 1 \cdot 1 + (-1) \cdot 1 \end{pmatrix} = \begin{pmatrix} 4 & 5 \\ 3 & 0 \end{pmatrix}$$

よって、 $\qquad AB \neq BA$

$$|AB| = 7 \cdot (-3) - 3 \cdot (-2) = -15$$

$$|BA| = 4 \cdot 0 - 3 \cdot 5 = -15$$

よって、 $\qquad |AB| = |BA|$

問題4.15

(1)

$$\begin{pmatrix} 0 & 2 & 4 \\ 1 & 2 & 3 \\ -2 & -1 & 0 \end{pmatrix} \xrightarrow{\substack{\text{①第1行と} \\ \text{第2行を} \\ \text{入れ換える}}} \begin{pmatrix} 1 & 2 & 3 \\ 0 & 2 & 4 \\ -2 & -1 & 0 \end{pmatrix} \xrightarrow{\substack{\text{②(第1行)×2} \\ \text{+(第3行)}}} \begin{pmatrix} 1 & 2 & 3 \\ 0 & 2 & 4 \\ 0 & 3 & 6 \end{pmatrix} \xrightarrow{\text{③(第2行)×}\frac{1}{2}}$$

$$\longrightarrow \begin{pmatrix} 1 & 2 & 3 \\ 0 & 1 & 2 \\ 0 & 3 & 6 \end{pmatrix} \xrightarrow{\substack{\text{④(第2行)×(-3)} \\ \text{+(第3行)}}} \begin{pmatrix} 1 & 2 & 3 \\ 0 & 1 & 2 \\ 0 & 0 & 0 \end{pmatrix}$$

よって、 $\qquad \mathrm{rank}A = 2$

(2)

$$\begin{pmatrix} 2 & -1 & 4 \\ -6 & 3 & -12 \\ 4 & -2 & 8 \end{pmatrix} \xrightarrow{\substack{\text{①(第1行)×3} \\ \text{+(第2行)}}} \begin{pmatrix} 2 & -1 & 4 \\ 0 & 0 & 0 \\ 4 & -2 & 8 \end{pmatrix} \xrightarrow{\substack{\text{②(第1行)×(-2)} \\ \text{+(第3行)}}} \begin{pmatrix} 2 & -1 & 4 \\ 0 & 0 & 0 \\ 0 & 0 & 0 \end{pmatrix}$$

よって、 $\qquad \mathrm{rank}B = 1$

(3)

$$\begin{pmatrix} 2 & 2 & 4 \\ -2 & -3 & -1 \\ 1 & 2 & 3 \end{pmatrix} \xrightarrow[\ +(第2行)\ ]{①(第1行)} \begin{pmatrix} 2 & 2 & 4 \\ 0 & -1 & 3 \\ 1 & 2 & 3 \end{pmatrix} \xrightarrow[\ +(第3行)\ ]{②(第1行) \times (-\frac{1}{2})} \begin{pmatrix} 2 & 2 & 4 \\ 0 & -1 & 3 \\ 0 & 1 & 1 \end{pmatrix} \xrightarrow[\ +(第3行)\ ]{③(第2行)}$$

$$\xrightarrow{} \begin{pmatrix} 2 & 2 & 4 \\ 0 & -1 & 3 \\ 0 & 0 & 4 \end{pmatrix}$$

よって、 $\mathrm{rank}C = 3$

第5章
線形変換と固有値

　前章で、線形空間から異なる線形空間への線形写像を見てきたが、ここでは、線形空間から同じ線形空間への線形写像を見ていく。このような線形写像を線形変換と呼ぶ。この線形変換の中で重要なのは固有値・固有ベクトルである。これらは、統計学や経済学や量子力学などの多くの分野で利用されている。ここでは、この固有値・固有ベクトルについて見ていくことにする。しかし、一般のn次元線形空間ではわかり難いので、本書では主に2次元線形空間について調べ、最後に3次元線形空間における固有値・固有ベクトルを見ていく。

---

1. 2次元線形空間の線形変換fに対して、その表現行列は、基底の取り方によって異なる。そこで、はじめにこの表現行列について見ていく。次に、線形変換fの表現行列をA、Bとするとき、正則行列Pが存在して、$P^{-1}BP = A$が成り立つことを見ていく。このときAとBは相似であるという。
2. 線形変換fの表現行列は無数にあるが、その中でもっとも簡単な行列は対角行列（対角成分以外が0である行列）である。そのために、この対角行列を求めることが重要になる。そのときに、必要になるのが固有値・固有ベクトルである。ここでは、正方行列Aの固有値・固有ベクトルを求め、Aと相似な対角行列を求める。
3. 固有値・固有ベクトルを利用して、$8x^2 + 4xy + 5y^2 = 36$を$\dfrac{x^2}{9} + \dfrac{y^2}{4} = 1$に変形する方法を見ていく。
4. 3次元線形空間における線形写像の固有値・固有ベクトルを求め、3次正方行列に相似な対角行列を求める。

1. 線形変換

第4章では、「2次元線形空間αから2次元線形空間βへの線形写像」を「平面αから平面βへの線形写像」と言うことにして、異なる2つの2次元線形空間の間の線形写像についてついて見てきた。この章では、同じ2次元線形空間への線形写像について考える。このように、同じ線形空間への線形写像を線形変換と呼ぶ。すなわち、「2次元線形空間αから2次元線形空間αへの線形変換」について見ていく。ここでも、このことを「平面αから平面αへの線形変換」と言うことにする。

基底と表現行列

第4章との違いは、次のようになる。

(1) 第4章では、

平面αの基底を$\vec{u_1}$、$\vec{u_2}$、平面βの基底を$\vec{v_1}$、$\vec{v_2}$とする。平面αから平面βへの線形写像fを、

$$\begin{cases} f(\vec{u_1}) = a\vec{v_1} + c\vec{v_2} \\ f(\vec{u_2}) = b\vec{v_1} + d\vec{v_2} \end{cases}$$

としたとき、fの表現行列Aは、

$$A = \begin{pmatrix} a & b \\ c & d \end{pmatrix}$$

であった(図5.1)。

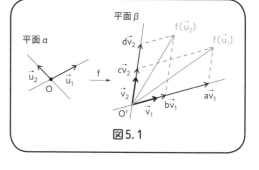

図 5.1

(2) 第5章では、

平面αの基底を$\vec{u_1}$、$\vec{u_2}$とするとき、平面αから平面αへの線形変換fを、

$$\begin{cases} f(\vec{u_1}) = a\vec{u_1} + c\vec{u_2} \\ f(\vec{u_2}) = b\vec{u_1} + d\vec{u_2} \end{cases} \tag{5.1}$$

としたとき、fの表現行列Aは、

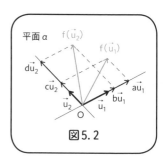

図 5.2

$$A = \begin{pmatrix} a & b \\ c & d \end{pmatrix} \qquad (5.2)$$

線形変換と表現行列の a、b、c、d の位置の違いに注意

となる（図5.2）。

　このように、線形変換では、平面 α の基底を1つ決めて、そこでの表現行列を考える。したがって、基底によって、同じ線形変換の表現行列は変わってくる。

　基底によって、表現行列が変わる具体例を見ていこう。

例題5.1

　正規直交基底 $\vec{e_1}$、$\vec{e_2}$ による線形変換 f が、

$$\begin{cases} f(\vec{e_1}) = 2\vec{e_1} + \vec{e_2} \\ f(\vec{e_2}) = \vec{e_1} + 3\vec{e_2} \end{cases} \qquad (5.3)$$

で与えられているとき、基底 $\vec{e_1}$、$\vec{e_2}$ についての f の表現行列を A とする。一方、

$$\begin{cases} \vec{u_1} = \vec{e_1} - \vec{e_2} & \cdots\cdots① \\ \vec{u_2} = \vec{e_1} + \vec{e_2} & \cdots\cdots② \end{cases} \qquad (5.4)$$

で表されるベクトル $\vec{u_1}$、$\vec{u_2}$ を基底（図5.3）としたときの f の表現行列を B とする。このとき、次の問に答えよ。

(1) 表現行列 A を求めよ。
(2) 表現行列 B を求めよ。

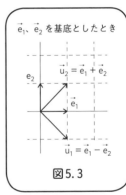
図5.3

《解答》

(5.2) より

(1) $A = \begin{pmatrix} 2 & 1 \\ 1 & 3 \end{pmatrix}$

(2) 表現行列 B を求めるためには、
　(5.1) の形の式を求めればよい。そこで、
　(i) はじめに、$f(\vec{u_1})$、$f(\vec{u_2})$ を $\vec{e_1}$、$\vec{e_2}$ で表す。

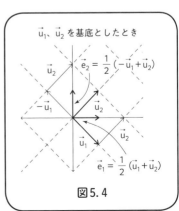
図5.4

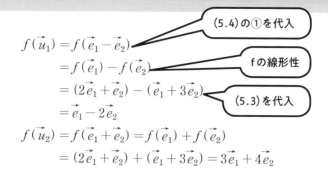

$$f(\vec{u_1}) = f(\vec{e_1} - \vec{e_2})$$

（5.4）の①を代入

$$= f(\vec{e_1}) - f(\vec{e_2})$$

fの線形性

$$= (2\vec{e_1} + \vec{e_2}) - (\vec{e_1} + 3\vec{e_2})$$

（5.3）を代入

$$= \vec{e_1} - 2\vec{e_2}$$

$$f(\vec{u_2}) = f(\vec{e_1} + \vec{e_2}) = f(\vec{e_1}) + f(\vec{e_2})$$

$$= (2\vec{e_1} + \vec{e_2}) + (\vec{e_1} + 3\vec{e_2}) = 3\vec{e_1} + 4\vec{e_2}$$

よって、

図5.5を参照

$$\begin{cases} f(\vec{u_1}) = \vec{e_1} - 2\vec{e_2} & \cdots\cdots ③ \\ f(\vec{u_2}) = 3\vec{e_1} + 4\vec{e_2} & \cdots\cdots ④ \end{cases}$$

(ii) 次に、③、④の$\vec{e_1}$、$\vec{e_2}$を、$\vec{u_1}$、$\vec{u_2}$で表す。

図5.4を参照

（①+②）÷2より、　　　$\vec{e_1} = \dfrac{1}{2}(\vec{u_1} + \vec{u_2})$ 　　　$\cdots\cdots ⑤$

（−①+②）÷2より　　　$\vec{e_2} = \dfrac{1}{2}(-\vec{u_1} + \vec{u_2})$ 　　　$\cdots\cdots ⑥$

(iii) ③と④に⑤と⑥を代入して、$f(\vec{u_1})$、$f(\vec{u_2})$を$\vec{u_1}$、$\vec{u_2}$で表す。

$$f(\vec{u_1}) = \frac{1}{2}(\vec{u_1} + \vec{u_2}) - 2\cdot\frac{1}{2}(-\vec{u_1} + \vec{u_2}) = \frac{3}{2}\vec{u_1} - \frac{1}{2}\vec{u_2}$$

$$f(\vec{u_2}) = 3\cdot\frac{1}{2}(\vec{u_1} + \vec{u_2})$$

$$+ 4\cdot\frac{1}{2}(-\vec{u_1} + \vec{u_2})$$

$$= -\frac{1}{2}\vec{u_1} + \frac{7}{2}\vec{u_2}$$

よって、

図5.5を参照

$$\begin{cases} f(\vec{u_1}) = \dfrac{3}{2}\vec{u_1} - \dfrac{1}{2}\vec{u_2} \\ f(\vec{u_2}) = -\dfrac{1}{2}\vec{u_1} + \dfrac{7}{2}\vec{u_2} \end{cases}$$

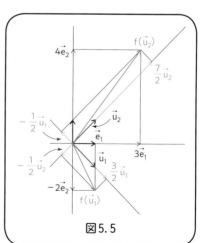

図5.5

したがって、基底$\vec{u_1}$、$\vec{u_2}$について
のfの表現行列Bは、

$$B = \begin{pmatrix} \dfrac{3}{2} & -\dfrac{1}{2} \\ -\dfrac{1}{2} & \dfrac{7}{2} \end{pmatrix}$$

（終）

問題5.1

(5.3)で示された線形変換で、
$$\begin{cases} \vec{v_1} = \vec{e_1} + \vec{e_2} & \cdots\cdots① \\ \vec{v_2} = -\vec{e_1} + \vec{e_2} & \cdots\cdots② \end{cases}$$
で表されるベクトル$\vec{v_1}$、$\vec{v_2}$を基底としたときのfの表現行列Cを求めよ。

このように、同じ線形変換fでも、基底のとり方によってfを表す表現行列は異なる。基底は無数にあるから、表現行列も1つの線形変換に対して無数にある。

表現行列どうしの関係

正規直交基底$\vec{e_1}$、$\vec{e_2}$による線形変換fの表現行列をAとし、

$$\begin{cases} \vec{u_1} = q_{11}\vec{e_1} + q_{21}\vec{e_2} \\ \vec{u_2} = q_{12}\vec{e_1} + q_{22}\vec{e_2} \end{cases} \tag{5.5}$$

で表されるベクトル$\vec{u_1}$、$\vec{u_2}$を基底としたときのfの表現行列をBとする。このとき、行列AとBの関係を調べよう。

(1) そのために、はじめに$\vec{p}$を$\vec{e_1}$、$\vec{e_2}$を基底としたときの成分と$\vec{u_1}$、$\vec{u_2}$を基底としたときの成分の関係について調べる。

$\vec{e_1}$、$\vec{e_2}$を基底としたとき、

$$\vec{p} = x_1\vec{e_1} + x_2\vec{e_2} = (x_1, x_2)_e$$

$\vec{u_1}$、$\vec{u_2}$を基底としたとき、

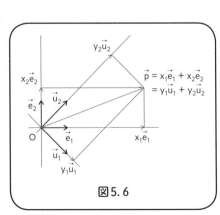

図5.6

$$\vec{p} = y_1\vec{u_1} + y_2\vec{u_2} = (y_1,\ y_2)_u$$

と表されたとする(図5.6)。

このときの $(x_1,\ x_2)_e$ と $(y_1,\ y_2)_u$ の関係を調べよう。

$$\vec{p} = y_1\vec{u_1} + y_2\vec{u_2}$$
$$= y_1(q_{11}\vec{e_1} + q_{21}\vec{e_2}) + y_2(q_{12}\vec{e_1} + q_{22}\vec{e_2})$$
$$= (q_{11}y_1 + q_{12}y_2)\vec{e_1} + (q_{21}y_1 + q_{22}y_2)\vec{e_2}$$

(5.5)を代入

一方、$\vec{p} = x_1\vec{e_1} + x_2\vec{e_2}$ であるから、

$$x_1\vec{e_1} + x_2\vec{e_2} = (q_{11}y_1 + q_{12}y_2)\vec{e_1} + (q_{21}y_1 + q_{22}y_2)\vec{e_2}$$

$\vec{e_1}$ と $\vec{e_2}$ は線形独立だから、

$$\begin{cases} x_1 = q_{11}y_1 + q_{12}y_2 \\ x_2 = q_{21}y_1 + q_{22}y_2 \end{cases}$$

一般に、$\vec{e_1}$ と $\vec{e_2}$ が線形独立のとき、
$$a_1\vec{e_1} + a_2\vec{e_2} = b_1\vec{e_1} + b_2\vec{e_2}$$
ならば、
$$(a_1 - b_1)\vec{e_1} + (a_2 - b_2)\vec{e_2} = \vec{0}$$
が成り立つ。$\vec{e_1}$ と $\vec{e_2}$ が線形独立であるから
$$a_1 - b_1 = 0,\quad a_2 - b_2 = 0$$
よって、$a_1 = b_1,\quad a_2 = b_2$

この式を行列で表すと、

$$\begin{pmatrix} x_1 \\ x_2 \end{pmatrix} = \begin{pmatrix} q_{11} & q_{12} \\ q_{21} & q_{22} \end{pmatrix}\begin{pmatrix} y_1 \\ y_2 \end{pmatrix}$$

が成り立つ。

表現行列の場合と同じように、線形変換(5.5)と行列Qの q_{11}、q_{12}、q_{21}、q_{22} の位置に注意

$$Q = \begin{pmatrix} q_{11} & q_{12} \\ q_{21} & q_{22} \end{pmatrix} \tag{5.6}$$

とおくと、

$$\begin{pmatrix} x_1 \\ x_2 \end{pmatrix} = Q\begin{pmatrix} y_1 \\ y_2 \end{pmatrix} \tag{5.7}$$

だから、行列 Q は基底 $\vec{u_1}$、$\vec{u_2}$ による成分 $(y_1,\ y_2)_u$ を基底 $\vec{e_1}$、$\vec{e_2}$ による成分 $(x_1,\ x_2)_e$ に変換する行列である。

逆に、基底 $\vec{e_1}$、$\vec{e_2}$ による成分 $(x_1,\ x_2)_e$ を基底 $\vec{u_1}$、$\vec{u_2}$ による成分 $(y_1,\ y_2)_u$ に変換する行列を求めよう。

この行列 Q は正則行列$^{(注5.1)}$であるから、逆行列 Q^{-1} が存在するので、(5.7)に左から Q^{-1} を掛け算して、

$$Q^{-1}\begin{pmatrix} x_1 \\ x_2 \end{pmatrix} = \begin{pmatrix} y_1 \\ y_2 \end{pmatrix} \tag{5.8}$$

そこで、Q^{-1} を求めると、

$$Q^{-1} = \frac{1}{q_{11}q_{22} - q_{12}q_{21}} \begin{pmatrix} q_{22} & -q_{12} \\ -q_{21} & q_{11} \end{pmatrix}$$

> $A = \begin{pmatrix} a & b \\ c & d \end{pmatrix}$ の逆行列 A^{-1} は
>
> $A^{-1} = \dfrac{1}{ab - bc} \begin{pmatrix} d & -b \\ -c & a \end{pmatrix}$
>
> (91ページ参照)

となる。ここで、$d = q_{11}q_{22} - q_{12}q_{21}$ とおいて

$$p_{11} = \frac{1}{d}q_{22}, \quad p_{12} = -\frac{1}{d}q_{12}, \quad p_{21} = -\frac{1}{d}q_{21}, \quad p_{22} = \frac{1}{d}q_{11}$$

とする。そして、行列 P を

$$P = \begin{pmatrix} p_{11} & p_{12} \\ p_{21} & p_{22} \end{pmatrix} \tag{5.9}$$

とする。$Q^{-1} = P$ だからこの行列 P は、基底 $\vec{e_1}$、$\vec{e_2}$ による成分 $(x_1, x_2)_e$ を基底 $\vec{u_1}$、$\vec{u_2}$ による成分 $(y_1, y_2)_u$ に変換する行列である。すなわち、(5.8)より、

(注5.1) 逆行列をもつ行列のことを正則行列いう（92ページ参照）。Q が正則行列であることは、次のように証明できる。
Qは正則行列でないとすれば、Qは逆行列をもたないので、$|Q| = 0$ である。すなわち、$q_{11}q_{22} - q_{12}q_{21} = 0$ であるから、$q_{11}q_{22} = q_{12}q_{21}$ が成り立つ。
両辺を $q_{11}q_{21}$ で割ると、
$\dfrac{q_{11}q_{22}}{q_{11}q_{21}} = \dfrac{q_{12}q_{21}}{q_{11}q_{21}}$　だから　$\dfrac{q_{22}}{q_{21}} = \dfrac{q_{12}}{q_{11}}$　（$= k$ とおく）
が成り立つので、$q_{22} = kq_{21}$、$q_{12} = kq_{11}$ となる。よって、
$\vec{u_2} = q_{12}\vec{e_1} + q_{22}\vec{e_2} = kq_{11}\vec{e_1} + kq_{21}\vec{e_2} = k(q_{11}\vec{e_1} + q_{21}\vec{e_2}) = k\vec{u_1}$
したがって、$\vec{u_1}$ と $\vec{u_2}$ は線形従属になる。ところが、$\vec{u_1}$、$\vec{u_2}$ は基底であるから線形独立である。これは、矛盾するので、Qは正則行列でなければならない。

$$\begin{pmatrix} y_1 \\ y_2 \end{pmatrix} = P \begin{pmatrix} x_1 \\ x_2 \end{pmatrix}$$

である。

　この行列 P や Q は、それぞれの基底による成分表示に変換するので、**変換行列**という。

(2)　この変換行列 P をつかって、線形変換 f の基底 $\vec{e_1}$、$\vec{e_2}$ に関する表現行列 A と基底 $\vec{u_1}$、$\vec{u_2}$ に関する表現行列 B の関係を示そう。

　① 図5.7の①のように、基底 $\vec{e_1}$、$\vec{e_2}$ で表された $\vec{p}$ を線形変換 f でうつすと、表現行列が A だから $f(\vec{p}) = A\vec{p}$ になる。このベクトルに P を掛けると、$Pf(\vec{p}) = PA\vec{p}$ は基底 $\vec{u_1}$、$\vec{u_2}$ で表されたベクトルになる。

　② 図5.7の②のように、基底 $\vec{e_1}$、$\vec{e_2}$ で表された $\vec{p}$ に P をかけると、$P\vec{p}$ は基底 $\vec{u_1}$、$\vec{u_2}$ で表されたベクトルになる。そこで、このベクトルを線形変換 f でうつすと、表現行列が B だから $f(P\vec{p}) = BP\vec{p}$ になる。

　この2つのベクトル $Pf(\vec{p})$ と $f(P\vec{p})$ について、

①の $Pf(\vec{p}) = PA\vec{p}$ は、基底 $\vec{e_1}$、$\vec{e_2}$ の成分表示の $\vec{p}$ を f でうつしてから、基底 $\vec{u_1}$、$\vec{u_2}$ の成分表示に変えている。

②の $f(P\vec{p}) = BP\vec{p}$ は、基底 $\vec{e_1}$、$\vec{e_2}$ の成分表示の $\vec{p}$ を基底 $\vec{u_1}$、$\vec{u_2}$ の成分表示に変えてから、f でうつしている。

　ともに、同じベクトル $\vec{p}$ を線形変換 f でうつしているから等しい。

　よって、$Pf(\vec{p}) = f(P\vec{p})$ である。

すなわち、　　　　　　　　$PA\vec{p} = BP\vec{p}$　　　　　　　　　　(5.10)

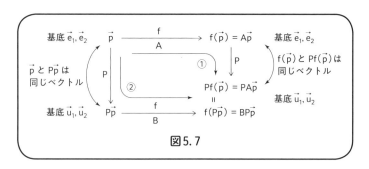

図5.7

(5.10)は、すべての平面ベクトル$\vec{p}$について成り立つから、

$$PA = BP$$

である。さらに、P^{-1}を両辺に左からかけて、

$$A = P^{-1}BP$$

$\boxed{\begin{aligned} P^{-1}PA &= P^{-1}BP \\ EA &= P^{-1}BP \\ A &= P^{-1}BP \end{aligned}}$ (5.11)

が成り立つ。

この過程を、例題5.1の線形変換fで考えてみよう。

例題5.2

正規直交基底$\vec{e_1}$、$\vec{e_2}$による線形変換fが、

$$\begin{cases} f(\vec{e_1}) = 2\vec{e_1} + \vec{e_2} \\ f(\vec{e_2}) = \vec{e_1} + 3\vec{e_2} \end{cases}$$ 例題5.1と同じ 線形変換 (5.3)

で与えられているとき、
基底$\vec{e_1}$、$\vec{e_2}$についての表現行列は、$A = \begin{pmatrix} 2 & 1 \\ 1 & 3 \end{pmatrix}$であり、

$$\begin{cases} \vec{u_1} = \vec{e_1} - \vec{e_2} & \cdots\cdots① \\ \vec{u_2} = \vec{e_1} + \vec{e_2} & \cdots\cdots② \end{cases}$$ (5.4)

で表されるベクトル$\vec{u_1}$、$\vec{u_2}$を基底としたとき、

例題5.1(2)より

基底$\vec{u_1}$、$\vec{u_2}$についての表現行列は$B = \begin{pmatrix} \dfrac{3}{2} & -\dfrac{1}{2} \\ -\dfrac{1}{2} & \dfrac{7}{2} \end{pmatrix}$であった。

(1) 基底$\vec{u_1}$、$\vec{u_2}$の成分表示を基底$\vec{e_1}$、$\vec{e_2}$の成分表示に変換する行列Qを求めよ。

(2) 基底$\vec{e_1}$、$\vec{e_2}$の成分表示を基底$\vec{u_1}$、$\vec{u_2}$の成分表示に変換する行列Pを求めよ。

(3) $\vec{p} = 3\vec{e_1} + \vec{e_2}$に対して、$A\vec{p}$を計算してから、$PA\vec{p}$を求めよ。

(4) $\vec{p} = 3\vec{e_1} + \vec{e_2}$に対して、$P\vec{p}$を計算してから、$BP\vec{p}$を求め、$PA\vec{p} = BP\vec{p}$が成り立つことを確かめよ。

《解答》

(1) (5.4)、(5.5)、(5.6) より、基底 $\vec{u_1}$、$\vec{u_2}$ の成分表示を基底 $\vec{e_1}$、$\vec{e_2}$ の成分表示に変換する行列 Q は、

$$Q = \begin{pmatrix} 1 & 1 \\ -1 & 1 \end{pmatrix}$$

> 253 ページから 254 ページまでのことから
> (5.5) $\begin{cases} \vec{u_1} = q_{11}\vec{e_1} + q_{21}\vec{e_2} \\ \vec{u_2} = q_{12}\vec{e_1} + q_{22}\vec{e_2} \end{cases}$
> で
> $\vec{p} = x_1\vec{e_1} + x_2\vec{e_2} = y_1\vec{u_1} + y_2\vec{u_2}$.
> のとき
> $\begin{pmatrix} x_1 \\ x_2 \end{pmatrix} = \begin{pmatrix} q_{11} & q_{12} \\ q_{21} & q_{22} \end{pmatrix}\begin{pmatrix} y_1 \\ y_2 \end{pmatrix}$
> が成り立つから
> (5.6) $Q = \begin{pmatrix} q_{11} & q_{12} \\ q_{21} & q_{22} \end{pmatrix}$

(2) $P = Q^{-1}$ だから、

$$P = \frac{1}{1 \cdot 1 - 1 \cdot (-1)}\begin{pmatrix} 1 & -1 \\ 1 & 1 \end{pmatrix}$$

$$= \frac{1}{2}\begin{pmatrix} 1 & -1 \\ 1 & 1 \end{pmatrix} = \begin{pmatrix} \dfrac{1}{2} & -\dfrac{1}{2} \\ \dfrac{1}{2} & \dfrac{1}{2} \end{pmatrix}$$

よって、基底 $\vec{e_1}$、$\vec{e_2}$ の成分表示を基底 $\vec{u_1}$、$\vec{u_2}$ の成分表示に変換する行列 P は

$$P = \begin{pmatrix} \dfrac{1}{2} & -\dfrac{1}{2} \\ \dfrac{1}{2} & \dfrac{1}{2} \end{pmatrix}$$

> 図5.8①を参照

(3) $\vec{p} = 3\vec{e_1} + \vec{e_2} = (3, 1)_e$ だから、

$$A\vec{p} = \begin{pmatrix} 2 & 1 \\ 1 & 3 \end{pmatrix}\begin{pmatrix} 3 \\ 1 \end{pmatrix} = \begin{pmatrix} 2 \cdot 3 + 1 \cdot 1 \\ 1 \cdot 3 + 3 \cdot 1 \end{pmatrix} = \begin{pmatrix} 7 \\ 6 \end{pmatrix}$$

> 図5.8②を参照

$$PA\vec{p} = P(A\vec{p}) = \frac{1}{2}\begin{pmatrix} 1 & -1 \\ 1 & 1 \end{pmatrix}\begin{pmatrix} 7 \\ 6 \end{pmatrix} = \frac{1}{2}\begin{pmatrix} 1 \cdot 7 + (-1) \cdot 6 \\ 1 \cdot 7 + 1 \cdot 6 \end{pmatrix} = \frac{1}{2}\begin{pmatrix} 1 \\ 13 \end{pmatrix}$$

(4) $\vec{p} = 3\vec{e_1} + \vec{e_2} = (3, 1)_e$ だから、

> 図5.8③を参照
> 図5.8④を参照

$$P\vec{p} = \frac{1}{2}\begin{pmatrix} 1 & -1 \\ 1 & 1 \end{pmatrix}\begin{pmatrix} 3 \\ 1 \end{pmatrix} = \frac{1}{2}\begin{pmatrix} 1 \cdot 3 + (-1) \cdot 1 \\ 1 \cdot 3 + 1 \cdot 1 \end{pmatrix} = \frac{1}{2}\begin{pmatrix} 2 \\ 4 \end{pmatrix} = \begin{pmatrix} 1 \\ 2 \end{pmatrix}$$

$$BP\vec{p} = B(P\vec{p}) = \frac{1}{2}\begin{pmatrix} 3 & -1 \\ -1 & 7 \end{pmatrix}\begin{pmatrix} 1 \\ 2 \end{pmatrix} = \frac{1}{2}\begin{pmatrix} 3 \cdot 1 + (-1) \cdot 2 \\ -1 \cdot 1 + 7 \cdot 2 \end{pmatrix} = \frac{1}{2}\begin{pmatrix} 1 \\ 13 \end{pmatrix}$$

> 図5.8④を参照

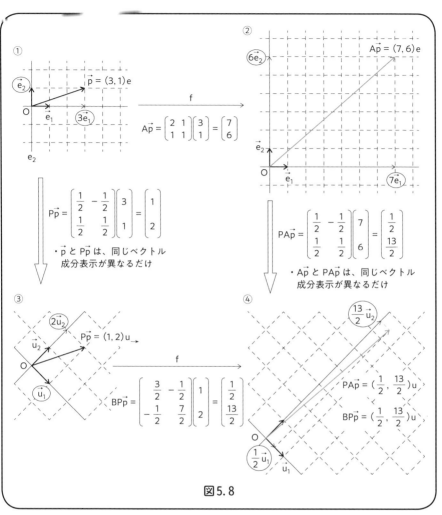

図5.8

(3)の結果と合わせると、

$$PA\vec{p} = BP\vec{p} \qquad (終)$$

問題 5.2

問題 5.1 の線形変換 f において、基底 $\vec{e_1}$、$\vec{e_2}$ についての表現行列を A、問題 5.1 の基底 $\vec{v_1}$、$\vec{v_2}$ についての表現行列を C とする。このとき、次の問に答えよ。

(1) 基底 $\vec{v_1}$、$\vec{v_2}$ の成分表示を基底 $\vec{e_1}$、$\vec{e_2}$ の成分表示に変換する行列 Q を求めよ。

(2) 基底 $\vec{e_1}$、$\vec{e_2}$ の成分表示を基底 $\vec{u_1}$、$\vec{u_2}$ の成分表示に変換する行列 P を求めよ。

(3) $\vec{p} = \vec{e_1} + 3\vec{e_2}$ に対して、$A\vec{p}$ を計算してから、$PA\vec{p}$ を求めよ。

(4) $\vec{p} = \vec{e_1} + 3\vec{e_2}$ に対して、$P\vec{p}$ を計算してから、$CP\vec{p}$ を求め、$PA\vec{p} = CP\vec{p}$ が成り立つことを確認せよ。

平面 α から平面 α への 1 つの線形変換 f に対して、基底 $\vec{e_1}$、$\vec{e_2}$ と基底 $\vec{u_1}$、$\vec{u_2}$ に関する f の表現行列をそれぞれ A、B とすると、正則行列 P が存在して、$P^{-1}BP = A$ となることを見てきた。この A と B は同じ線形変換を表すので似たものどうしである。

そこで、一般に、行列 A と B について、正則行列 P が存在して、$P^{-1}BP = A$ なる関係式が成り立つとき、2 つの行列 A と B は**相似**であるという。

【行列の相似】

行列 A と B が相似 $\iff$ $P^{-1}BP = A$ となる正則行列 P が存在

$\iff$ A と B は同じ線形変換の表現行列

2. 固有値と固有ベクトル

線形変換fの1つの表現行列をAとすると、Aと相似な行列は線形変換fの表現行列である。そこで、Aと相似な行列の集合を考え、その集合の代表として、できるだけ簡単な行列を選べば、線形変換の表現行列は簡単になる。

もっとも簡単な行列は、対角成分（対角成分とは行列の(i, i)成分のこと）以外の数が0である行列である。このような行列を対角行列という（図5.9）。行列Aに相似な対角行列を求めることを対角化するという。

ここでは、対角化するためには、固有値と固有ベクトルが必要になることを示し、それらの求め方や存在する条件を示す。そして、線形変換の固有な値を見ていく。

対角行列
$$\begin{pmatrix} a & 0 \\ 0 & d \end{pmatrix}$$
対角成分
以外は 0
図5.9

固有値と固有ベクトル

行列Aに相似な対角行列Cが存在するならば、正則行列Pが存在して、$P^{-1}AP = C$となる。すなわち、

$$AP = PC \qquad (5.12)$$

$$P(P^{-1}AP) = PC$$
$$(PP^{-1})AP = PC$$
$$EAP = PC$$
$$AP = PC$$

が成り立つ。

ここでは、対角行列Cと正則行列Pを求めるためには、固有値と固有ベクトルが必要であることを見ていく。

まず、行列を列ベクトルでの表し方について見ていく。

$$A = \begin{pmatrix} a & b \\ c & d \end{pmatrix}, \quad P = \begin{pmatrix} p_{11} & p_{12} \\ p_{21} & p_{22} \end{pmatrix}, \quad C = \begin{pmatrix} \lambda_1 & 0 \\ 0 & \lambda_2 \end{pmatrix}$$

とおいたとき、

Pから列を抜き出して列ベクトル

$$\vec{p_1} = \begin{pmatrix} p_{11} \\ p_{21} \end{pmatrix}, \quad \vec{p_2} = \begin{pmatrix} p_{12} \\ p_{22} \end{pmatrix} \text{をつくり、}$$

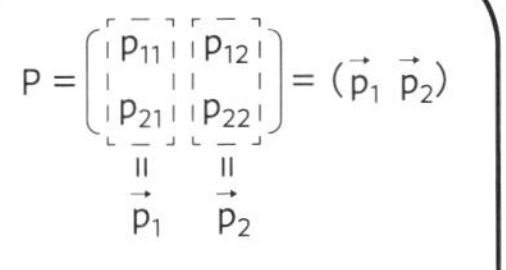

$$P = \begin{pmatrix} p_{11} & p_{12} \\ p_{21} & p_{22} \end{pmatrix} = (\vec{p_1} \ \vec{p_2})$$
$$\underset{\vec{p_1}}{\parallel} \quad \underset{\vec{p_2}}{\parallel}$$
図5.10

行列 P を $P = (\vec{p_1} \ \vec{p_2})$ と表すことにする（図 5.10）。ただし、ここでは、2 つのベクトル $\vec{p_1}$、$\vec{p_2}$ は零ベクトルではない。なぜならば、$\vec{p_1}$ または $\vec{p_2}$ が零ベクトルならば、$P = (\vec{p_1} \ \vec{p_2})$ は正則行列にならないからである。

$\vec{p_1}$ が零ベクトルならば
$$|P| = \begin{vmatrix} 0 & p_{12} \\ 0 & p_{22} \end{vmatrix}$$
$= 0 \cdot p_{22} - p_{12} \cdot 0 = 0$
となり、P は正則行列ではない。

(5.12) の両辺を成分で表してから、この書き方を用いる。

$$AP = \begin{pmatrix} a & b \\ c & d \end{pmatrix} \begin{pmatrix} p_{11} & p_{12} \\ p_{21} & p_{22} \end{pmatrix} = \begin{pmatrix} ap_{11} + bp_{21} & ap_{12} + bp_{22} \\ cp_{11} + dp_{21} & cp_{12} + dp_{22} \end{pmatrix}$$

$$= \left(\begin{pmatrix} a & b \\ c & d \end{pmatrix} \begin{pmatrix} p_{11} \\ p_{21} \end{pmatrix} \quad \begin{pmatrix} a & b \\ c & d \end{pmatrix} \begin{pmatrix} p_{12} \\ p_{22} \end{pmatrix} \right)$$

第 1 列、第 2 列を行列で表す

$$= (A\vec{p_1} \quad A\vec{p_2})$$

$$PC = \begin{pmatrix} p_{11} & p_{12} \\ p_{21} & p_{22} \end{pmatrix} \begin{pmatrix} \lambda_1 & 0 \\ 0 & \lambda_2 \end{pmatrix} = \begin{pmatrix} \lambda_1 p_{11} & \lambda_2 p_{12} \\ \lambda_1 p_{21} & \lambda_2 p_{22} \end{pmatrix}$$

$$= \left(\lambda_1 \begin{pmatrix} p_{11} \\ p_{21} \end{pmatrix} \quad \lambda_2 \begin{pmatrix} p_{12} \\ p_{22} \end{pmatrix} \right)$$

第 1 列、第 2 列を行列で表す

$$= (\lambda_1 \vec{p_1} \quad \lambda_2 \vec{p_2})$$

$AP = PC$ より $\quad (A\vec{p_1} \ A\vec{p_2}) = (\lambda_1 \vec{p_1} \ \lambda_2 \vec{p_2})$

よって、$\qquad\qquad A\vec{p_1} = \lambda_1 \vec{p_1}$、$A\vec{p_2} = \lambda_2 \vec{p_2}$ $\hfill$ (5.13)

が成り立つことがわかる。

このことから、行列 A に対して、(5.13) となる実数 λ_1、λ_2 とベクトル $\vec{p_1}$、$\vec{p_2}$ が求められれば、

λ_1、λ_2 を対角成分とする対角行列 $C = \begin{pmatrix} \lambda_1 & 0 \\ 0 & \lambda_2 \end{pmatrix}$

$\vec{p_1}$、$\vec{p_2}$ を列とする行列 $P = \begin{pmatrix} p_{11} & p_{12} \\ p_{21} & p_{22} \end{pmatrix}$

をつくることができ、(5.13) を導いた逆をたどると、$AP = PC$。すなわち、$P^{-1}AP = C$ とすることができる。つまり、A と相似な対角行列 C を求めることができる。この λ_1、λ_2 を行列 A の**固有値**、$\vec{p_1}$、$\vec{p_2}$ を A の**固有ベクトル**という。

そこで、一般に次のように定義する。

【固有値と固有ベクトル】

行列 A に対して、0 でない実数 λ と零ベクトルでないベクトル $\vec{p}$ について、

$$A\vec{p} = \lambda\vec{p} \tag{5.14}$$

が成り立つとき、実数 λ を A の固有値、$\vec{p}$ を固有値 λ に属する固有ベクトルという。

固有値の求め方

前項で、$A\vec{p} = \lambda\vec{p}$ となる固有値 λ と固有ベクトル $\vec{p}$ が求められれば、A と相似な対角行列を求めることできることを見てきた。

ここでは、固有値 λ と固有ベクトル $\vec{p}$ の求め方を考えよう。

$A\vec{p} = \lambda\vec{p}$ より $A\vec{p} - \lambda\vec{p} = \vec{0}$ だから、単位行列 E を用いて $A\vec{p} - \lambda E\vec{p} = \vec{0}$ $\vec{p}$ をくくり出して、

> $(A - \lambda)\vec{p} = \vec{0}$ とするのは間違い。A が行列で、λ が実数だから計算できない。

$$(A - \lambda E)\vec{p} = \vec{0} \tag{5.15a}$$

$A = \begin{pmatrix} a & b \\ c & d \end{pmatrix}$、$\vec{p} = \begin{pmatrix} x \\ y \end{pmatrix}$ とおいて、$(5.15)_a$ を成分で表すと、

$$\left(\begin{pmatrix} a & b \\ c & d \end{pmatrix} - \lambda \begin{pmatrix} 1 & 0 \\ 0 & 1 \end{pmatrix} \right) \begin{pmatrix} x \\ y \end{pmatrix} = \begin{pmatrix} 0 \\ 0 \end{pmatrix}$$

$$\begin{pmatrix} a - \lambda & b \\ c & d - \lambda \end{pmatrix} \begin{pmatrix} x \\ y \end{pmatrix} = \begin{pmatrix} 0 \\ 0 \end{pmatrix}$$

となる。この式から、連立方程式

$$\begin{cases} (a - \lambda)x + by = 0 \\ cx + (d - \lambda)y = 0 \end{cases} \tag{5.15b}$$

ができる。

99 ページから、連立方程式 $(5.15)_b$ の係数行列の行列式が、

$$\begin{vmatrix} a-\lambda & b \\ c & d-\lambda \end{vmatrix} = |A-\lambda E| \neq 0$$

99ページの
【2元連立1次方程式の解】
の (1) で、p = 0、q = 0 の場合
に当たる

ならば、$x = y = 0$ 以外に解をもたない。

したがって、$\vec{p} = (0, 0)$ と零ベクトルになる。固有ベクトルは零ベクトルでないので、この場合は不適である。

そこで、この連立方程式が0以外の解をもつためには、$|A-\lambda E| = 0$ でなければならない。この行列式より、

99ページの
【2元連立1次方程式の解】
の (2)(a) で、p = 0、q = 0 の
場合に当たる

$$(a-\lambda)(d-\lambda) - bc = 0$$

$\begin{vmatrix} a & b \\ c & d \end{vmatrix} = ad - bc$ だから

となり、展開すると変数がλの2次方程式

$$\lambda^2 - (a+d)\lambda + (ad-bc) = 0 \tag{5.16}$$

となる。ここで、対角成分の和$a+d$を **trA** と書き、**行列Aのトレース**(trace)または**跡**(せき)という。$ad-bc$は行列式$|A|$である。

よって、(5.16)は、

$$\lambda^2 - trA\lambda + |A| = 0$$

となる。すなわち、

$A\vec{p} = \lambda\vec{p}$ となる実数λを求めるには、

$$|A-\lambda E| = 0 \tag{5.17$_a$}$$

を展開した式

$$\lambda^2 - trA\lambda + |A| = 0 \tag{5.17$_b$}$$

を解くことになる。この$(5.17)_a$または$(5.17)_b$を行列Aの**固有多項式**または**特性多項式**という。

2次方程式は、実数の解をもたないことがあるので、実数の解がないときAは固有値をもたない。しかし、λを複素数まで考えると、2次方

程式は必ず解をもつことが知られている。そのために、複素数の範囲で考えると行列の固有値が必ず存在する。このことより、複素数の範囲で行列を考えることになった。

　ここで、具体例を見ていこう。

例題5.3

　2次正方行列 $A = \begin{pmatrix} 3 & 2 \\ 1 & 4 \end{pmatrix}$ の固有値と固有ベクトルを求め、

行列Aに相似な対角行列Cを求めよ。

《解答》

(1) 固有多項式より固有値を求める。

$$trA = 3+4 、 |A| = 3\cdot4 - 2\cdot1 = 10$$

を、固有多項式 $(5.17)_b$ に代入して、

$$\lambda^2 - 7\lambda + 10 = 0$$

因数分解して、$(\lambda - 2)(\lambda - 5) = 0$

> 因数分解の公式
> $x^2 + (a+b)x + ab$
> $\qquad = (x+a)(x+b)$
> を用いる。
> $\quad a+b = -7$ （足して -7）
> $\quad ab = 10$ （掛けて10）
> となるa、bを探すと
> $\quad a = -2、b = -5$

よって、　　$\lambda = 2、5$

したがって、固有値は2と5である。

(2) 固有値2と5を用いて、対角行列 $C = \begin{pmatrix} 2 & 0 \\ 0 & 5 \end{pmatrix}$ をつくる。この対角行列Cが、行列Aと相似であることを示す。

　そのためには、$P^{-1}AP = C$ となる正則行列Pを求める。

　まず、固有値 $\lambda = 2$ のときの固有ベクトル $\vec{p_1}$ を求める。

　固有ベクトル $\vec{p_1} = (x, y)$ は、$A\vec{p_1} = 2\vec{p_1}$ だから 成分で表すと、

$$\begin{pmatrix} 3 & 2 \\ 1 & 4 \end{pmatrix} \begin{pmatrix} x \\ y \end{pmatrix} = 2 \begin{pmatrix} x \\ y \end{pmatrix}$$

> 文中では $\vec{p_1}$ を行ベクトル $\vec{p_1} = (x, y)$ で表し、式中では列ベクトル $\vec{p_1} = \begin{pmatrix} x \\ y \end{pmatrix}$ で表すことに注意（紙面を節約するため）

となる。この式より、

$$\begin{cases} 3x + 2y = 2x & \cdots\cdots① \\ x + 4y = 2y & \cdots\cdots② \end{cases}$$

①、②の右辺の式を左辺に移項すると、

$$\begin{cases} x + 2y = 0 \\ x + 2y = 0 \end{cases}$$

となり、①、②ともに $x + 2y = 0$ になる。

したがって、

$$x = 2、y = -1$$

> x + 2y = 0の解は、無数にあるから、その中から1つを選べば良い。

が、連立方程式①、②の1つの解である。

したがって、

固有値2に対する固有ベクトルの1つは、$\vec{p_1} = (2, -1)$ である。

固有値 $\lambda = 5$ のときも同じようにして、

固有値5に対する固有ベクトルの1つは、$\vec{p_2} = (1, 1)$ である。

そこで、$P = (\vec{p_1} \ \vec{p_2}) = \begin{pmatrix} 2 & 1 \\ -1 & 1 \end{pmatrix}$ とおき、$P^{-1}AP = C$ が成り立つことを示す。

$$P^{-1} = \frac{1}{2 \cdot 1 - 1 \cdot (-1)} \begin{pmatrix} 1 & -1 \\ 1 & 2 \end{pmatrix} = \frac{1}{3} \begin{pmatrix} 1 & -1 \\ 1 & 2 \end{pmatrix}$$

だから、

> $A = \begin{pmatrix} a & b \\ c & d \end{pmatrix}$ の逆行列 A^{-1} は
> $$A^{-1} = \frac{1}{ab - bc} \begin{pmatrix} d & -b \\ -c & a \end{pmatrix}$$

$$\begin{aligned} P^{-1}AP &= \frac{1}{3} \begin{pmatrix} 1 & -1 \\ 1 & 2 \end{pmatrix} \begin{pmatrix} 3 & 2 \\ 1 & 4 \end{pmatrix} \begin{pmatrix} 2 & 1 \\ -1 & 1 \end{pmatrix} \\ &= \frac{1}{3} \begin{pmatrix} 1 & -1 \\ 1 & 2 \end{pmatrix} \begin{pmatrix} 3 \cdot 2 + 2 \cdot (-1) & 3 \cdot 1 + 2 \cdot 1 \\ 1 \cdot 2 + 4 \cdot (-1) & 1 \cdot 1 + 4 \cdot 1 \end{pmatrix} \\ &= \frac{1}{3} \begin{pmatrix} 1 & -1 \\ 1 & 2 \end{pmatrix} \begin{pmatrix} 4 & 5 \\ -2 & 5 \end{pmatrix} \\ &= \frac{1}{3} \begin{pmatrix} 1 \cdot 4 + (-1) \cdot (-2) & 1 \cdot 5 + (-1) \cdot 5 \\ 1 \cdot 4 + 2 \cdot (-2) & 1 \cdot 5 + 2 \cdot 5 \end{pmatrix} \end{aligned}$$

$$= \frac{1}{3}\begin{pmatrix} 6 & 0 \\ 0 & 15 \end{pmatrix} = \begin{pmatrix} 2 & 0 \\ 0 & 5 \end{pmatrix} = C$$

よって、A と C は相似である。　　　　　　　　　　　　　（終）

問題5.3

　例題5.3において、固有値5に属する固有ベクトルの1つは $\vec{p_2} = (1,\ 1)$ であることを確認せよ。

問題5.4

　2次正方行列 $A = \begin{pmatrix} -2 & 4 \\ -1 & 3 \end{pmatrix}$ の固有値と固有ベクトルを求め、行列 A に相似な対角行列 C を求めよ。

固有値が実数であるための条件

前項で、2次正方行列 A の固有値 λ は、2次方程式

$$\lambda^2 - trA\lambda + |A| = 0 \tag{5.18}$$

の解であることがわかった。そこで、この2次方程式の解を求める。

　2次方程式の解の公式[注5.2]より

$$\lambda = \frac{trA \pm \sqrt{(trA)^2 - 4|A|}}{2}$$

この式を成分で表そう。

$A = \begin{pmatrix} a & b \\ c & d \end{pmatrix}$ だから、$trA = a + d$、$|A| = ad - bc$ なので、

$$\lambda = \frac{(a+b) \pm \sqrt{(a+b)^2 - 4(ad - bc)}}{2}$$

$\sqrt{}$ の中の式 $(a+b)^2 - 4(ad - bc)$ を変形すると、

$$(a+d)^2 - 4(ad-bc) = (a^2 + 2ad + d^2) - 4ad + 4bc$$
$$= (a^2 - 2ad + d^2) + 4bc$$
$$= (a-d)^2 + 4bc$$

となるから、

$$\lambda = \frac{(a+b) \pm \sqrt{(a-b)^2 + 4bc}}{2}$$

$\sqrt{}$ の中の式 $(a-d)^2 + 4bc$ を D とおき、**判別式**という。

(1) $D = (a-d)^2 + 4bc < 0$ の場合

解 λ は、虚数なので、固有値は実数ではなく、虚数になる。

> $\sqrt{}$ の中が負の数の場合
> 例えば、$\sqrt{-2}$ のとき、
> $(\sqrt{-2})^2 = -2$ となり、2乗しても正にならない。よって、$\sqrt{-2}$ は虚数である。（18ページ参照）

(2) $D = (a-d)^2 + 4bc = 0$ の場合

解 λ は、1つの解 $\frac{1}{2}(a+d)$ になるので、固有値は1つになる。このとき、固有ベクトルも1つなので、2次の変換行列がつくれない。

（注5.2）

2次方程式 $ax^2 + bx + c = 0$ の解は、$x = \dfrac{-b \pm \sqrt{b^2 - 4ac}}{2a}$ である。これを**解の公式**という。この式は次のように導かれる。

$$ax^2 + bx + c = a\left(x^2 + \frac{b}{a}x\right) + c$$
$$= a\left\{x^2 + 2\frac{b}{2a}x + \left(\frac{b}{2a}\right)^2 - \left(\frac{b}{2a}\right)^2\right\} + c$$
$$= a\left\{\left(x + \frac{b}{2a}\right)^2 - \frac{b^2}{4a^2}\right\} + c = a\left(x + \frac{b}{2a}\right)^2 - \frac{b^2}{4a} + c$$
$$= a\left(x + \frac{b}{2a}\right)^2 - \frac{b^2 - 4ac}{4a}$$

$ax^2 + bx + c = 0$ より $a\left(x + \dfrac{b}{2a}\right)^2 - \dfrac{b^2 - 4ac}{4a} = 0$

よって、$\left(x + \dfrac{b}{2a}\right)^2 = \dfrac{b^2 - 4ac}{4a^2}$ この式より

$$x + \frac{b}{2a} = \pm \frac{\sqrt{b^2 - 4ac}}{2a}$$

ゆえに $x = -\dfrac{b}{2a} \pm \dfrac{\sqrt{b^2 - 4ac}}{2a} = \dfrac{-b \pm \sqrt{b^2 - 4ac}}{2a}$

したがって、2次の正方行列 A に相似な対角行列は存在しない。

対角行列の次に、簡単な行列は $\begin{pmatrix} \lambda & 1 \\ 0 & \lambda \end{pmatrix}$ という形をした行列である。この形をした行列を**ジョルダン標準形**という。2次正方行列 A に相似な行列には、ジョルダン標準形の行列が存在することがわかっている。しかし、本書のレベルを超えるので、ジョルダン標準形については扱わないこととする。

(3) $D = (a-d)^2 + 4bc > 0$ の場合

解 λ は2つの実数の解をもつので、固有値は2つあり、固有ベクトルも2つつくれるので、変換行列をつくることができる。このときは、行列 A に相似な対角行列は存在する。

以上のことから

$D = (a-d)^2 + 4bc \geqq 0$ のとき、実数の固有値をもつ。

$D = (a-d)^2 + 4bc > 0$ のとき、2次正方行列 A に相似な対角行列が存在する。

ここで、$b=c$ である行列 A、すなわち $A = \begin{pmatrix} a & b \\ b & d \end{pmatrix}$ である場合を考えよう。

判別式 D は

$$D = (a-d)^2 + 4b^2$$

となり、$(a-d)^2 \geqq 0$、$4b^2 \geqq 0$ なので、

$$D = (a-d)^2 + 4b^2 \geqq 0$$

がいえる。このことから、

$A = \begin{pmatrix} a & b \\ b & d \end{pmatrix}$ という行列は、必ず実数の固有値をもつ。

この対角成分に関して他の成分が対称である行列、つまり (i, j) 成分と (j, i) 成分が等しい行列を**対称行列**という。以上のことから、

このことは、３次以上の対称行列にもいえることである。

線形変換の固有な値

　ここでは、線形変換に固有な値について考える。この値は、相似な行列の共通な値になるので、相似な行列について考える。

(1) まず、固有値について考えよう。

　２つの相似な２次正方行列をA、Bとすると、AとBの間に

$$P^{-1}BP = A$$

という関係がある。Aの固有値は固有多項式$|A - \lambda E| = 0$の解であるから、$|A - \lambda E|$を計算すると次のようになる。

$$
\begin{aligned}
|A - \lambda E| &= |P^{-1}BP - \lambda E| \\
&= |P^{-1}BP - \lambda P^{-1}EP| \\
&= |P^{-1}(B - \lambda E)P| \\
&= |P^{-1}||B - \lambda E||P| \\
&= |P|^{-1}|B - \lambda E||P| \\
&= |P|^{-1}|P||B - \lambda E| \\
&= |B - \lambda E|
\end{aligned}
$$

> $P^{-1}P = E$、$EP = PE$だから
> $E = EE = P^{-1}PE = P^{-1}EP$

> P^{-1}とPをくくり出す（79ページ）

> $|AB| = |A||B|$（224ページ）

> $|P^{-1}| = |P|^{-1}$（230ページ）

> 行列式は実数だから交換可能

> $|P|^{-1} = \dfrac{1}{|P|}$だから$|P|^{-1}|P| = 1$

よって、

Aの固有多項式$|A - \lambda E| = 0$とBの固有多項式$|B - \lambda E| = 0$は等しい。固有値は、固有多項式の解だから、相似な行列の固有値は同じであることがわかる。相似な行列は同じ線形変換を表すから、

　「固有値は線形変換の固有な値である。」

(2) 次に、相似な行列の行列式の値について調べよう。

相似な行列をA、Bとすると、$P^{-1}BP = A$なる関係がある。

そこで、(1)と同じように計算して、

$$|A| = |B|$$

がいえる。すなわち、

「表現行列の行列式は、線形変換の固有な値である。」

問題5.5

相似な行列をA、Bとすると、$|A| = |B|$であることを示せ。

---

(3) 最後に、相似な2つの行列AとBのトレースについて調べよう。

(1)から$|A - \lambda E| = |B - \lambda E|$であるので、

$$\lambda^2 - trA\lambda + |A| = \lambda^2 - trB\lambda + |B|$$

である。そして、$|A| = |B|$であることより、

$$trA = trB$$

すなわち、

「表現行列のトレースは、線形変換の固有な値である。」

がわかる。

例題5.4

行列 $A = \begin{pmatrix} 3 & 2 \\ 1 & 4 \end{pmatrix}$、正則行列 $P = \begin{pmatrix} 1 & 2 \\ 1 & 3 \end{pmatrix}$ に対して、$P^{-1}AP = B$とおく

と、AとBは相似である。このとき次のことを確かめよ。

(1) $trA = trB$

(2) $|A| = |B|$

(3) AとBの固有値は等しい。

《解答》

行列Bを求める。$B = P^{-1}AP$だから、

$$P^{-1} = \frac{1}{1 \cdot 3 - 2 \cdot 1}\begin{pmatrix} 3 & -2 \\ -1 & 1 \end{pmatrix} = \begin{pmatrix} 3 & -2 \\ -1 & 1 \end{pmatrix}$$

より、

$$
\begin{aligned}
B = P^{-1}AP &= \begin{pmatrix} 3 & -2 \\ -1 & 1 \end{pmatrix}\begin{pmatrix} 3 & 2 \\ 1 & 4 \end{pmatrix}\begin{pmatrix} 1 & 2 \\ 1 & 3 \end{pmatrix} \\
&= \begin{pmatrix} 3 & -2 \\ -1 & 1 \end{pmatrix}\begin{pmatrix} 3 \cdot 1 + 2 \cdot 1 & 3 \cdot 2 + 2 \cdot 3 \\ 1 \cdot 1 + 4 \cdot 1 & 1 \cdot 2 + 4 \cdot 3 \end{pmatrix} \\
&= \begin{pmatrix} 3 & -2 \\ -1 & 1 \end{pmatrix}\begin{pmatrix} 5 & 12 \\ 5 & 14 \end{pmatrix} \\
&= \begin{pmatrix} 3 \cdot 5 + (-2) \cdot 5 & 3 \cdot 12 + (-2) \cdot 14 \\ (-1) \cdot 5 + 1 \cdot 5 & (-1) \cdot 12 + 1 \cdot 14 \end{pmatrix} \\
&= \begin{pmatrix} 5 & 8 \\ 0 & 2 \end{pmatrix}
\end{aligned}
$$

(1) $trA = 3 + 4 = 7$、$trB = 5 + 2 = 7$ だから、

$$trA = trB$$

(2) $|A| = 3 \cdot 4 - 2 \cdot 1 = 10$、$|B| = 5 \cdot 2 - 8 \cdot 0 = 10$ だから、

$$|A| = |B|$$

(3) A の固有多項式は　　$\lambda^2 - trA\lambda + |A| = 0$　　……①

　　B の固有多項式は　　$\lambda^2 - trB\lambda + |B| = 0$　　……②

　(1) より $trA = trB = 7$、(2) より $|A| = |B| = 10$ だから、①と②は同じ固有多項式 $\lambda^2 - 7\lambda + 10 = 0$ である。

　　したがって、A と B の固有値は等しい。　　　　　　　　　（終）

問題5.6

　行列 $A = \begin{pmatrix} -2 & 4 \\ -1 & 3 \end{pmatrix}$、正則行列 $P = \begin{pmatrix} 2 & -1 \\ -3 & 2 \end{pmatrix}$ に対して、$P^{-1}AP = B$ とお

くと、A と B は相似である。このとき次のことを確かめよ。

(1) $trA = trB$

(2) $|A| = |B|$

(3) A と B の固有値は等しい。

　このように、相似な行列の固有値、行列式、トレースは、それぞれ同じ値をとる。3次以上の正方行列についても成り立つことである。

【線形写像に固有な値】

　線形写像 f の表現行列を A とするとき、

　　　A の固有値、行列式 | A |、トレース trA

は、線形写像 f の固有な値である。

---

3. 楕円の標準化

行列Aの固有値について見てきた。それでは、実際にどのようなときに固有値が利用されるのか。その1つの例をこれから示そう。そのための準備として円や楕円を見ていく。

円と楕円の方程式

原点Oから等距離rにある点の集合を**円**という。原点Oを**中心**、rを**半径**という。

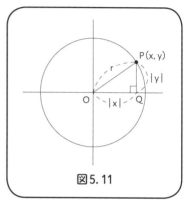

いま、中心Oの座標を$(0, 0)$、半径をrとし、円周上の任意の点Pの座標を(x, y)とする。

図5.11の直角三角形OPQにおいて、$OP = r$、$OQ = |x|$、$PQ = |y|$だから、ピタゴラスの定理より、

図5.11

> x、yの正負がわからないから
> 絶対値をつける

$$|x|^2 + |y|^2 = r^2$$

である。よって、中心が原点、半径rの円の方程式は、

$$x^2 + y^2 = r^2 \qquad (5.17)$$

> $|x|^2 = x^2$

となる。

楕円は、円を1つの直径に向かって一定割合で縮小あるいは拡大した曲線のことをいう（図5.12）。

原点Oを中心として半径aの円をx軸に向かって$\dfrac{m}{n}$だけ縮小してできる楕円の方程式を求めよう。

ただし、m、nは、$m < n$である正の実

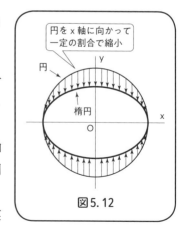

> 円を x 軸に向かって
> 一定の割合で縮小

円

楕円

図5.12

数とする。

　図5.13のように、円上の点を $Q(u,$ $v)$ とし、Q から x 軸に垂線 QR を下ろし、垂線 QR と楕円の交点を $P(x,$ $y)$ とする。楕円と x 軸の正の部分の交点を $A(a, 0)$、楕円と y 軸の正の部分との交点を $B(0, b)$ とする。

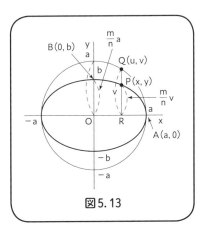

図5.13

　線分 QR を $\dfrac{m}{n}$ に縮めた線分が PR であるから、$P(x, y)$ と $Q(u, v)$ の関係は、

$$\begin{cases} x = u \\ y = \dfrac{m}{n}v \end{cases}$$

したがって、

$$\begin{cases} u = x & \cdots\cdots① \\ v = \dfrac{n}{m}y & \cdots\cdots② \end{cases}$$

$Q(u, v)$ は、半径 a の円上にあるから、

$$u^2 + v^2 = a^2 \quad \boxed{（5.17）より}$$

①、②を代入して、$x^2 + \left(\dfrac{n}{m}y\right)^2 = a^2$

a^2 で割って、$\quad \dfrac{x^2}{a^2} + \dfrac{y^2}{\left(\dfrac{m}{n}a\right)^2} = 1$

$\dfrac{m}{n}a = b$ だから、

$$\dfrac{x^2}{a^2} + \dfrac{y^2}{b^2} = 1 \quad (5.18)$$

$$\left(\dfrac{n}{m}y\right)^2 = \left(\dfrac{n}{m}\right)^2 y^2$$
$$= \dfrac{y^2}{\dfrac{1}{\left(\dfrac{n}{m}\right)^2}} = \dfrac{y^2}{\left(\dfrac{m}{n}\right)^2}$$

a^2 で割って

$$\dfrac{\left(\dfrac{n}{m}y\right)^2}{a^2} = \dfrac{\dfrac{y^2}{\left(\dfrac{m}{n}\right)^2}}{a^2}$$
$$= \dfrac{y^2}{\left(\dfrac{m}{n}\right)^2 a^2}$$
$$= \dfrac{y^2}{\left(\dfrac{m}{n}a\right)^2}$$

第5章　線形変換と固有値

これが、楕円の方程式である。

ここで、aは図5.13のOAの長さ、bは図5.13のOBの長さである。

これで、円や楕円の方程式がわかった。

それでは、方程式

$$8x^2 + 4xy + 5y^2 = 36 \qquad (5.19)$$

がどんな曲線を表す方程式なのかをこれから見ていこう。

2次形式を行列で表す

方程式(5.19)を円や楕円
の方程式と比べると、$4xy$
という余分な項がついてい
る。そこで、この項をなく
すことを考える。

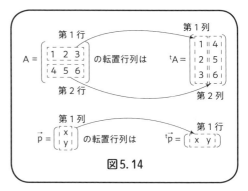

図5.14

方程式(5.19)の左辺は、x、
yの2次の項だけから成り
立っている。このような式
を**2次形式**という。この2次形式を行列で表し、対角化をすることに
よって方程式(5.19)が表す曲線を探り出す。

この節では、$\vec{p}$を列ベクトル $\vec{p} = \begin{pmatrix} x \\ y \end{pmatrix}$ で表し、${}^t\vec{p}$を行ベクトル ${}^t\vec{p} = (x\ y)$ で表すことにする。

一般に、行列Aの行と列を入れ換えた行列を${}^tA$と書き、行列Aの**転
置行列**という(図5.14)。

まず、(5.19)の左辺

$$8x^2 + 4xy + 5y^2$$

を行列で表す。

この2は、4xy の係数4の半分

$\vec{p} = \begin{pmatrix} x \\ y \end{pmatrix}$、 $A = \begin{pmatrix} 8 & 2 \\ 2 & 5 \end{pmatrix}$、 ${}^t\vec{p} = (x\ y)$ とおく。

$$\overrightarrow{{}^t p} A \overrightarrow{p} = (x \ y) \begin{pmatrix} 8 & 2 \\ 2 & 5 \end{pmatrix} \begin{pmatrix} x \\ y \end{pmatrix} = (x \ y) \begin{pmatrix} 8x + 2y \\ 2x + 5y \end{pmatrix}$$

$$= x(8x + 2y) + y(2x + 5y)$$

$$= 8x^2 + 2xy + 2xy + 5y^2$$

$$= 8x^2 + 4xy + 5y^2$$

したがって、(5.19)を行列で表すと、

$$\overrightarrow{{}^t p} A \overrightarrow{p} = 36 \tag{5.20}$$

となる。

この計算より、$4xy$ の項があるのは、A の波線 ⌒ 部分の $(1, 2)$ 成分と $(2, 1)$ 成分が2であることによる。そこで、これらの成分を0にすればよい。つまり、A を対角化すればよい。

Aの対角化

A と相似な対角行列 C と変換行列 P を求めよう。

(1) まず、A の固有値を求める。

固有多項式 $\lambda^2 - trA\lambda + |A| = 0$ より、

$$\lambda^2 - (8+5)\lambda + (8 \cdot 5 - 2 \cdot 2) = 0$$

$$\lambda^2 - 13\lambda + 36 = 0$$

$$(\lambda - 4)(\lambda - 9) = 0$$

掛けて 36
足して −13
の数は−4と−9

固有値は4と9である。

よって、A と相似な対角行列は $C = \begin{pmatrix} 4 & 0 \\ 0 & 9 \end{pmatrix}$

(2) 次に固有ベクトルを求め、変換行列 P をつくる。

$\lambda = 4$ のときの固有ベクトルを $\overrightarrow{p_1} = (x, y)$ として、

$$A\overrightarrow{p_1} = 4\overrightarrow{p_1} \text{より、} \qquad \begin{pmatrix} 8 & 2 \\ 2 & 5 \end{pmatrix} \begin{pmatrix} x \\ y \end{pmatrix} = 4 \begin{pmatrix} x \\ y \end{pmatrix}$$

よって、

$$\begin{cases} 8x + 2y = 4x \\ 2x + 5y = 4y \end{cases}$$

この2式は$2x + y = 0$となるので$x = 1$、$y = -2$が1つの解。

固有ベクトルの大きさを$1^{(注5.3)}$にするために、

$$\sqrt{1 + (-2)^2} = \sqrt{5} \ \text{でわると} \quad \vec{p_1} = \frac{1}{\sqrt{5}}\begin{pmatrix} 1 \\ -2 \end{pmatrix}$$

$\lambda = 9$ のときも、同じようにして$\vec{p_2} = \dfrac{1}{\sqrt{5}}\begin{pmatrix} 2 \\ 1 \end{pmatrix}$が固有ベクトルである。

この2つの列ベクトルを列とするとする行列$P = \dfrac{1}{\sqrt{5}}\begin{pmatrix} 1 & 2 \\ -2 & 1 \end{pmatrix}$は、変換行列であり、$P^{-1}AP = C$が成り立つ。

問題5.7

行列$A = \begin{pmatrix} 8 & 2 \\ 2 & 5 \end{pmatrix}$の固有値9に属する固有ベクトルを$\vec{p_2}$する。大きさが1の固有ベクトルは、$\vec{p_2} = \dfrac{1}{\sqrt{5}}\begin{pmatrix} 2 \\ 1 \end{pmatrix}$であることを確認せよ。

(注5.3)

一般に、$\vec{a}$と同じ向きで、大きさが1のベクトルは$\dfrac{\vec{a}}{|\vec{a}|}$である。このベクトルが大きさ1であることは、

$$\left| \frac{\vec{a}}{|\vec{a}|} \right| = \left| \frac{1}{|\vec{a}|}\vec{a} \right| = \frac{1}{|\vec{a}|}|\vec{a}| = 1$$

からわかる。これを成分で表すと、
$\vec{a} = (a_1, a_2)$のとき、$|\vec{a}| = \sqrt{a_1^2 + a_2^2}$ だから、

$$\frac{\vec{a}}{|\vec{a}|} = \frac{1}{\sqrt{a_1^2 + a_2^2}}(a_1, a_2)$$

$$= \left(\frac{a_1}{\sqrt{a_1^2 + a_2^2}}, \frac{a_2}{\sqrt{a_1^2 + a_2^2}} \right)$$

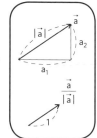

変換行列で座標を変換する

次に、$P^{-1}AP = C$ の左から P、右から P^{-1} をかけると、

$$A = PCP^{-1}$$

となる。この式を $\overrightarrow{{}^t p} A \overrightarrow{p} = 36$ に代入すると、

$$\overrightarrow{{}^t p}(PCP^{-1})\overrightarrow{p} = 36$$
$$(\overrightarrow{{}^t p}P)C(P^{-1}\overrightarrow{p}) = 36 \qquad\qquad \cdots\cdots ①$$

> $P(P^{-1}AP)P^{-1} = PCP^{-1}$
> $(PP^{-1})A(PP^{-1}) = PCP^{-1}$
> $EAE = PCP^{-1}$
> $A = PCP^{-1}$

> (5.20)の式

である。

ここで、P^{-1} を計算しよう。

$$P = \frac{1}{\sqrt{5}}\begin{pmatrix} 1 & 2 \\ -2 & 1 \end{pmatrix} = \begin{pmatrix} \dfrac{1}{\sqrt{5}} & \dfrac{2}{\sqrt{5}} \\ -\dfrac{2}{\sqrt{5}} & \dfrac{1}{\sqrt{5}} \end{pmatrix}$$

$$P^{-1} = \frac{1}{\dfrac{1}{\sqrt{5}}\cdot\dfrac{1}{\sqrt{5}} - \dfrac{2}{\sqrt{5}}\cdot\left(-\dfrac{2}{\sqrt{5}}\right)}\begin{pmatrix} \dfrac{1}{\sqrt{5}} & -\dfrac{2}{\sqrt{5}} \\ \dfrac{2}{\sqrt{5}} & \dfrac{1}{\sqrt{5}} \end{pmatrix}$$

$$= \frac{1}{\dfrac{1}{5} + \dfrac{4}{5}}\begin{pmatrix} \dfrac{1}{\sqrt{5}} & -\dfrac{2}{\sqrt{5}} \\ \dfrac{2}{\sqrt{5}} & \dfrac{1}{\sqrt{5}} \end{pmatrix} = \begin{pmatrix} \dfrac{1}{\sqrt{5}} & -\dfrac{2}{\sqrt{5}} \\ \dfrac{2}{\sqrt{5}} & \dfrac{1}{\sqrt{5}} \end{pmatrix}$$

一方、

$${}^t P = \begin{pmatrix} \dfrac{1}{\sqrt{5}} & -\dfrac{2}{\sqrt{5}} \\ \dfrac{2}{\sqrt{5}} & \dfrac{1}{\sqrt{5}} \end{pmatrix}$$

であるから、$P^{-1} = {}^t P$ であることがわる。

そこで、

①の $({}^t\vec{p}P)C(P^{-1}\vec{p}) = 36$ の P^{-1} と ${}^tP$ を入れ換えて、

$$({}^t\vec{p}P)C({}^tP\vec{p}) = 36 \qquad\qquad \cdots\cdots ②$$

が成り立つ。

さらに、転置行列の性質として、行列 X と Y について、

$$(1)\ {}^t({}^tX) = X \qquad (2)\ {}^t(XY) = {}^tY{}^tX$$

が成り立つ。なぜならば、

(1) ${}^t({}^tX)$ は、X の行と列と入れ換えてから、再び、行と列を入れ換えることだから、もとの行列 X に戻る。

(2) ${}^t(XY)$ を成分で計算した結果と ${}^tY{}^tX$ を成分で計算した結果が等しくなるからである。

問題5.8

$X = \begin{pmatrix} a_1 & a_2 \\ b_1 & b_2 \\ c_1 & c_2 \end{pmatrix}$、 $Y = \begin{pmatrix} x_1 & x_2 \\ y_1 & y_2 \end{pmatrix}$ としたとき、${}^t(XY)$ と ${}^tY{}^tX$ のそれぞれを

計算し、${}^t(XY) = {}^tY{}^tX$ であることを確認せよ。

転置行列の性質から、

転置行列の性質(2)

$$\vec{{}^tp}P = \vec{{}^tp}{}^t({}^tP) = {}^t({}^tP\vec{p})$$

転置行列の性質(1)

が成り立つ。

したがって、②の $({}^t\vec{p}P)C({}^tP\vec{p}) = 36$ の ${}^t\vec{p}P$ と ${}^t({}^tP\vec{p})$ を入れ換えて、

$$ {}^t({}^tP\vec{p})C({}^tP\vec{p}) = 36 $$

ここで、${}^tP\vec{p} = \vec{q}$ とおくと、

$$ \vec{{}^tq}C\vec{q} = 36 \qquad\qquad (5.21) $$

となる。これで、A と相似な対角行列 C で置き換えることができた。

軸を回転させる

ここでは、これらの式を成分で表し、ここまでの操作がどのような意味をもつのかを考えよう。

$$\vec{q} = {}^tP\vec{p} = \frac{1}{\sqrt{5}}\begin{pmatrix} 1 & -2 \\ 2 & 1 \end{pmatrix}\begin{pmatrix} x \\ y \end{pmatrix} = \frac{1}{\sqrt{5}}\begin{pmatrix} x-2y \\ 2x+y \end{pmatrix} \quad \text{だから、}$$

$$\begin{aligned}
{}^t\vec{q}\,C\vec{q} &= \begin{pmatrix} \dfrac{x-2y}{\sqrt{5}} & \dfrac{2x+y}{\sqrt{5}} \end{pmatrix}\begin{pmatrix} 4 & 0 \\ 0 & 9 \end{pmatrix}\begin{pmatrix} \dfrac{x-2y}{\sqrt{5}} \\ \dfrac{2x+y}{\sqrt{5}} \end{pmatrix} \\
&= \begin{pmatrix} \dfrac{x-2y}{\sqrt{5}} & \dfrac{2x+y}{\sqrt{5}} \end{pmatrix}\begin{pmatrix} 4\dfrac{x-2y}{\sqrt{5}} \\ 9\dfrac{2x+y}{\sqrt{5}} \end{pmatrix} \\
&= 4\left(\frac{x-2y}{\sqrt{5}}\right)^2 + 9\left(\frac{2x+y}{\sqrt{5}}\right)^2
\end{aligned}$$

したがって、${}^t\vec{q}\,C\vec{q} = 36$ は、

$$4\left(\frac{x-2y}{\sqrt{5}}\right)^2 + 9\left(\frac{2x+y}{\sqrt{5}}\right)^2 = 36$$

$X = \dfrac{x-2y}{\sqrt{5}}$、$Y = \dfrac{2x+y}{\sqrt{5}}$ とおき、36で割ると、

$$\frac{X^2}{9} + \frac{Y^2}{4} = 1 \tag{5.22}$$

となる。この方程式は楕円を表す。したがって、(5.19)の
$8x^2 + 4xy + 5y^2 = 36$ が表す曲線は楕円であることがわかった。

以上の操作は、$X = \dfrac{x-2y}{\sqrt{5}}$、$Y = \dfrac{x+y}{\sqrt{5}}$ とおいて、

$$8x^2 + 4xy + 5y^2 = 36$$

を

$$\frac{X^2}{9} + \frac{Y^2}{4} = 1$$

に変形したことになる。これは、

基底 $\vec{e_1} = (1, 0)$、$\vec{e_2} = (0, 1)$

を

基底 $\vec{p}_1 = \left(\dfrac{1}{\sqrt{5}}, -\dfrac{2}{\sqrt{5}}\right)$、$\vec{p}_2 = \left(\dfrac{2}{\sqrt{5}}, \dfrac{1}{\sqrt{5}}\right)$

に、変換行列 P によって変換したことである（図5.15）。つまり、軸を回転させることによって、楕円の方程式を簡単な形に変形したことを意味している。

新しい軸は、A の固有ベクトル方向である。278ページで固有ベクトルの長さを1にしたのは、固有ベクトルを正規直交基底にするためである。

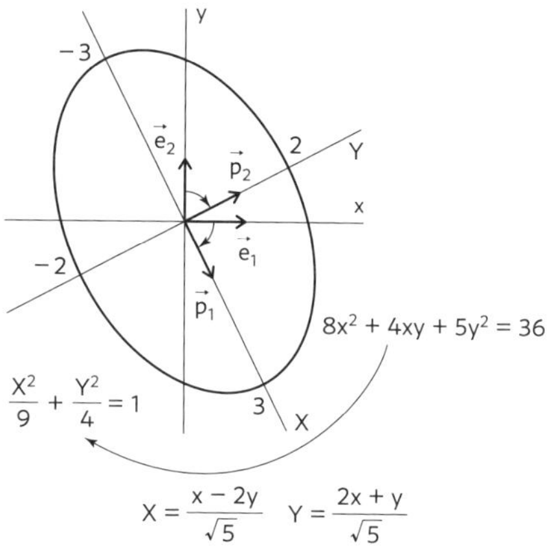

（5.18）の式

$$\frac{x^2}{a^2} + \frac{y^2}{b^2} = 1$$

を楕円の**標準形**といい、（5.19）の式

$$8x^2 + 4xy + 5y^2 = 36$$

を楕円の**一般形**という。

一般形の式を標準形に変形することを、**標準化**という。

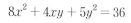

図中:
$8x^2 + 4xy + 5y^2 = 36$

$\dfrac{X^2}{9} + \dfrac{Y^2}{4} = 1$

$X = \dfrac{x - 2y}{\sqrt{5}}$　$Y = \dfrac{2x + y}{\sqrt{5}}$

図5.15

問題5.9
　楕円 $2x^2 + 2\sqrt{2}\,xy + 3y^2 = 16$ を標準化せよ。

4. 3次正方行列の固有値

今まで、2次正方行列の固有値について考えてきたが、3次以上の正方行列についても同じように固有値を求めることができる。ここでは、3次正方行列の固有値について考えていこう。

3次正方行列の固有値と固有ベクトル

3次正方行列 A についても、次のことがいえる。

3次正方行列 A、B について、ある3次正則行列 P が存在し、

$$P^{-1}BP = A$$

なる関係式が成り立つとき、2つの行列 A と B は**相似**であるという。

3次の線形変換 f の1つの表現行列を A とすると、A と相似な行列は3次の線形変換 f の表現行列である。そこで、A と相似な行列の集合を考え、その集合の代表として、できるだけ簡単な行列を選べば、線形変換の表現行列は簡単になる。

もっとも簡単な行列は、**対角行列**である（図5.16）。3次正方行列 A についても、相似な対角行列を求めることを**対角化**するという。対角化するためには、3次正方行列 A についても、固有値と固有ベクトルを考える。そこで次のように定義する。

> 対角行列
> $$\begin{pmatrix} a & 0 & 0 \\ 0 & b & 0 \\ 0 & 0 & c \end{pmatrix}$$
> 対角成分
> 以外は0
>
> 図5.16

【固有値と固有ベクトル】

3次正方行列Aに対して、
$$A\vec{p} = \lambda \vec{p} \tag{5.23}$$
となる、数λをAの固有値、$\vec{p}$ を固有値λに属する固有ベクトルという。

2次正方行列の場合と同じように、$A\vec{p} = \lambda\vec{p}$ となる固有値λを λ_1、λ_2、

λ_3、固有ベクトルをそれぞれ $\vec{p_k} = (p_k, q_k, r_k)\,(k = 1, 2, 3)$ とし、

$$C = \begin{pmatrix} \lambda_1 & 0 & 0 \\ 0 & \lambda_2 & 0 \\ 0 & 0 & \lambda_3 \end{pmatrix}, \quad P = \begin{pmatrix} p_1 & p_2 & p_3 \\ q_1 & q_2 & q_3 \\ r_1 & r_2 & r_3 \end{pmatrix} \quad \text{とおくと、}$$

$$P^{-1}AP = C$$

が成り立ち、3次正方行列 A が3次対角行列 C と相似になる。ただし、すべての3次正方行列が3次対角行列と相似になるわけではないことに注意しよう。

そこで、固有値 λ と固有ベクトル $\vec{p}$ の求め方を考える。これも2次正方行列の場合と同様である。

$$A\vec{p} = \lambda\vec{p} \quad \text{より} \quad A\vec{p} - \lambda\vec{p} = \vec{0}$$

だから、単位行列 E を用いて、

$$A\vec{p} - \lambda E\vec{p} = \vec{0}$$

$\vec{p}$ をくくりだして、

$$(A - \lambda E)\vec{p} = \vec{0} \tag{5.24}$$

$A = \begin{pmatrix} a_1 & a_2 & a_3 \\ b_1 & b_2 & b_3 \\ c_1 & c_2 & c_3 \end{pmatrix}$、$\vec{p} = \begin{pmatrix} x \\ y \\ z \end{pmatrix}$ とおいて、(5.24)を成分で表すと、

$$\left(\begin{pmatrix} a_1 & a_2 & a_3 \\ b_1 & b_2 & b_3 \\ c_1 & c_2 & c_3 \end{pmatrix} - \lambda \begin{pmatrix} 1 & 0 & 0 \\ 0 & 1 & 0 \\ 0 & 0 & 1 \end{pmatrix} \right) \begin{pmatrix} x \\ y \\ z \end{pmatrix} = \vec{0}$$

$$\begin{pmatrix} a_1 - \lambda & a_2 & a_3 \\ b_1 & b_2 - \lambda & b_3 \\ c_1 & c_2 & c_3 - \lambda \end{pmatrix} \begin{pmatrix} x \\ y \\ z \end{pmatrix} = \vec{0}$$

となる。この式から、連立方程式

$$\begin{cases} (a_1 - \lambda)x + a_2 y + a_3 z = 0 \\ b_1 x + (b_2 - \lambda)y + b_3 z = 0 \\ c_1 x + c_2 y + (c_3 - \lambda)z = 0 \end{cases} \quad (5.25)$$

264 ページ参照

ができる。

そこで、この連立方程式が 0 以外の解をもつためには、

$$|A - \lambda E| = \begin{vmatrix} a_1 - \lambda & a_2 & a_3 \\ b_1 & b_2 - \lambda & b_3 \\ c_1 & c_2 & c_3 - \lambda \end{vmatrix} = 0 \quad (5.26)$$

でなければならない。(5.26)を 3 次正方行列 A の**固有多項式**または**特性多項式**という。(5.26)にサラスの公式を用いると、

$$(a_1 - \lambda)(b_2 - \lambda)(c_3 - \lambda) + a_2 b_3 c_1 + a_3 c_2 b_1 \\ - (a_1 - \lambda)c_2 b_3 - a_2 b_1 (c_3 - \lambda) - a_3 (b_2 - \lambda)c_1 = 0$$

この式の両辺に－（マイナス）を掛けて整理すると、

$$\lambda^3 - (a_1 + b_2 + c_3)\lambda^2 \\ + \{(a_1 b_2 - a_2 b_1) + (a_1 c_3 - a_3 c_1) + (b_2 c_3 - c_2 b_3)\}\lambda \\ - (a_1 b_2 c_3 + a_2 b_3 c_1 + a_3 c_2 b_1 - a_1 c_2 b_3 - a_2 b_1 c_3 - a_3 b_2 c_1) = 0$$

ここで、

$$a_1 + b_2 + c_3 = trA$$

$$a_1 b_2 - a_2 b_1 = \begin{vmatrix} a_1 & a_2 \\ b_1 & b_2 \end{vmatrix}$$

$$a_1 c_3 - a_3 c_1 = \begin{vmatrix} a_1 & a_3 \\ c_1 & c_3 \end{vmatrix}$$

$$b_2 c_3 - c_2 b_3 = \begin{vmatrix} b_2 & b_3 \\ c_2 & c_3 \end{vmatrix}$$

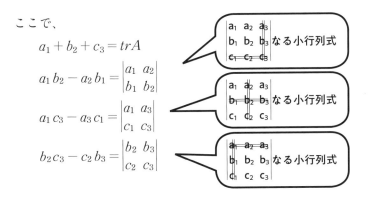

$\begin{matrix} a_1 & a_2 & a_3 \\ b_1 & b_2 & b_3 \\ c_1 & c_2 & c_3 \end{matrix}$ なる小行列式

$\begin{matrix} a_1 & a_2 & a_3 \\ b_1 & b_2 & b_3 \\ c_1 & c_2 & c_3 \end{matrix}$ なる小行列式

$\begin{matrix} a_1 & a_2 & a_3 \\ b_1 & b_2 & b_3 \\ c_1 & c_2 & c_3 \end{matrix}$ なる小行列式

$$a_1 b_2 c_3 + a_2 b_3 c_1 + a_3 c_2 b_1 - a_1 c_2 b_3 - a_2 b_1 c_3 - a_3 b_2 c_1$$

$$= \begin{vmatrix} a_1 & a_2 & a_3 \\ b_1 & b_2 & b_3 \\ c_1 & c_2 & c_3 \end{vmatrix} = |A|$$

であるから (5.26) は、

$$\lambda^3 - trA\,\lambda^2 + \left(\begin{vmatrix} a_1 & a_2 \\ b_1 & b_2 \end{vmatrix} + \begin{vmatrix} a_1 & a_3 \\ c_1 & c_3 \end{vmatrix} + \begin{vmatrix} b_2 & b_3 \\ c_2 & c_3 \end{vmatrix} \right) \lambda - |A| = 0 \qquad (5.27)$$

となる。この3次方程式が固有多項式 (5.26) を展開した式である。これも、3次正方行列 A の固有多項式である。

固有多項式 (5.27) を解くことによって、固有値が求められる。その各固有値を、連立方程式 (5.25) に代入して、x、y、z の値を求め、それらの値を成分とする固有ベクトル $\vec{p}$ を求める。

ここで、具体例を見ていこう。

例題5.3

3次正方行列 $A = \begin{pmatrix} 1 & 2 & 1 \\ -1 & 4 & 1 \\ 2 & -4 & 0 \end{pmatrix}$ の固有値と固有ベクトルを求め、

行列 A に相似な対角行列 C を求めよ。

(解)

(1) 固有多項式より固有値を求める。

固有多項式は、

$$|A - \lambda E| = 0$$

であるから、

$$\begin{vmatrix} 1-\lambda & 2 & 1 \\ -1 & 4-\lambda & 1 \\ 2 & -4 & 0-\lambda \end{vmatrix} = 0$$

である。これをサラスの公式で展開する。(5.27)において、

$$trA = 1 + 4 + 0 = 5$$

$$\begin{vmatrix} 1 & 2 \\ -1 & 4 \end{vmatrix} + \begin{vmatrix} 1 & 1 \\ 2 & 0 \end{vmatrix} + \begin{vmatrix} 4 & 1 \\ -4 & 0 \end{vmatrix} = 6 - 2 + 4 = 8$$

$$|A| = 1 \cdot 4 \cdot 0 + 2 \cdot 1 \cdot 2 + 1 \cdot (-4) \cdot (-1)$$
$$-1 \cdot (-4) \cdot 1 - 2 \cdot (-1) \cdot 0 - 1 \cdot 4 \cdot 2 = 4$$

であるから、(5.27)に代入して、

$$\lambda^3 - 5\lambda^2 + 8\lambda - 4 = 0$$

これが固有多項式である。左辺を因数分解する[注5.4]と

$$(\lambda - 2)^2 (\lambda - 1) = 0$$

(注5.4)

α、β、γを整数として、
$$\lambda^3 - 5\lambda^2 + 8\lambda - 4 = (\lambda - \alpha)(\lambda - \beta)(\lambda - \gamma) \cdots\cdots(*)$$
と、因数分解できるとする。(*)の右辺を展開すると、
$$\lambda^3 - 5\lambda^2 + 8\lambda - 4 = \lambda^3 - (\alpha + \beta + \gamma)\lambda^2 + (\alpha\beta + \beta\gamma + \gamma\alpha)\lambda - \alpha\beta\gamma$$
となる。そこで、定数項(λが付かない項)を比較して、
$$-4 = -\alpha\beta\gamma, \quad \text{すなわち、} \quad 4 = \alpha\beta\gamma \cdots\cdots(**)$$
となる。α、β、γが整数だから、α、β、γは4の約数である。
また、λにαを代入すると、(*)より、
$$\alpha^3 - 5\alpha^2 + 8\alpha - 4 = (\alpha - \alpha)(\alpha - \beta)(\alpha - \gamma) = 0$$
である。したがって、
αは4の約数で、(*)の左辺を0にする数である。β、γについても同
　　じだから、4の約数で、(*)の左辺を0にする数をさがす。
4の約数1、2、4、-1、-2、-4の中から(*)の左辺を0にする数を
　　さがす。
　　　$\lambda = 1$ならば、$1^3 - 5 \cdot 1^2 + 8 \cdot 1 - 4 = 0$であるから、$\alpha = 1$である。
　　　$\lambda = 2$ならば、$2^3 - 5 \cdot 2^2 + 8 \cdot 2 - 4 = 8 - 20 + 16 - 4 = 0$であるから
　　　　$\beta = 2$である。
そこで、(**)に$\alpha = 1$、$\beta = 2$を代入して、$4 = 1 \cdot 2\gamma$。よって、$\gamma = 2$。
ゆえに、$\lambda^3 - 5\lambda^2 + 8\lambda - 4 = (\lambda - 1)(\lambda - 2)(\lambda - 2)$
　　　　　　　　　　　　　　　　　$= (\lambda - 2)^2(\lambda - 1)$

第5章　線形変換と固有値

よって、 $\lambda = 2$、1 が固有値である。

(2)次に、固有ベクトルを求める。

$$A\vec{p} = \lambda\vec{p}$$

であるから、$\vec{p} = (x,\, y,\, z)$ とおくと、

$$\begin{pmatrix} 1 & 2 & 1 \\ -1 & 4 & 1 \\ 2 & -4 & 0 \end{pmatrix}\begin{pmatrix} x \\ y \\ z \end{pmatrix} = \lambda\begin{pmatrix} x \\ y \\ z \end{pmatrix}$$

連立方程式で表すと、

$$\begin{cases} x + 2y + z = \lambda x \\ -x + 4y + z = \lambda y \\ 2x - 4y \phantom{{}+z} = \lambda z \end{cases}$$

この連立方程式を $\lambda = 2$、$\lambda = 1$ のそれぞれの場合について解いて、固有ベクトルを求める。

・$\lambda = 2$ のとき

$$\begin{cases} x + 2y + z = 2x & \cdots\cdots① \\ -x + 4y + z = 2y & \cdots\cdots② \\ 2x - 4y \phantom{{}+z} = 2z & \cdots\cdots③ \end{cases}$$

①、②、③の右辺の式を左辺に移項して、

$$\begin{cases} -x + 2y + z = 0 & \cdots\cdots①' \\ -x + 2y + z = 0 & \cdots\cdots②' \\ 2x - 4y - 2z = 0 & \cdots\cdots③' \end{cases}$$

①$' \times (-1)$、②$' \times (-1)$、③$' \div 2$ とすると、この①$'$、②$'$、③$'$ は、

$$x - 2y - z = 0$$

と１つの式になる。

そこで、s、t を実数として、$y = s$、$z = t$ とおくと、

$$x = 2s + t$$

となるから、

$$x = 2s + t、\quad y = s、\quad z = t$$

は、①、②、③の連立方程式の解である。

したがって、この解を成分にもつベクトルは、

$$\vec{p} = \begin{pmatrix} 2s + t \\ s \\ t \end{pmatrix} = \begin{pmatrix} 2s \\ s \\ 0 \end{pmatrix} + \begin{pmatrix} t \\ 0 \\ t \end{pmatrix} = s \begin{pmatrix} 2 \\ 1 \\ 0 \end{pmatrix} + t \begin{pmatrix} 1 \\ 0 \\ 1 \end{pmatrix}$$

となり、線形独立な 2 つのベクトル $\vec{p_1} = (2, 1, 0)$ と $\vec{p_2} = (1, 0, 1)$ の線形結合になる。

よって、固有値 2 の固有ベクトルは $\vec{p_1} = (2, 1, 0)$ と $\vec{p_2} = (1, 0, 1)$ の 2 つをとることができる。

• $\lambda = 1$ のとき

$$\begin{cases} x + 2y + z = x & \cdots\cdots④ \\ -x + 4y + z = y & \cdots\cdots⑤ \\ 2x - 4y = z & \cdots\cdots⑥ \end{cases}$$

④、⑤、⑥の右辺の式を左辺に移項して、

$$\begin{cases} 2y + z = 0 & \cdots\cdots④' \\ -x + 3y + z = 0 & \cdots\cdots⑤' \\ 2x - 4y - z = 0 & \cdots\cdots⑥' \end{cases}$$

④′−⑤′より　　$x - y = 0$　　だから　$y = x$

④′×2＋⑥′より　$2x + z = 0$　だから　$z = -2x$

そこで、$x = t$ とおくと、

$$x = t、y = t、z = -2t$$

この解を成分とするベクトルは、

$$\vec{p} = \begin{pmatrix} t \\ t \\ -2t \end{pmatrix} = t \begin{pmatrix} 1 \\ 1 \\ -2 \end{pmatrix}$$

よって、固有値 1 に対する固有ベクトルの 1 つは、

$$\vec{p}_3 = (1,\, 1,\, -2)$$

である。

(3) 固有値を対角成分とする対角行列を $C = \begin{pmatrix} 2 & 0 & 0 \\ 0 & 2 & 0 \\ 0 & 0 & 1 \end{pmatrix}$ とおくと、A と C は相似であることを示す。

固有値 2 の固有ベクトル $\vec{p}_1 = (2,\, 1,\, 0)$、$\vec{p}_2 = (1,\, 0,\, 1)$ と固有値 1 の固有ベクトル $\vec{p}_3 = (1,\, 1,\, -2)$ を列とする正則行列 P を、

$$P = \begin{pmatrix} 2 & 1 & 1 \\ 1 & 0 & 1 \\ 0 & 1 & -2 \end{pmatrix} \quad \text{とおくと、} P^{-1}AP = C \text{であることを示す。}$$

P の逆行列 P^{-1} は、$P^{-1} = \begin{pmatrix} -1 & 3 & 1 \\ 2 & -4 & -1 \\ 1 & -2 & -1 \end{pmatrix}$ であるから、

$$
\begin{aligned}
P^{-1}AP &= \begin{pmatrix} -1 & 3 & 1 \\ 2 & -4 & -1 \\ 1 & -2 & -1 \end{pmatrix} \begin{pmatrix} 1 & 2 & 1 \\ -1 & 4 & 1 \\ 2 & -4 & 0 \end{pmatrix} \begin{pmatrix} 2 & 1 & 1 \\ 1 & 0 & 1 \\ 0 & 1 & -2 \end{pmatrix} \\
&= \begin{pmatrix} -2 & 6 & 2 \\ 4 & -8 & -2 \\ 1 & -2 & -1 \end{pmatrix} \begin{pmatrix} 2 & 1 & 1 \\ 1 & 0 & 1 \\ 0 & -1 & -2 \end{pmatrix} \\
&= \begin{pmatrix} 2 & 0 & 0 \\ 0 & 2 & 0 \\ 0 & 0 & 1 \end{pmatrix} = C
\end{aligned}
$$

よって、A と C は相似である。　　　　　　　　　　　　　　（終）

このように、基本的には 2 次正方行列と同じように、3 次正方行列も

固有値、固有ベクトルを用いて対角化することができる。ただし、この例題ように、3次正方行列では1つの固有値に対して2つの固有ベクトルが存在することもある。また、対角化できない3次正方行列については、ジョルダン標準形の行列に相似になることも2次正方行列の場合と同じである。

問題 5.10

正則行列 $P = \begin{pmatrix} 2 & 1 & 1 \\ 1 & 0 & 1 \\ 0 & 1 & -2 \end{pmatrix}$ の逆行列は $P^{-1} = \begin{pmatrix} -1 & 3 & 1 \\ 2 & -4 & -1 \\ 1 & -2 & -1 \end{pmatrix}$ であることを示せ。

問題 5.11

3次正方行列 $A = \begin{pmatrix} 6 & -3 & -7 \\ -1 & 2 & 1 \\ 5 & -3 & -6 \end{pmatrix}$ の固有値と固有ベクトルを求め、行列 A に相似な対角行列 C を求めよ。

一般に、n 次正方行列 A についても、

$$|A - \lambda E| = 0$$

が、固有多項式(または特性多項式)であり、この解が固有値 $\lambda_k (k = 1, 2, 3, \cdots, n)$ あり、

$$A\vec{p} = \lambda_k \vec{p}$$

をみたすベクトル $\vec{p}$ が固有ベクトルである。

第5章　解答

問題5.1

(1) はじめに、$f(\vec{v_1})$、$f(\vec{v_2})$ を $\vec{e_1}$、$\vec{e_2}$ で表す。

$$f(\vec{v_1}) = f(\vec{e_1} + \vec{e_2}) = f(\vec{e_1}) + f(\vec{e_2})$$
$$= (2\vec{e_1} + \vec{e_2}) + (\vec{e_1} + 3\vec{e_2}) = 3\vec{e_1} + 4\vec{e_2}$$

$$f(\vec{v_2}) = f(-\vec{e_1} + \vec{e_2}) = -f(\vec{e_1}) + f(\vec{e_2})$$
$$= -(2\vec{e_1} + \vec{e_2}) + (\vec{e_1} + 3\vec{e_2})$$
$$= -\vec{e_1} + 2\vec{e_2}$$

よって、　　　$f(\vec{v_1}) = 3\vec{e_1} + 4\vec{e_2}$ ……③

　　　　　　　$f(\vec{v_2}) = -\vec{e_1} + 2\vec{e_2}$ ……④

(2) 次に、①、②の $\vec{e_1}$、$\vec{e_2}$ を、$\vec{v_1}$、$\vec{v_2}$ で表す。

(①−②)÷2 より、　　$\vec{e_1} = \dfrac{1}{2}(\vec{v_1} - \vec{v_2})$ ……⑤

(①+②)÷2 より、　　$\vec{e_2} = \dfrac{1}{2}(\vec{v_1} + \vec{v_2})$ ……⑥

(3) ③と④に⑤と⑥を代入して、$f(\vec{v_1})$、$f(\vec{v_2})$ を $\vec{v_1}$、$\vec{v_2}$ で表す。

$$f(\vec{v_1}) = 3 \cdot \frac{1}{2}(\vec{v_1} - \vec{v_2}) + 4 \cdot \frac{1}{2}(\vec{v_1} + \vec{v_2}) = \frac{7}{2}\vec{v_1} + \frac{1}{2}\vec{v_2}$$

$$f(\vec{v_2}) = -\frac{1}{2}(\vec{v_1} - \vec{v_2}) + 2 \cdot \frac{1}{2}(\vec{v_1} + \vec{v_2}) = \frac{1}{2}\vec{v_1} + \frac{3}{2}\vec{v_2}$$

よって、

$$f(\vec{v_1}) = \frac{7}{2}\vec{v_1} + \frac{1}{2}\vec{v_2}$$

$$f(\vec{v_2}) = \frac{1}{2}\vec{v_1} + \frac{3}{2}\vec{v_2}$$

したがって、基底 $\vec{v_1}$、$\vec{v_2}$ についての f の表現行列 C は、

$$C = \begin{pmatrix} \dfrac{7}{2} & \dfrac{1}{2} \\ \dfrac{1}{2} & \dfrac{3}{2} \end{pmatrix}$$

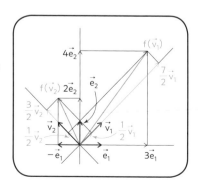

問題5.2

(5.3) より、$A = \begin{pmatrix} 2 & 1 \\ 1 & 3 \end{pmatrix}$、問題5.1の結果より、$C = \dfrac{1}{2}\begin{pmatrix} 7 & 1 \\ 1 & 3 \end{pmatrix}$

(1) 問題5.1の①、②より、

$$\begin{cases} \vec{v_1} = \vec{e_1} + \vec{e_2} & \cdots\cdots① \\ \vec{v_2} = -\vec{e_1} + \vec{e_2} & \cdots\cdots② \end{cases}$$

だから、(5.5)、(5.6)より、$Q = \begin{pmatrix} 1 & -1 \\ 1 & 1 \end{pmatrix}$

(2) $P = Q^{-1}$ だから、

$$P = \frac{1}{1 \cdot 1 - (-1) \cdot 1}\begin{pmatrix} 1 & 1 \\ -1 & 1 \end{pmatrix} = \frac{1}{2}\begin{pmatrix} 1 & 1 \\ -1 & 1 \end{pmatrix}$$

(3) $\vec{p} = \vec{e_1} + 3\vec{e_2} = (1, 3)_e$ だから、

$$A\vec{p} = \begin{pmatrix} 2 & 1 \\ 1 & 3 \end{pmatrix}\begin{pmatrix} 1 \\ 3 \end{pmatrix} = \begin{pmatrix} 5 \\ 10 \end{pmatrix}$$

$$PA\vec{p} = P(A\vec{p}) = \frac{1}{2}\begin{pmatrix} 1 & 1 \\ -1 & 1 \end{pmatrix}\begin{pmatrix} 5 \\ 10 \end{pmatrix} = \frac{1}{2}\begin{pmatrix} 15 \\ 5 \end{pmatrix}$$

(4) $\vec{p} = \vec{e_1} + 3\vec{e_2} = (1, 3)_e$ だから、

$$P\vec{p} = \frac{1}{2}\begin{pmatrix} 1 & 1 \\ -1 & 1 \end{pmatrix}\begin{pmatrix} 1 \\ 3 \end{pmatrix} = \frac{1}{2}\begin{pmatrix} 4 \\ 2 \end{pmatrix} = \begin{pmatrix} 2 \\ 1 \end{pmatrix}$$

$$CP\vec{p} = \frac{1}{2}\begin{pmatrix} 7 & 1 \\ 1 & 3 \end{pmatrix}\begin{pmatrix} 2 \\ 1 \end{pmatrix} = \frac{1}{2}\begin{pmatrix} 15 \\ 5 \end{pmatrix}$$

したがって、$\quad PA\vec{p} = CP\vec{p}$

問題5.3

固有ベクトル $\vec{p_2} = (x, y)$ は、$A\vec{p_2} = 5\vec{p_2}$ だから成分で表すと

$$\begin{pmatrix} 3 & 2 \\ 1 & 4 \end{pmatrix}\begin{pmatrix} x \\ y \end{pmatrix} = 5\begin{pmatrix} x \\ y \end{pmatrix}$$

となる。この式より、

$$\begin{cases} 3x + 2y = 5x \\ x + 4y = 5y \end{cases}$$

この2式は、ともに $x - y = 0$ であるから、

$$x = 1、y = 1$$

がこの方程式の1つの解である。

よって、固有値5に属する固有ベクトの1つのは、$\vec{p_2} = (1, 1)$

問題5.4

固有多項式は、$\lambda^2 - (-2 + 3)\lambda + (-2) \cdot 3 - 4 \cdot (-1) = 0$　より、

$$\lambda^2 - \lambda - 2 = 0$$

$$(\lambda + 1)(\lambda - 2) = 0$$

よって、固有値は　-1と2

次に、固有ベクトル$\vec{p}$を求める。

$\lambda = -1$のとき、　　$\begin{pmatrix} -2 & 4 \\ -1 & 3 \end{pmatrix} \begin{pmatrix} x \\ y \end{pmatrix} = -1 \begin{pmatrix} x \\ y \end{pmatrix}$

　よって、　　　　$\begin{cases} -2x + 4y = -x \\ -x + 3y = -y \end{cases}$

　ともに、　　$x - 4y = 0$

$\lambda = -1$に属する固有ベクトルの1つは、$\vec{p_1} = (4, 1)$

$\lambda = 2$のとき、　　$\begin{pmatrix} -2 & 4 \\ -1 & 3 \end{pmatrix} \begin{pmatrix} x \\ y \end{pmatrix} = 2 \begin{pmatrix} x \\ y \end{pmatrix}$

　よって、　　　　$\begin{cases} -2x + 4y = 2x \\ -x + 3y = 2y \end{cases}$

　ともに、　$x - y = 0$　であるから

$\lambda = 2$に属する固有ベクトルの1つは、$\vec{p_2} = (1, 1)$

固有ベクトルを列とする変換行列は、$P = \begin{pmatrix} 4 & 1 \\ 1 & 1 \end{pmatrix}$だから、

Pの逆行列は、　　$P^{-1} = \dfrac{1}{3} \begin{pmatrix} 1 & -1 \\ -1 & 4 \end{pmatrix}$

$$P^{-1}AP = \frac{1}{3}\begin{pmatrix} 1 & -1 \\ -1 & 4 \end{pmatrix}\begin{pmatrix} -2 & 4 \\ -1 & 3 \end{pmatrix}\begin{pmatrix} 4 & 1 \\ 1 & 1 \end{pmatrix}$$

$$= \frac{1}{3}\begin{pmatrix} 1 & -1 \\ -1 & 4 \end{pmatrix}\begin{pmatrix} -4 & 2 \\ -1 & 2 \end{pmatrix}$$

$$= \frac{1}{3}\begin{pmatrix} -3 & 0 \\ 0 & 6 \end{pmatrix} = \begin{pmatrix} -1 & 0 \\ 0 & 2 \end{pmatrix}$$

したがって、A と相似な対角行列 C は、$C = \begin{pmatrix} -1 & 0 \\ 0 & 2 \end{pmatrix}$

問題5.5

A と B が相似であるから、$A = P^{-1}BP$ となる正則行列 P が存在する。

$$|A| = |P^{-1}BP| = |P^{-1}||B||P| = |P|^{-1}|B||P| = |P|^{-1}|P||B|$$
$$= |B|$$

よって、　　　　$|A| = |B|$

問題5.6

$$P^{-1} = \frac{1}{2 \cdot 2 - (-1) \cdot (-3)}\begin{pmatrix} 2 & 1 \\ 3 & 2 \end{pmatrix} = \begin{pmatrix} 2 & 1 \\ 3 & 2 \end{pmatrix} \quad \text{より、}$$

$$B = P^{-1}AP = \begin{pmatrix} 2 & 1 \\ 3 & 2 \end{pmatrix}\begin{pmatrix} -2 & 4 \\ -1 & 3 \end{pmatrix}\begin{pmatrix} 2 & -1 \\ -3 & 2 \end{pmatrix} = \begin{pmatrix} 2 & 1 \\ 3 & 2 \end{pmatrix}\begin{pmatrix} -16 & 10 \\ -11 & 7 \end{pmatrix} = \begin{pmatrix} -43 & 27 \\ -70 & 44 \end{pmatrix}$$

(1) $trA = -2 + 3 = 1$、$trB = -43 + 44 = 1$

よって、　　　　$trA = trB$

(2) $|A| = (-2) \cdot 3 - 4 \cdot (-1) = -6 + 4 = -2$

$|B| = (-43) \cdot 44 - 27 \cdot (-70) = -1892 + 1890 = -2$

よって、　　　　$|A| = |B|$

(3) A の固有多項式は、$\lambda^2 - trA\lambda + |A| = 0$ ……①

B の固有多項式は、$\lambda^2 - trB\lambda + |B| = 0$ ……②

(1) より $trA = trB = 1$、(2) より、$|A| = |B| = -2$ だから、①と

②は同じ固有多項式 $\lambda^2 - \lambda - 2 = 0$ である。

したがって、A と B の固有値は等しい。

問題5.7

$A\vec{p_2} = 9\vec{p_2}$ で $\vec{p_2} = \begin{pmatrix} x \\ y \end{pmatrix}$ とおくと、

$$\begin{pmatrix} 8 & 2 \\ 2 & 5 \end{pmatrix}\begin{pmatrix} x \\ y \end{pmatrix} = 9\begin{pmatrix} x \\ y \end{pmatrix}$$

よって、

$$\begin{cases} 8x + 2y = 9x \\ 2x + 5y = 9y \end{cases}$$

この2式は $x - 2y = 0$ となるので $x = 2$、$y = 1$ が1つの解。

固有ベクトルの大きさを1にするために、

$\sqrt{2^2 + 1} = \sqrt{5}$ でわると、$\vec{p_2} = \dfrac{1}{\sqrt{5}}\begin{pmatrix} 2 \\ 1 \end{pmatrix}$

問題5.8

$$XY = \begin{pmatrix} a_1 & a_2 \\ b_1 & b_2 \\ c_1 & c_2 \end{pmatrix}\begin{pmatrix} x_1 & x_2 \\ y_1 & y_2 \end{pmatrix} = \begin{pmatrix} a_1 x_1 + a_2 y_1 & a_1 x_2 + a_2 y_2 \\ b_1 x_1 + b_2 y_1 & b_1 x_2 + b_2 y_2 \\ c_1 x_1 + c_2 y_1 & c_1 x_2 + c_2 y_2 \end{pmatrix}$$ だから

$${}^t(XY) = \begin{pmatrix} a_1 x_1 + a_2 y_1 & b_1 x_1 + b_2 y_1 & c_1 x_1 + c_2 y_1 \\ a_1 x_2 + a_2 y_2 & b_1 x_2 + b_2 y_2 & c_1 x_2 + c_2 y_2 \end{pmatrix}$$

$${}^tX = \begin{pmatrix} a_1 & b_1 & c_1 \\ a_2 & b_2 & c_2 \end{pmatrix} \quad {}^tY = \begin{pmatrix} x_1 & y_1 \\ x_2 & y_2 \end{pmatrix}$$ だから

$${}^tY{}^tX = \begin{pmatrix} x_1 & y_1 \\ x_2 & y_2 \end{pmatrix}\begin{pmatrix} a_1 & b_1 & c_1 \\ a_2 & b_2 & c_2 \end{pmatrix} = \begin{pmatrix} a_1 x_1 + a_2 y_1 & b_1 x_1 + b_2 y_1 & c_1 x_1 + c_2 y_1 \\ a_1 x_2 + a_2 y_2 & b_1 x_2 + b_2 y_2 & c_1 x_2 + c_2 y_2 \end{pmatrix}$$

よって、${}^t(XY) = {}^tY{}^tX$

問題5.9

(1) $2x^2 + 2\sqrt{2}\,xy + 3y^2$ を行列で表す。

$\vec{p} = \begin{pmatrix} x \\ y \end{pmatrix}$、$A = \begin{pmatrix} 2 & \sqrt{2} \\ \sqrt{2} & 3 \end{pmatrix}$ とおく。

$$\vec{p}A\vec{p} = (x \quad y)\begin{pmatrix} 2 & \sqrt{2} \\ \sqrt{2} & 3 \end{pmatrix}\begin{pmatrix} x \\ y \end{pmatrix} = (x \quad y)\begin{pmatrix} 2x + \sqrt{2}\,y \\ \sqrt{2}\,x + 3y \end{pmatrix}$$

$$= x(2x + \sqrt{2}\,y) + y(\sqrt{2}\,x + 3y)$$

$$= 2x^2 + \sqrt{2}\,xy + \sqrt{2}\,xy + 3y^2$$

$$= 2x^2 + 2\sqrt{2}\,xy + 3y^2$$

したがって、$2x^2 + 2\sqrt{2}\,xy + 3y^2 = 16$ を行列で表すと、

$$\vec{p}A\vec{p} = 16$$

(2) A の固有値を求める。

固有多項式 $\lambda^2 - trA\lambda + |A| = 0$ より、

$$\lambda^2 - (2+3)\lambda + (2\cdot3 - \sqrt{2}\cdot\sqrt{2}) = 0$$

$$\lambda^2 - 5\lambda + 4 = 0$$

$$(\lambda - 1)(\lambda - 4) = 0$$

掛けて　4
足して　−5
の数は−1と−4

固有値は1と4である。

よって、A と相似な対角行列は $C = \begin{pmatrix} 1 & 0 \\ 0 & 4 \end{pmatrix}$

(3) 次に固有ベクトルを求め、変換行列 P をつくる。

$\lambda = 1$ のとき、$A\vec{p_1} = \vec{p_1}$ より、

$$\begin{pmatrix} 2 & \sqrt{2} \\ \sqrt{2} & 3 \end{pmatrix}\begin{pmatrix} x \\ y \end{pmatrix} = \begin{pmatrix} x \\ y \end{pmatrix}$$

だから、

$$\begin{cases} 2x + \sqrt{2}y = x \\ \sqrt{2}x + 3y = y \end{cases}$$

この2式は $x + \sqrt{2}y = 0$　となるので、$x = \sqrt{2}$、$y = -1$　が1つの解。

固有ベクトルの大きさを1にするために、

$\sqrt{1^2 + \sqrt{2}^2} = \sqrt{3}$ でわると、

$$\vec{p_1} = \frac{1}{\sqrt{3}}\begin{pmatrix} \sqrt{2} \\ -1 \end{pmatrix}$$

$\lambda = 4$ のとき、$A\vec{p_2} = 4\vec{p_2}$ より、

$$\begin{pmatrix} 2 & \sqrt{2} \\ \sqrt{2} & 3 \end{pmatrix}\begin{pmatrix} x \\ y \end{pmatrix} = 4\begin{pmatrix} x \\ y \end{pmatrix}$$

だから、

$$\begin{cases} 2x + \sqrt{2}\,y = 4x \\ \sqrt{2}\,x + 3y = 4y \end{cases}$$

この2式は $\sqrt{2}\,x - y = 0$ となるので、$x = 1$、$y = \sqrt{2}$ が1つの解。
固有ベクトルの大きさを1にするために、

$$\sqrt{\sqrt{2}^{\,2} + 1^2} = \sqrt{3} \text{ でわると、} \quad \vec{p_2} = \frac{1}{\sqrt{3}}\begin{pmatrix} 1 \\ \sqrt{2} \end{pmatrix}$$

この2つの列ベクトルを列とする行列 $P = \dfrac{1}{\sqrt{3}}\begin{pmatrix} \sqrt{2} & 1 \\ -1 & \sqrt{2} \end{pmatrix}$ は、変換
行列であり、$P^{-1}AP = C$ が成り立つ。

(4) 次に、$\vec{p}A\vec{p} = 16$ を A と相似な対角行列 C を用いて、$\vec{q}C\vec{q} = 16$ に変
形する。

$P^{-1}AP = C$ の左から P、右から P^{-1} をかけると、$A = PCP^{-1}$

この式を $\vec{p}A\vec{p} = 16$ に代入すると、

$$\vec{p}(PCP^{-1})\vec{p} = 16$$

よって、

$$({}^t\vec{p}P)\,C\,(P^{-1}\vec{p}) = 16 \qquad\qquad \cdots\cdots①$$

ここで、P^{-1} を計算する。

$$P = \frac{1}{\sqrt{3}}\begin{pmatrix} \sqrt{2} & 1 \\ -1 & \sqrt{2} \end{pmatrix} = \begin{pmatrix} \dfrac{\sqrt{2}}{\sqrt{3}} & \dfrac{1}{\sqrt{3}} \\[2mm] -\dfrac{1}{\sqrt{3}} & \dfrac{\sqrt{2}}{\sqrt{3}} \end{pmatrix} \text{ だから}$$

$$P^{-1} = \frac{1}{\dfrac{\sqrt{2}}{\sqrt{3}}\cdot\dfrac{\sqrt{2}}{\sqrt{3}} - \dfrac{1}{\sqrt{3}}\cdot\left(-\dfrac{1}{\sqrt{3}}\right)}\begin{pmatrix} \dfrac{\sqrt{2}}{\sqrt{3}} & -\dfrac{1}{\sqrt{3}} \\[2mm] \dfrac{1}{\sqrt{3}} & \dfrac{\sqrt{2}}{\sqrt{3}} \end{pmatrix}$$

$$= \frac{1}{\dfrac{2}{3} + \dfrac{1}{3}}\begin{pmatrix} \dfrac{\sqrt{2}}{\sqrt{3}} & -\dfrac{1}{\sqrt{3}} \\[2mm] \dfrac{1}{\sqrt{3}} & \dfrac{\sqrt{2}}{\sqrt{3}} \end{pmatrix} = \begin{pmatrix} \dfrac{\sqrt{2}}{\sqrt{3}} & -\dfrac{1}{\sqrt{3}} \\[2mm] \dfrac{1}{\sqrt{3}} & \dfrac{\sqrt{2}}{\sqrt{3}} \end{pmatrix}$$

一方、${}^tP$ は、

$$\mathrm{^t}P = \begin{pmatrix} \dfrac{\sqrt{2}}{\sqrt{3}} & -\dfrac{1}{\sqrt{3}} \\ \dfrac{1}{\sqrt{3}} & \dfrac{\sqrt{2}}{\sqrt{3}} \end{pmatrix}$$

であるから、$P^{-1} = \mathrm{^t}P$ が成り立つ。

そこで、①の $(\mathrm{^t}\vec{p}P)C(P^{-1}\vec{p}) = 16$ の P^{-1} と $\mathrm{^t}P$ を入れ換えて、

$$(\mathrm{^t}\vec{p}P)C(\mathrm{^t}P\vec{p}) = 16 \qquad\qquad \cdots\cdots②$$

が成り立つ。

転置行列の性質から、$\mathrm{^t}\vec{p}P = \mathrm{^t}\vec{p}\,(\mathrm{^t}P) = \mathrm{^t}(\mathrm{^t}P\vec{p})$

したがって、②の $(\mathrm{^t}\vec{p}P)C(\mathrm{^t}P\vec{p}) = 16$ の $\mathrm{^t}\vec{p}P$ と $\mathrm{^t}(\mathrm{^t}P\vec{p})$ を入れ換えて、

$$\mathrm{^t}(\mathrm{^t}P\vec{p})C(\mathrm{^t}P\vec{p}) = 16$$

ここで、$\mathrm{^t}P\vec{p} = \vec{q}$ とおくと、

$$\mathrm{^t}\vec{q}\,C\vec{q} = 16 \qquad\qquad \cdots\cdots③$$

が導き出された。

(5) 最後に、③を成分で表し、$2x^2 + 2\sqrt{2}\,xy + 3y^2 = 16$ を標準化する。

$$\vec{q} = \mathrm{^t}P\vec{p} = \frac{1}{\sqrt{3}}\begin{pmatrix} \sqrt{2} & -1 \\ 1 & \sqrt{2} \end{pmatrix}\begin{pmatrix} x \\ y \end{pmatrix} = \frac{1}{\sqrt{3}}\begin{pmatrix} \sqrt{2}\,x - y \\ x + \sqrt{2}\,y \end{pmatrix}$$

だから、

$$\mathrm{^t}\vec{q}\,C\vec{q} = \begin{pmatrix} \dfrac{\sqrt{2}\,x-y}{\sqrt{3}} & \dfrac{x+\sqrt{2}\,y}{\sqrt{3}} \end{pmatrix}\begin{pmatrix} 1 & 0 \\ 0 & 4 \end{pmatrix}\begin{pmatrix} \dfrac{\sqrt{2}\,x-y}{\sqrt{3}} \\ \dfrac{x+\sqrt{2}\,y}{\sqrt{3}} \end{pmatrix}$$

$$= \begin{pmatrix} \dfrac{\sqrt{2}\,x-y}{\sqrt{3}} & \dfrac{x+\sqrt{2}\,y}{\sqrt{3}} \end{pmatrix}\begin{pmatrix} \dfrac{\sqrt{2}\,x-y}{\sqrt{3}} \\ 4\dfrac{x+\sqrt{2}\,y}{\sqrt{3}} \end{pmatrix}$$

$$= \left(\frac{\sqrt{2}\,x-y}{\sqrt{3}}\right)^2 + 4\left(\frac{x+\sqrt{2}\,y}{\sqrt{3}}\right)^2$$

したがって、$\mathrm{^t}\vec{q}\,C\vec{q} = 16$ は、

$$\left(\frac{\sqrt{2}\,x-y}{\sqrt{3}}\right)^2 + 4\left(\frac{x+\sqrt{2}\,y}{\sqrt{3}}\right)^2 = 16$$

$$X = \frac{\sqrt{2}\,x-y}{\sqrt{3}}, \quad Y = \frac{x+\sqrt{2}\,y}{\sqrt{3}}$$

とおき、16で割ると、

$$\frac{X^2}{16} + \frac{Y^2}{4} = 1$$

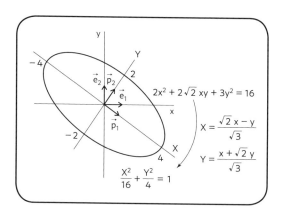

問題5.10

P の逆行列は、余因子行列 $P^{(c)}$ を用いて、$P^{-1} = \dfrac{1}{|P|}P^{(c)}$ である。まず、$P^{(c)}$ を求める。

$\begin{pmatrix} 2 & 1 & 1 \\ 1 & 0 & 1 \\ 0 & 1 & -2 \end{pmatrix}$ より $(-1)^{1+1} \begin{pmatrix} 0 & 1 \\ 1 & -2 \end{pmatrix} = 0 \cdot (-2) - 1 \cdot 1 = -1$

$\begin{pmatrix} 2 & 1 & 1 \\ 1 & 0 & 1 \\ 0 & 1 & -2 \end{pmatrix}$ より $(-1)^{1+2} \begin{pmatrix} 1 & 1 \\ 0 & -2 \end{pmatrix} = -\{1 \cdot (-2) - 1 \cdot 0\} = 2$

$\begin{pmatrix} 2 & 1 & 1 \\ 1 & 0 & 1 \\ 0 & 1 & -2 \end{pmatrix}$ より $(-1)^{1+3} \begin{pmatrix} 1 & 0 \\ 0 & 1 \end{pmatrix} = 1 \cdot 1 - 0 \cdot 0 = 1$

$\begin{pmatrix} 2 & 1 & 1 \\ 1 & 0 & 1 \\ 0 & 1 & -2 \end{pmatrix}$ より $(-1)^{2+1} \begin{pmatrix} 1 & 1 \\ 1 & -2 \end{pmatrix} = -\{1 \cdot (-2) - 1 \cdot 1\} = 3$

$\begin{pmatrix} 2 & 1 & 1 \\ 1 & 0 & 1 \\ 0 & 1 & -2 \end{pmatrix}$ より $(-1)^{2+2} \begin{pmatrix} 2 & 1 \\ 0 & -2 \end{pmatrix} = 2 \cdot (-2) - 1 \cdot 0 = -4$

$\begin{pmatrix} 2 & 1 & 1 \\ 1 & 0 & 1 \\ 0 & 1 & -2 \end{pmatrix}$ より $(-1)^{2+3} \begin{pmatrix} 2 & 1 \\ 0 & 1 \end{pmatrix} = -(2 \cdot 1 - 1 \cdot 0) = -2$

$\begin{pmatrix} 2 & 1 & 1 \\ 1 & 0 & 1 \\ 0 & 1 & -2 \end{pmatrix}$ より $(-1)^{3+1} \begin{pmatrix} 1 & 1 \\ 0 & 1 \end{pmatrix} = 1 \cdot 1 - 1 \cdot 0 = 1$

$\begin{pmatrix} 2 & 1 & 1 \\ 1 & 0 & 1 \\ 0 & 1 & -2 \end{pmatrix}$ より $(-1)^{3+2} \begin{pmatrix} 2 & 1 \\ 1 & 1 \end{pmatrix} = -\{2 \cdot 1 - 1 \cdot 1\} = -1$

$\begin{pmatrix} 2 & 1 & 1 \\ 1 & 0 & 1 \\ 0 & 1 & -2 \end{pmatrix}$ より $(-1)^{3+3} \begin{pmatrix} 2 & 1 \\ 1 & 0 \end{pmatrix} = 2 \cdot 0 - 1 \cdot 1 = -1$

よって、余因子行列は $P^{(c)} = \begin{pmatrix} -1 & 3 & 1 \\ 2 & -4 & -1 \\ 1 & -2 & -1 \end{pmatrix}$

次に、P の行列式 $|P|$ を求める。

$|P| = 2 \cdot 0 \cdot (-2) + 1 \cdot 1 \cdot 0 + 1 \cdot 1 \cdot 1 - 2 \cdot 1 \cdot 1 - 1 \cdot 1 \cdot (-2) - 1 \cdot 0 \cdot 0$
$= 1 - 2 + 2 = 1$

したがって、P の逆行列 P^{-1} は、

$$P^{-1} = \frac{1}{|P|} P^{(c)} = \frac{1}{1} \begin{pmatrix} -1 & 3 & 1 \\ 2 & -4 & -1 \\ 1 & -2 & -1 \end{pmatrix} = \begin{pmatrix} -1 & 3 & 1 \\ 2 & -4 & -1 \\ 1 & -2 & -1 \end{pmatrix}$$

例題5.11

(1) 固有多項式より固有値を求める。

固有多項式(5.27)を用いる。

$$trA = 6 + 2 - 6 = 2$$

$$\begin{vmatrix} 6 & -3 \\ -1 & 2 \end{vmatrix} + \begin{vmatrix} 6 & -7 \\ 5 & -6 \end{vmatrix} + \begin{vmatrix} 2 & 1 \\ -3 & -6 \end{vmatrix} = 9 - 1 - 9 = -1$$

$$|A| = 6 \cdot 2 \cdot (-6) + (-3) \cdot 1 \cdot 5 + (-7) \cdot (-3) \cdot (-1)$$
$$- 6 \cdot (-3) \cdot 1 - (-3) \cdot (-1) \cdot (-6) - (-7) \cdot 2 \cdot 5 = -2$$

であるから、固有多項式は、

$$\lambda^3 - 2\lambda^2 - \lambda + 2 = 0$$

左辺を因数分解すると、

$$(\lambda - 1)(\lambda - 2)(\lambda + 1) = 0$$

よって、　　$\lambda = 1、2、-1$

固有値は1、2、-1である。

(2) 次に、固有ベクトルを求める。

$$A\vec{p} = \lambda\vec{p}$$

であるから　$\vec{p} = (x, y, z)$ とおくと、

$$\begin{pmatrix} 6 & -3 & -7 \\ -1 & 2 & 1 \\ 5 & -3 & -6 \end{pmatrix} \begin{pmatrix} x \\ y \\ z \end{pmatrix} = \lambda \begin{pmatrix} x \\ y \\ z \end{pmatrix}$$

連立方程式で表すと、

$$\begin{cases} 6x - 3y - 7z = \lambda x \\ -x + 2y + z = \lambda y \\ 5x - 3y - 6z = \lambda z \end{cases}$$

この連立方程式を $\lambda = 1$、$\lambda = 2$、$\lambda = -1$ のそれぞれの場合について解

いて、固有ベクトルを求める。

- $\lambda = 1$ のとき

$$\begin{cases} 6x - 3y - 7z = x & \cdots\cdots① \\ -x + 2y + z = y & \cdots\cdots② \\ 5x - 3y - 6z = z & \cdots\cdots③ \end{cases}$$

①、②、③の右辺の式を左辺に移項して、

$$\begin{cases} 5x - 3y - 7z = 0 & \cdots\cdots①' \\ -x + y + z = 0 & \cdots\cdots②' \\ 5x - 3y - 7z = 0 & \cdots\cdots③' \end{cases}$$

①' と③' が同じ式だから、①' と②' で解く。

①' ＋②' ×3 より

$$2x - 4z = 0$$

よって、 $x = 2z$

②' に代入して、$-2z + y + z = 0$

よって、 $y = z$

$z = t$ とおくと、$x = 2t$、 $y = t$、 $z = t$

$$\vec{p} = \begin{pmatrix} 2t \\ t \\ t \end{pmatrix} = t \begin{pmatrix} 2 \\ 1 \\ 1 \end{pmatrix}$$

固有値1の固有ベクトルの1つは $\vec{p_1} = (2,\ 1,\ 1)$

- $\lambda = 2$ のとき

$$\begin{cases} 6x - 3y - 7z = 2x & \cdots\cdots④ \\ -x + 2y + z = 2y & \cdots\cdots⑤ \\ 5x - 3y - 6z = 2z & \cdots\cdots⑥ \end{cases}$$

④、⑤、⑥の右辺の式を左辺に移項して、

$$\begin{cases} 4x - 3y - 7z = 0 & \cdots\cdots④' \\ -x \quad\ \ + z = 0 & \cdots\cdots⑤' \\ 5x - 3y - 8z = 0 & \cdots\cdots⑥' \end{cases}$$

⑤' より $x = z$

④' と $x = z$ より $4z - 3y - 7z = 0$ よって $y = -z$

$z = t$ とおくと、　$x = t$, $y = -t$, $z = t$

$$\vec{p} = \begin{pmatrix} t \\ -t \\ t \end{pmatrix} = t\begin{pmatrix} 1 \\ -1 \\ 1 \end{pmatrix}$$

固有値2の固有ベクトルの1つは　$\vec{p_2} = (1, -1, 1)$

- $\lambda = -1$ のとき

$$\begin{cases} 6x - 3y - 7z = -x & \cdots\cdots ⑦ \\ -x + 2y + z = -y & \cdots\cdots ⑧ \\ 5x - 3y - 6z = -z & \cdots\cdots ⑨ \end{cases}$$

⑦、⑧、⑨の右辺の式を左辺に移項して、

$$\begin{cases} 7x - 3y - 7z = 0 & \cdots\cdots ⑦' \\ -x + 3y + z = 0 & \cdots\cdots ⑧' \\ 5x - 3y - 5z = 0 & \cdots\cdots ⑨' \end{cases}$$

⑦′＋⑧′より　$6x - 6z = 0$、　　よって　$x = z$

⑨′に代入して　$5z - 3y - 5z = 0$、よって　$y = 0$

$z = t$ とおくと、$x = t$、$y = 0$、$z = t$

$$\vec{p} = \begin{pmatrix} t \\ 0 \\ t \end{pmatrix} = t\begin{pmatrix} 1 \\ 0 \\ 1 \end{pmatrix}$$

固有値 -1 の固有ベクトルの1つは　$\vec{p_3} = (1, 0, 1)$

(3) 3つの固有値 $\lambda_1 = 1$, $\lambda_2 = 2$, $\lambda_3 = -1$ より、

$$C = \begin{pmatrix} 1 & 0 & 0 \\ 0 & 2 & 0 \\ 0 & 0 & -1 \end{pmatrix}$$

3つの固有ベクトル $\vec{p_1} = (2, 1, 1)$、$\vec{p_2} = (1, -1, 1)$、$\vec{p_3} = (1, 0, 1)$ より、

$$P = \begin{pmatrix} 2 & 1 & 1 \\ 1 & -1 & 0 \\ 1 & 1 & 1 \end{pmatrix}$$

とおくと、

$$P^{-1}AP = C$$

が成り立つことを示す。

$$P^{-1} = \begin{pmatrix} 1 & 0 & -1 \\ 1 & -1 & -1 \\ -2 & 1 & 3 \end{pmatrix}$$

であるから、

$$P^{-1}AP = \begin{pmatrix} 1 & 0 & -1 \\ 1 & -1 & -1 \\ -2 & 1 & 3 \end{pmatrix} \begin{pmatrix} 6 & -3 & -7 \\ -1 & 2 & 1 \\ 5 & -3 & -6 \end{pmatrix} \begin{pmatrix} 2 & 1 & 1 \\ 1 & -1 & 0 \\ 1 & 1 & 1 \end{pmatrix}$$

$$= \begin{pmatrix} 1 & 0 & -1 \\ 2 & -2 & -2 \\ 2 & -1 & -3 \end{pmatrix} \begin{pmatrix} 2 & 1 & 1 \\ 1 & -1 & 0 \\ 1 & 1 & 1 \end{pmatrix} = \begin{pmatrix} 1 & 0 & 0 \\ 0 & 2 & 0 \\ 0 & 0 & -1 \end{pmatrix} = C$$

よって、A と C は相似である。

第6章
データの分析

　ベクトル、行列、行列式を利用する分野は、数学、物理学はもちろん、経済学、社会学、心理学などいろいろな分野に広がっている。それらすべてを見るのは不可能なので、この章ではベクトルや行列を利用して、データのバラツキの度合いを測る分散や標準偏差、2つのデータの関係を表す共分散や相関係数、そして、データを見通しよくするための方法である主成分分析を見ていくことにする。

　そのために、次の手順で進めていく。

---

1. はじめに、バラツキの度合いを示す数値を求める。それが分散であり、標準偏差であることを見ていく。次に、この分散と標準偏差が、偏差ベクトルの絶対値で決まることを確認する。

2. 2つのデータがあり、1つのデータが増加すると他のデータも増加するとき正の相関があるといい、減少するとき負の相関があるという。共分散の正負によって、正の相関か、負の相関かが決まり、さらに、相関の度合いは、2つの偏差ベクトルのなす角 θ で決まることを見ていく。そこで、$\cos \theta$ を相関係数という。

3. 7つのレストランの共通なアンケートをもとに、各レストランの特徴を探っていく。アンケートには多くの項目があるので、アンケートを見ただけではわからない。そこで、項目を結合して、いくつかの新しい項目を探りだし、その新しい項目から各レストランの特徴を見付ける。その新しい項目を見付けるとき、分散共分散行列をつくり、その固有値を利用することを見ていこう。

1. バラツキの度合い

標準偏差

データを分析するために必要な、バラツキの度合いを示す数値を考えよう。

表6.1は5人の国語、数学、英語の100点満点のテストの得点の結果である。このデータから国語、数学、英語の得点について、その特徴を調べよう。

まず、気になるのは、各教科の得点の平均点である。平均点とは、すべての数を足して足した数の個数で割ったものである。

たとえば、国語の平均点は、

$$(60 + 75 + 65 + 70 + 80) \div 5 = 70$$

となる。ところが、ここでは、他の教科の平均点もすべて70点になり、各教科の特徴がわからない(表6.2)。

そこで、次にバラツキを考えよう。つまり、得点から平均点を引いて、各得点が平均点からどのくらい離れているか調べる。この得点から平均点を引いた値を**偏差**という。すなわち、

$$(偏差) = (得点) - (平均点)$$

である。国語の場合は、

$$60 - 70 = -10、75 - 70 = 5、$$
$$65 - 70 = -5、\quad 70 - 70 = 0、$$

得点	国語	数学	英語
太郎	60	85	75
花子	75	60	65
次郎	65	70	75
三郎	70	55	65
咲子	80	80	70

表6.1

	国語	数学	英語
平均	70	70	70

表6.2

偏差	国語	数学	英語
太郎	−10	15	5
花子	5	−10	−5
次郎	−5	0	5
三郎	0	−15	−5
咲子	10	10	0

表6.3

$$80 - 70 = 10$$

となる。他の教科も計算すると表6.3になる。これを見ると、数学が一番バラツキが大きく、英語が一番小さい。そこで、このバラツキの度合いを1つの数字で表したい。この偏差を足し算すると各教科とも0になる。たとえば国語は、

$$(-10) + 5 + (-5) + 0 + 10 = 0$$

である。これでは、役に立たないので、偏差の2乗を足し算する。国語の場合は、

$$(-10)^2 + 5^2 + (-5)^2 + 0^2 + 10^2 = 250$$

となる。

しかし、この値はデータ数が多くなればなるほど大きくなるので、偏差の2乗の平均を求める。この値を**分散**という。すなわち、

（分散）＝（偏差の2乗の和）÷（データの数）

国語の場合は、

$$
\begin{aligned}
（分散）&= \{(60-70)^2 + (75-70)^2 + (65-70)^2 \\
&\quad + (70-70)^2 + (80-70)^2\} \div 5 \\
&= \{(-10)^2 + 5^2 + (-5)^2 + 0^2 + 10^2\} \div 5 \\
&= 250 \div 5 = 50
\end{aligned}
$$

となる。この50が国語の得点の分散である。各教科の得点の分散を求めると表6.4になる。

これで、1つの数値でバラツキの度合いがわかる。分散だけでもバラツキの度合い

	国語	数学	英語
分散	50	130	20

表6.4

はわかるが、分散はデータを2乗しているので、データよりも変化の幅が大きい。そこで、分散の正の平方根を求める。これを**標準偏差**という。すなわち、

$$(標準偏差) = \sqrt{(分散)}$$

である。国語の場合は、小数第2位を四捨五入して、

$$(標準偏差) = \sqrt{50} = 7.1$$

が標準偏差である。他の教科の標
準偏差を求めると表6.5になる。

	国語	数学	英語
標準偏差	7.1	11.4	4.5

表6.5

　この表6.5を見て、数学のバラ
ツキがもっとも大きいことがわかる。

関数の変数xと同じようなもの

　これからは、国語の点数を x とする。この x を**変量**という。表6.1の
国語の点数は、実験(ここではテスト)で求めた変量 x の観測値(ここでは、
試験による得点)である。同じように、数学の点数を変量 y、英語の点数
を変量 z とする。

　表6.1の国語の分散は、変量 x の分散ともいい、s_x^2 と書き、標準偏差
も、変量 x の標準偏差ともいい、s_x と書く。したがって、

$$s_x^2 = 50、\quad s_x = \sqrt{50} = 7.1 \quad (小数第2位を四捨五入)$$

である。同じように、

添え字がyになっていることに注意

数学の変量が y だから、数学の分散、標準偏差も、それぞれ s_y^2、s_y と
書き、

英語の変量が z だから、英語の分散、標準偏差も、それぞれ s_z^2、s_z と
書く。

添え字がzになっていることに注意

問題6.1
　上記の s_y^2、s_y、s_z^2、s_z について、小数第2位を四捨五入して、
$$s_y^2 = 130、\quad s_y = 11.4、\quad s_z^2 = 20、\quad s_z = 4.5$$
であることを確認せよ。

　ここまでのことをまとめると、

用語の整理

変量（ここでは、各教科のテストで取りうる点数で、0 ～ 100 のいずれか）……ある集団を構成する要素の特性を数量的に表すもの

データ（ここでは、各教科のテストの得点）……調査や実験などで得られた変量の観測値や測定値の集まり

データの大きさ（ここでは 5 人が得点しているので 5）……データを構成する観測値や測定値の個数

データの平均値（ここでは、平均点）……データの値の総和を、データの大きさで割って求められる値。変量 x についてのデータの値が、$x_1, x_2, x_3, \cdots, x_n$ であるとき、

$$\bar{x} = \frac{1}{n}(x_1 + x_2 + x_3 + \cdots + x_n)$$

をデータの平均値という。（変量 x のデータの平均値を $\bar{x}$ で表す）

偏差……平均値からの差 $x_k - \bar{x}$ （k = 1, 2, 3, $\cdots$, n）

分散……偏差の 2 乗の平均値（分散を s^2 と書く）

$$s^2 = \frac{1}{n}\{(x_1 - \bar{x})^2 + (x_2 - \bar{x})^2 + \cdots + (x_n - \bar{x})^2\}$$

標準偏差……分散の平方根（標準偏差を s と書く）

$$s = \sqrt{s^2} = \frac{1}{\sqrt{n}}\sqrt{(x_1 - \bar{x})^2 + (x_2 - \bar{x})^2 + \cdots + (x_n - \bar{x})^2}$$

標準偏差とベクトル

前項で、バラツキの度合いを調べた。ここでは、このバラツキの度合いをベクトルで表そう。

国語の 5 つの偏差を、

$$\vec{x} = (-10, 5, -5, 0, 10)$$

と表して、5 次元空間のべ

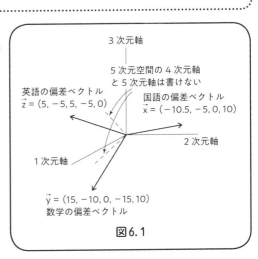

3 次元軸

5 次元空間の 4 次元軸と 5 次元軸は書けない

英語の偏差ベクトル
$\vec{z} = (5, -5, 5, -5, 0)$

国語の偏差ベクトル
$\vec{x} = (-10.5, -5, 0, 10)$

2 次元軸

1 次元軸

$\vec{y} = (15, -10, 0, -15, 10)$
数学の偏差ベクトル

図6.1

クトルと考える。これを国語の**偏差ベクトル**と呼ぶことにする。同じように、

数学の偏差ベクトルを $\vec{y} = (15, -10, 0, -15, 10)$

英語の偏差ベクトルを $\vec{z} = (5, -5, 5, -5, 0)$

とする。

国語の分散 $s_x{}^2$ は、前項より、

$$s_x{}^2 = \frac{1}{5}\{(-10)^2 + 5^2 + (-5)^2 + 0^2 + 10^2\}$$

である。この式の右辺の { } の中の式は、国語の偏差ベクトル x の大きさの2乗に等しい。つまり、

$$s_x{}^2 = \frac{1}{5}\{(-10)^2 + 5^2 + (-5)^2 + 0^2 + 10^2\} = \frac{1}{5}|\vec{x}|^2 = 50$$

となる。国語の標準偏差 s_x は、

$$s_x = \sqrt{s_x{}^2} = \frac{1}{\sqrt{5}}|\vec{x}| = \sqrt{50} = 7.1$$

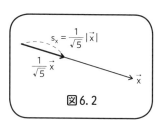

図6.2

である。このことよりデータのバラツキの度合いは、偏差ベクトルの大きさで決まる。

同じように、

数学の標準偏差 s_y は、$\quad s_y = \sqrt{s_y{}^2} = \frac{1}{\sqrt{5}}|\vec{y}| = 11.4$

英語の標準偏差 s_z は、$\quad s_z = \sqrt{s_z{}^2} = \frac{1}{\sqrt{5}}|\vec{z}| = 4.5$

となる。

以上のことは、一般的に次のようになる。

変量 x についてのデータの値が、$x_1, x_2, x_3, \cdots, x_n$ で、その平均値が $\bar{x}$ あるとき、

$$\vec{x} = (x_1 - \bar{x}, x_2 - \bar{x}, \cdots, x_n - \bar{x})$$

を偏差ベクトルといい、

変量 x のデータの分散 s_x^2、標準偏差 s_x は、

$$s_x^2 = \frac{1}{n}|\vec{x}|^2 = \frac{1}{n}\{(x_1 - \bar{x})^2 + (x_2 - \bar{x})^2 + \cdots + (x_n - \bar{x})^2\}$$

$$s_x = \frac{1}{\sqrt{n}}|\vec{x}| = \frac{1}{\sqrt{n}}\sqrt{(x_1 - \bar{x})^2 + (x_2 - \bar{x})^2 + \cdots + (x_n - \bar{x})^2}$$

問題6.2

5人の10点満点のテストの得点 x(点)が、

$$5, 7, 5, 10, 8$$

のとき、分散 s_x^2 と標準偏差 s_x を求めよ。

2. 関係の度合い

こ こでは、前節の表6.1で示された国語 と数学の得点、数学と英語の得点、英 語と国語の得点の間にどのような関係があ るかを考えよう。

得点	国語	数学	英語
太郎	60	85	75
花子	75	60	65
次郎	65	70	75
三郎	70	55	65
咲子	80	80	70

表6.1

散布図

国語の得点と数学の得点の間の関係を見 やすくするために、図6.3(1)のように、国 語の得点を横軸、数学の得点を縦軸にとった座標平面上に、国語の得点 と数学の得点を座標にもつ点をとる。

点の数が少ないから傾向がわかりにくいが、これら5個の点を楕円で 囲むと、図6.3(1)のようになる。この図6.3(1)より国語の得点が増え ると、数学の得点が減る傾向にあることが読み取れる。すなわち、点の 分布は右下がりになる。このようなとき、国語の得点と数学の得点は**負 の相関**があるという。そして、このような図を**散布図**という。

数学と英語、英語と国語についての散布図を書くと、図6.3(2)、図6. 3(3)のようになる。

図6.3(2)では、数学の得点が増加すると英語の点も増加する傾向に

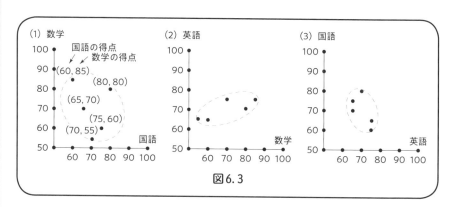

図6.3

314

あることが読み取れる。すなわち、点の分布は右上がりになる。このようなとき、数学の得点と英語の得点は**正の相関**があるという。

図6.3(3)では、英語の得点が増加すると国語の得点が減少し、そのその分布の幅も狭くなっているように読み取れる。

これから、2つのデータ間で、片方が増加するともう一方が増加する(正の相関)か、減少する(負の相関)かの関係を1つの数字で表すことを考える。

共分散

図6.3の散布図を詳しく見ていくために、平面を次のように4つの領域に分ける(図6.4)。

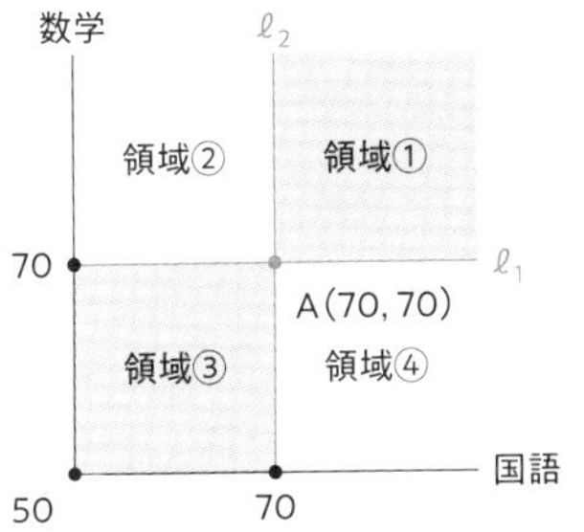

国語の平均点70(点)と数学の平均点70(点)からできる点$A(70, 70)$をとる。点Aを通り国語の軸に平行な直線ℓ_1をひき、点Aを通り数学の軸に平行な直線ℓ_2をひく。そして、図6.4のように、2直線ℓ_1、ℓ_2で平面を4つの領域に分ける。

図6.4

平面上の点$P(x, y)$に対して、

$x > 70$かつ$y > 70$となる点Pからなる領域を領域①

$x < 70$かつ$y > 70$となる点Pからなる領域を領域②

$x < 70$かつ$y < 70$となる点Pからなる領域を領域③

$x > 70$かつ$y < 70$となる点Pからなる領域を領域④

とする。

この4つの領域に入っている点の個数を調べよう。図6.5より、

負の相関である場合(図6.5の(1)と(3))は、

入っている点の個数は、領域②④の方が領域①③より多い

正の相関である場合(図6.5の(2))は、

入っている点の個数は、領域①③の方が領域②④より多い

ことがわかる。

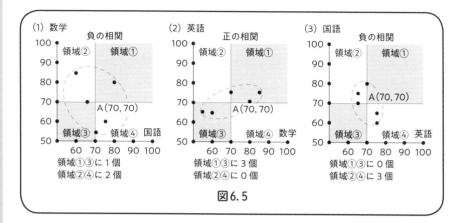

(1) 数学　負の相関　　　(2) 英語　正の相関　　　(3) 国語　負の相関

領域①③に 1 個　　　　領域①③に 3 個　　　　領域①③に 0 個
領域②④に 2 個　　　　領域②④に 0 個　　　　領域②④に 3 個

図6.5

すなわち、

　　領域①③に多くの点が入ると、正の相関

　　領域②④に多くの点が入ると、負の相関

になることが予想される。

　そこで、点が領域①③または領域②④に入る条件を考えよう。

　たとえば、国語と数学の場合では、図6.6より、

・国語と数学の偏差が同符号、すなわち、

　　（国語の偏差）

　　　　×（数学の偏差）> 0

のとき、領域①③に点が入る。

・国語と数学の偏差が異符号、すなわち、

　　（国語の偏差）

　　　　×（数学の偏差）< 0

のとき、領域②④に点が入る。

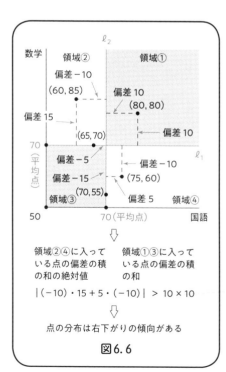

領域②④に入っている点の偏差の積の和の絶対値 　　領域①③に入っている点の偏差の積の和

$$|(-10) \cdot 15 + 5 \cdot (-10)| > 10 \times 10$$

点の分布は右下がりの傾向がある

図6.6

このことから、偏差の積である

（国語の偏差）×（数学の偏差）

の正負によって、点が領域①③に入るか、領域②④に入るかが決まる。
　そこで、偏差の積の和を考え、領域①③に入る点の個数と領域②④に入る点の個数のどちらが多いか判断しよう。
　国語と数学の場合では、

$$\{(60-70)(85-70)+(75-70)(60-70)+(65-70)(70-70)$$
$$+(70-70)(55-70)+(80-70)(80-70)\}$$
$$=\{-10\cdot 15+5\cdot(-10)+(-5)\cdot 0+0\cdot(-15)+10\cdot 10\}=-100$$

となり、偏差の積の和は負の値になる。これは、領域②④に入っている点による偏差の積の和の絶対値が、領域①③に入っている点による偏差の積の和より大きいことを示している。すなわち、

$$|-10\cdot 15+5\cdot(-10)|>10\cdot 10$$

　これは、点が領域②④に領域①③より多く入っていることを示している。すなわち点の分布が右下がりの傾向にあることを示す（図6.6）。
　数学と英語の場合についても、偏差の積の和を求めると、

$$(85-70)(75-70)+(60-70)(65-70)+(70-70)(75-70)$$
$$+(55-70)(65-70)+(80-70)(70-70)$$
$$=15\cdot 5+(-10)\cdot(-5)+0\cdot 5+(-15)\cdot(-5)+10\cdot 0=200$$

となり、偏差の積の和は正の値になる。これは、領域①③に入っている点による偏差の積の和が、領域②④に入っている点による偏差の積の和の絶対値より大きいことを示している。すなわち、

$$15\cdot 5+(-10)\cdot(-5)+(-15)\cdot(-5)>0$$

　これは、点が領域①③に領域②④より多く入っていることを示している。すなわち、点の分布が右上がりの傾向にあることを示す。

このように、偏差の積の和が正の値か負の値かによって、点の分布が右上がり（正の相関）か右下がり（負の相関）かがわかる。

しかし、偏差の積の和であると、データの数によって変わってくるので、偏差の積の平均を考える。

たとえば、国語と数学の場合は、

$$\frac{1}{5}\{(60-70)(85-70) + (75-70)(60-70) + (65-70)(70-70)$$
$$+ (70-70)(55-70) + (80-70)(80-70)\} = -20$$

この偏差の積の平均値を**共分散**という。国語の変量を x、数学の変量を y としているので、国語と数学の共分散を s_{xy} と書くと、

(1) 国語と数学の共分散　$s_{xy} = -20$

同様に、英語の変量を z としているので、数学と英語の共分散を s_{yz}、英語と国語の共分散を s_{zx} と書くと、

(2) 数学と英語の共分散　$s_{yz} = 40$

(3) 英語と国語の共分散　$s_{zx} = -20$

問題6.3

上記の $s_{yz} = 40$、$s_{zx} = -20$ を確かめよ。

314ページの図6.3の3つの散布図とこの3つの共分散を比較すると、

共分散が負の散布図は右下がり

共分散が正の散布図は右上がり

になっている。

しかし、図6.7において、

(1)の場合は、点の分布の幅が広い

(3)の場合は、点の分布の幅が狭い

と、明らかに異なる。しかし、共分散は、共に同じ -20 である。

このように共分散の正負で、正の相関（右上がり）、負の相関（右下がり）はわかるが、分布の幅の状態まではわからない。そこで、次の項で

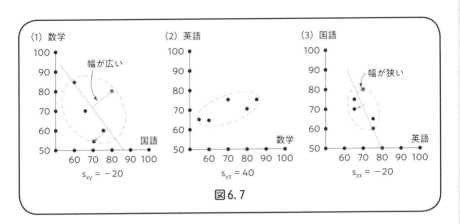

図6.7

分布の幅の状態まで示す相関係数について見ていこう。

ここまでのことをまとめると、

2つの変量x、yがあり、そのデータがそれぞれ、

x_1、x_2、x_3、……、x_n と y_1、y_2、y_3、……、y_n

で、それぞれの平均値を$\bar{x}$、$\bar{y}$とする。

2つの変量のデータにおいて、

正の相関……一方が増えると他の方も増える傾向が認められる

負の相関……一方が増えると他の方が減る傾向が認められる

相関がない……正の相関も負の相関も認められない

共分散……偏差の積$(x_i - \bar{x})(y_i - \bar{y})$の平均をいい、$s_{xy}$と書く

$$s_{xy} = \frac{1}{n}\{(x_1 - \bar{x})(y_1 - \bar{y}) + (x_2 - \bar{x})(y_2 - \bar{y}) + \cdots$$
$$\cdots + (x_n - \bar{x})(y_n - \bar{y})\}$$

共分散が正のとき、変量xとyの間には正の相関がある

共分散が負のとき、変量xとyの間には負の相関がある

相関係数とベクトル

前項で、共分散の正、負によって、正の相関か負の相関かがわかった。次に、分布の幅が狭いか広いか(これを**相関の強弱**という)について見ていくことにしよう。そのために、共分散とベクトルの関係を見ていく。

2つの変量x、yがあり、そのデータがそれぞれ、

$$x_1、x_2、x_3、\cdots\cdots、x_n \text{ と } y_1、y_2、y_3、\cdots\cdots、y_n$$

で、平均値を$\bar{x}$、$\bar{y}$、標準偏差をs_x、s_yとし、偏差ベクトルを$\vec{x}$、$\vec{y}$とすると、

$$\vec{x} = (x_1 - \bar{x},\, x_2 - \bar{x},\, x_3 - \bar{x},\, \cdots\cdots,\, x_n - \bar{x})$$
$$\vec{y} = (y_1 - \bar{y},\, y_2 - \bar{y},\, y_3 - \bar{y},\, \cdots\cdots,\, y_n - \bar{y})$$

である。

共分散s_{xy}の式は

$$s_{xy} = \frac{1}{n}\{(x_1 - \bar{x})(y_1 - \bar{y}) + (x_2 - \bar{x})(y_2 - \bar{y}) + \cdots + (x_n - \bar{x})(y_n - \bar{y})\}$$

であった。この{ }内の式は、$\vec{x}$と$\vec{y}$の内積である。すなわち、

$$\vec{x} \cdot \vec{y} = (x_1 - \bar{x})(y_1 - \bar{y}) + (x_2 - \bar{x})(y_2 - \bar{y}) + \cdots + (x_n - \bar{x})(y_n - \bar{y})$$

であるから、

$$s_{xy} = \frac{1}{n}\vec{x} \cdot \vec{y} \tag{6.1}$$

が成り立つ。

(6.1)より、共分散s_{xy}の正負は、偏差ベクトル$\vec{x}$、$\vec{y}$の内積$\vec{x} \cdot \vec{y}$の正負によって決まる。そして、$\vec{x}$と$\vec{y}$のなす角をθとすると、

$$s_{xy} = \frac{1}{n}\vec{x} \cdot \vec{y} = \frac{1}{n}|\vec{x}||\vec{y}|\cos\theta \tag{6.2}$$

であるから、共分散s_{xy}の正負は、$\cos\theta$の正負と一致する。すなわち、$\cos\theta$は、2つの変量x、yの相関と関係がある。

θは偏差ベクトル$\vec{x}$、$\vec{y}$のなす角だから、

θが小さいと2つのベクトルは近くにあり、同符号の成分の数が多い（図6.8①は2次元ベクトルの場合）。

θが大きくなると2つのベクトルは離れるので、異符号の成分が増える

（図6.8②③）。

　このことを踏まえて、2つの偏差ベクトル $\vec{x}$ と $\vec{y}$ のなす角 θ と点の分布について見ていこう。

　今、偏差 $x_i - \overline{x}$ を Δx_i、偏差 $y_i - \overline{y}$ を Δy_i と書くこと【デルタ・エックス・アイと読む】にすると、

図6.8

$$\vec{x} = (\Delta x_1, \Delta x_2, \cdots, \Delta x_i, \cdots, \Delta x_n)$$

$$\vec{y} = (\Delta y_1, \Delta y_2, \cdots, \Delta y_i, \cdots, \Delta y_n)$$

(1) $\theta = 0°$ のとき、$\vec{y} = k\vec{x}$ となる正の実数 k が存在するから、

$$\Delta y_1 = k\Delta x_1、\Delta y_2 = k\Delta x_2、\cdots、$$
$$\Delta y_i = k\Delta x_i、\cdots、\Delta y_n = k\Delta x_n$$

が成り立つ。したがって、点の分布は、図6.9(1)のように右上がりの直線上に分布する。

(2) θ が $0°$ より少し大きくなると、図6.9(2)のよう領域②④にも点が分布し始めて、分布の幅は少し広くなる。

(3) θ が $90°$ に近い角度になると、図6.9(3)のよう領域①③と領域②④に同じくらいの点が散らばり、分布の幅は大きく広がる。

(4) θ が $180°$ に近づくと、図6.9(4)のよう領域①③の点が少なく、領域②④の点が多くなるので、右下がりの幅の狭い分布になる。

(5) $\theta = 180°$ のとき、$y = -kx$ となる正の実数 k が存在するから、

$$\Delta y_1 = -k\Delta x_1、\Delta y_2、= -k\Delta x_2、\cdots、\Delta y_i = -k\Delta x_i、\cdots、\Delta y_n = -k\Delta x_n$$

が成り立つ。したがって、点の分布は、図6.9(5)のように右下がりの直線上に分布する。

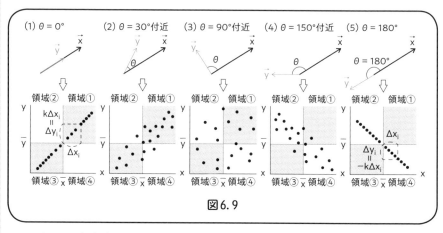

(1) $\theta = 0°$ (2) $\theta = 30°$付近 (3) $\theta = 90°$付近 (4) $\theta = 150°$付近 (5) $\theta = 180°$

図6.9

このことから、

　　θが小さいと点の分布の幅が狭く、正の相関が強い

　　θが大きくなると点の分布の幅が広く、相関が弱い

　　θがさらに大きくなると点の分布の幅が狭く、負の相関が強い

　このことを、$\cos\theta$の値で言い換えると、$\cos\theta$はθが$0°$から$180°$まで動く間に、1から-1まで動く（図6.10）ので、

　　$\cos\theta$が1の付近では正の相関が強く

　　$\cos\theta$が小さくなると相関が弱く

　　$\cos\theta$が-1付近では負の相関が強くなる。

このように、$\cos\theta$の1から-1の値で相関の強さが変わるので、この$\cos\theta$をr_{xy}と書き、r_{xy}を**相関係数**という。

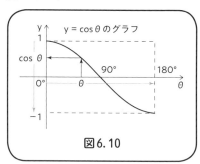

図6.10

　すなわち、

$$r_{xy} = \cos\theta \qquad (6.3)$$

が、相関係数である。

　この相関係数r_{xy}について、$-1 \leqq \cos\theta \leqq 1$であるから、

$$-1 \leqq r_{xy} \leqq 1$$

が成り立つ。

　次に、この相関係数 r_{xy} を、共分散 s_{xy}、変量 x の標準偏差 s_x、変量 y の標準偏差 s_y を用いて表そう。

$\cos\theta$ は、(6.2) より、

$$\cos\theta = \frac{n s_{xy}}{|\vec{x}||\vec{y}|} \qquad (6.4)$$

であり、一方、$s_x = \dfrac{1}{\sqrt{n}}|\vec{x}|$、$s_y = \dfrac{1}{\sqrt{n}}|\vec{y}|$ であるから、

$$|\vec{x}||\vec{y}| = \sqrt{n}\,s_x \cdot \sqrt{n}\,s_y = n s_x s_y$$

(6.4) に代入して、

$$\cos\theta = \frac{n s_{xy}}{n s_x s_y} = \frac{s_{xy}}{s_x s_y} \qquad (6.5)$$

よって、

$$r_{xy} = \cos\theta = \frac{s_{xy}}{s_x s_y}$$

である。成分で表すと、

$$
\begin{aligned}
r_{xy} &= \frac{s_{xy}}{s_x s_y} \\
&= \frac{\dfrac{1}{n}\left\{(x_1 - \overline{x})(y_1 - \overline{y}) + (x_2 - \overline{x})(y_2 - \overline{y}) + \cdots + (x_n - \overline{x})(y_n - \overline{y})\right\}}{\dfrac{1}{\sqrt{n}}\sqrt{(x_1 - \overline{x})^2 + \cdots + (x_n - \overline{x})^2}\;\dfrac{1}{\sqrt{n}}\sqrt{(y_1 - \overline{y})^2 + \cdots + (y_n - \overline{y})^2}} \\
&= \frac{(x_1 - \overline{x})(y_1 - \overline{y}) + (x_2 - \overline{x})(y_2 - \overline{y}) + \cdots + (x_n - \overline{x})(y_n - \overline{y})}{\sqrt{\left\{(x_1 - \overline{x})^2 + \cdots + (x_n - \overline{x})^2\right\}\left\{(y_1 - \overline{y})^2 + \cdots + (y_n - \overline{y})^2\right\}}}
\end{aligned}
$$

以上のことをまとめると、次のようになる。

2つの変数x、yがあり、そのデータがそれぞれ、

x_1、x_2、x_3、……、x_n と y_1、y_2、y_3、……、y_n

で、平均値を$\bar{x}$、$\bar{y}$、標準偏差をs_x、s_yとし、偏差ベクトルを$\vec{x}$、$\vec{y}$とする。

共分散s_{xy}は、

$$s_{xy} = \frac{1}{n}\,\vec{x}\cdot\vec{y}$$

であり、偏差ベクトル$\vec{x}$と$\vec{y}$のなす角をθとすると、相関係数r_{xy}は、

$$r_{xy} = \cos\theta = \frac{\vec{x}\cdot\vec{y}}{|\vec{x}||\vec{y}|} = \frac{s_{xy}}{s_x\,s_y}$$

である。

相関係数r_{xy}には、次のような性質がある(図6.11)。

（1）r_{xy}の値が1に近いとき、強い正の相関がある。このとき、散布図の点は右上がりの直線に沿って分布する傾向が強くなる。

（2）r_{xy}の値が−1に近いとき、強い負の相関がある。このとき、散布図の点は右下がりの直線に沿って分布する傾向が強くなる。

（3）r_{xy}の値が0に近いとき、相関はない。

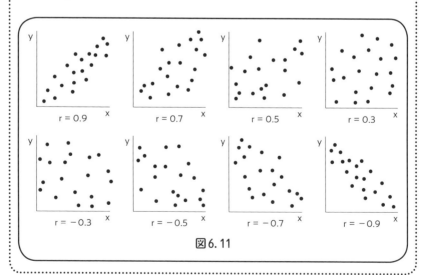

図6.11

表6.1で示された国語、数学、英語について、2教科ずつの相関係数を求めよう。

国語、数学、英語のそれぞれの標準偏差は、310ページより、

$$s_x = 7.1,\ s_y = 11.4,\ s_z = 4.5$$

国語と数学、数学と英語、英語と国語のそれぞれの共分散は、318ページより、

$$s_{xy} = -20,\ s_{yz} = 40,\ s_{zx} = -20$$

だから、小数第3位を四捨五入すると、

得点	国語	数学	英語
太郎	60	85	75
花子	75	60	65
次郎	65	70	75
三郎	70	55	65
咲子	80	80	70

表6.1

国語と数学の相関係数 r_{xy} は
$$r_{xy} = \frac{s_{xy}}{s_x s_y} = \frac{-20}{7.1 \cdot 11.4} = -0.25$$

数学と英語の相関係数 r_{yz} は
$$r_{yz} = \frac{s_{yz}}{s_y s_z} = \frac{40}{11.4 \cdot 4.5} = 0.78$$

英語と国語の相関係数 r_{zx} は
$$r_{zx} = \frac{s_{zx}}{s_z s_x} = \frac{-20}{4.5 \cdot 7.1} = -0.63$$

である。これらは、319ページ図6.7の散布図の様子を表している（図6.12）。

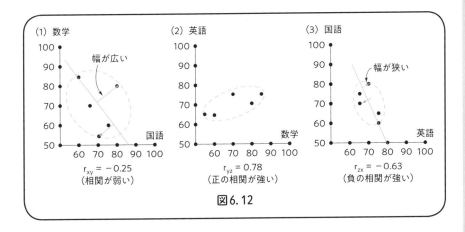

図6.12

第6章　データの分析

問題6.4

右の表は、5人の生徒の数学の小テストの1回目の得点x(点)と、2回目の得点y(点)である。xとyの相関係数r_{xy}を求めよ。

番号	①	②	③	④	⑤
1回目 x	6	10	8	9	7
2回目 y	6	12	10	8	14

3. データの特徴を調べる

前節までに、データのばらつきの度合いを表す分散や標準偏差、2種類のデータにどのような関係があるかを示す共分散や相関係数をベクトルを使って考えてきた。これから、行列を用いて、データの見通しをよくする主成分分析をみていくことにしよう。ここでは、数値計算が複雑なので、パソコンを用いて計算し、四捨五入で概算をする。

主成分分析

それでは、主成分分析とはどんなものか。図6.13①のような相関があるデータがあるとしよう。はじめのx軸、y軸でデータを見るよりも、データの幅がもっとも広い方向に軸を合わせて、データを見た方がそのデータの特徴がわかりやすい（図6.13②）。このように軸を移動させて、そのデータの特徴がわかりやすくする方法を**主成分分析**という。

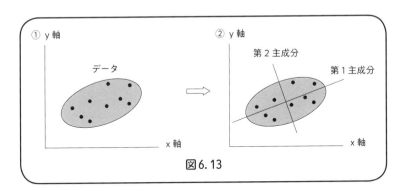

図6.13

そして、軸を移動させるときに、行列や固有値が利用される。

具体的な例を見ながら考えていこう。アンケート項目が多いと複雑なので、味、値段、店の装飾の3項目で調べてみる。

7店$A \sim G$のお客様からの10段階による3項目のアンケートの各店ごとの平均が表6.6である。このデータに主成分分析を行い、各店の特徴を調べる。味の変量をx、値段の変量をy、装飾の変量をzとする。見

通しをよくするために、データの分布の幅がもっとも広いところに軸をもっていく。

データの分布の範囲の幅が最も広くなるとは、分散が最大になることである。そこで、分散が最も大きくなる新しい変量uを、

$$u = ax + by + cz \quad (6.6)$$

とおき、変量uの分散が最大になるようにa, b, cを決める。

そのためには、各変量の平均$\bar{x}$、$\bar{y}$、$\bar{z}$、分散s_x^2、s_y^2、s_z^2、共分散s_{xy}、s_{yz}、s_{xz}が必要になるので、それらを求めると表6.7、表6.8になる（ここからは、表6.7、表6.8で求めた小数第3位を四捨五入した数値を使う）。

変量$u = ax + by + cz$の分散s_u^2が最大になるよ

	味（x）	値段（y）	装飾（z）
A店	6	6	4.5
B店	4	5	7.5
C店	7.5	6	5.5
D店	5	4	6
E店	8	7	5
F店	9	8	8
G店	5.5	5	5

表6.6

平均（小数第3位を四捨五入）

味（ x ）	値段（ y ）	装飾（ z ）
6.43	5.86	5.93

表6.7

分散・共分散（小数第3位を四捨五入）

	味	値段	装飾
味	$s_x^2 = 2.74$	$s_{xy} = 1.85$	$s_{xz} = 0.14$
値段	$s_{xy} = 1.85$	$s_y^2 = 1.55$	$s_{yz} = 0.35$
装飾	$s_{xz} = 0.14$	$s_{yz} = 0.35$	$s_z^2 = 1.53$

表6.8

うにa, b, cを決めるのだが、a, b, cがk倍になると、uもk倍、uの分散はk^2倍になり、いくらでも大きくなる。そこで、s_u^2の最大値が存在するために、a、b、cに、

$$a^2 + b^2 + c^2 = 1 \quad (6.7)$$

という条件をつける。

さて、分散の定義から、変量uの分散s_u^2は、

$$s_u{}^2 = \frac{1}{7}\{(u_1 - \bar{u})^2 + (u_2 - \bar{u})^2 + \cdots + (u_7 - \bar{u})^2\} \qquad (6.8)$$

である。$u_i = ax_i + by_i + cz_i (i = 1, 2, \cdots, 7)$、$\bar{u} = a\bar{x} + b\bar{y} + c\bar{z}$ を (6.8) に代入すると、

$$
\begin{aligned}
s_u{}^2 &= \frac{1}{7}\big[\{(ax_1 + by_1 + cz_1) - (a\bar{x} + b\bar{y} + c\bar{z})\}^2 \\
&\qquad + \{(ax_2 + by_2 + cz_2) - (a\bar{x} + b\bar{y} + c\bar{z})\}^2 \\
&\qquad + \cdots + \{(ax_7 + by_7 + cz_7) - (a\bar{x} + b\bar{y} + c\bar{z})\}^2\big] \\
&= \frac{1}{7}\big[\{a(x_1 - \bar{x}) + b(y_1 - \bar{y}) + c(z_1 - \bar{z})\}^2 \\
&\qquad + \{a(x_2 - \bar{x}) + b(y_2 - \bar{y}) + c(z_2 - \bar{z})\}^2 \\
&\qquad + \cdots + \{a(x_7 - \bar{x}) + b(y_7 - \bar{y}) + c(z_7 - \bar{z})\}^2\big]
\end{aligned}
$$

偏差を $x_i - \bar{x} = \Delta x_i$、$y_i - \bar{y} = \Delta y_i$、$z_i - \bar{z} = \Delta z_i$ とおくと、

$$
\begin{aligned}
s_u{}^2 &= \frac{1}{7}\{(a\Delta x_1 + b\Delta y_1 + c\Delta z_1)^2 \\
&\qquad + (a\Delta x_2 + b\Delta y_2 + c\Delta z_2)^2 \\
&\qquad + \cdots + (a\Delta x_7 + b\Delta y_7 + c\Delta z_7)^2\}
\end{aligned}
$$

> 展開公式
> $(a + b + c)^2$
> $\quad = a^2 + b^2 + c^2 + 2ab + 2bc + 2ac$
> を用いている

$$
\begin{aligned}
&= \frac{1}{7}\{(a^2\Delta x_1{}^2 + b^2\Delta y_1{}^2 + c^2\Delta z_1{}^2 + 2ab\Delta x_1\Delta y_1 + 2bc\Delta y_1\Delta z_1 + 2ac\Delta x_1\Delta z_1) \\
&\qquad + (a^2\Delta x_2{}^2 + b^2\Delta y_2{}^2 + c^2\Delta z_2{}^2 + 2ab\Delta x_2\Delta y_2 + 2bc\Delta y_2\Delta z_2 + 2ac\Delta x_2\Delta z_2) \\
&\qquad\qquad \cdots\cdots\cdots \\
&\qquad + (a^2\Delta x_7{}^2 + b^2\Delta y_7{}^2 + c^2\Delta z_7{}^2 + 2ab\Delta x_7\Delta y_7 + 2bc\Delta y_7\Delta z_7 + 2ac\Delta x_7\Delta z_7)
\end{aligned}
$$

> ▭ で囲まれた項をまとめる

$$
\begin{aligned}
&= \frac{1}{7}\{a^2(\Delta x_1{}^2 + \Delta x_2{}^2 + \cdots + \Delta x_7{}^2) + b^2(\Delta y_1{}^2 + \Delta y_2{}^2 + \cdots + \Delta y_7{}^2) \\
&\qquad + c^2(\Delta z_1{}^2 + \Delta z_2{}^2 + \cdots + \Delta z_7{}^2) + 2ab(\Delta x_1\Delta y_1 + \Delta x_2\Delta y_2 + \cdots + \Delta x_7\Delta y_7) \\
&\qquad + 2bc(\Delta y_1\Delta z_1 + \Delta y_2\Delta z_2 + \cdots + \Delta y_7\Delta z_7) \\
&\qquad + 2ac(\Delta x_1\Delta z_1 + \Delta x_2\Delta z_2 + \cdots + \Delta x_7\Delta z_7)
\end{aligned}
$$

ここで、

$$s_x{}^2 = \frac{1}{7}(\Delta x_1{}^2 + \Delta x_2{}^2 + \cdots + \Delta x_7{}^2) \quad 他も同様$$

$$s_{xy} = \frac{1}{7}(\Delta x_1 \Delta y_1 + \Delta x_2 \Delta y_2 + \cdots + \Delta x_7 \Delta y_7) \quad \text{他も同様}$$

であるから、

$$s_u{}^2 = a^2 s_x{}^2 + b^2 s_y{}^2 + c^2 s_z{}^2 + 2ab s_{xy} + 2bc s_{yz} + 2ac s_{xz} \qquad (6.9)$$

が成り立つ。ここに、a、b、cの2次形式が出現した。2次形式は行列につながる。

ここで$s_u{}^2$が条件$(6.7)a^2 + b^2 + c^2 = 1$のもとで最大になるようにa、b、cを求める。それには、ラグランジュの定数変化法という有名な方法が用いられる（ラグランジュの定数変化法は、本書の内容の範囲外なので、説明は省略する）。条件(6.7)より、$a^2 + b^2 + c^2 - 1 = 0$であるから、(6.9)の式は、次の式と同じである。

$$
\begin{aligned}
L = {} & a^2 s_x{}^2 + b^2 s_y{}^2 + c^2 s_z{}^2 + 2ab s_{xy} + 2bc s_{yz} + 2ac s_{xz} \\
& - \lambda(a^2 + b^2 + c^2 - 1)
\end{aligned}
$$

ラグランジュの定数変化法からこの式が最大になるには、a、b、cが次の3つの式を満たすことが知られている。

$$\frac{\partial L}{\partial a} = 2as_x{}^2 + 2bs_{xy} + 2cs_{xz} - 2\lambda a = 0 \quad \text{(注6.1)}$$

$$\frac{\partial L}{\partial b} = 2as_{xy} + 2bs_y{}^2 + 2cs_{yz} - 2\lambda b = 0$$

$$\frac{\partial L}{\partial c} = 2as_{xz} + 2bs_{yz} + 2cs_z{}^2 - 2\lambda c = 0$$

3式を2で割り、λが入っている項を右辺に移項すると、

$$as_x{}^2 + bs_{xy} + cs_{xz} = \lambda a$$
$$as_{xy} + bs_y{}^2 + cs_{yz} = \lambda b$$
$$as_{xz} + bs_{yz} + cs_z{}^2 = \lambda c$$

そして、行列で表すと、

$$\begin{pmatrix} s_x{}^2 & s_{xy} & s_{xz} \\ s_{xy} & s_y{}^2 & s_{yz} \\ s_{xz} & s_{yz} & s_z{}^2 \end{pmatrix} \begin{pmatrix} a \\ b \\ c \end{pmatrix} = \lambda \begin{pmatrix} a \\ b \\ c \end{pmatrix} \qquad (6.10)$$

である。(6.10)の左辺の行列をSとおき、これを**分散共分散行列**と、

いう。$\vec{p} = \begin{pmatrix} a \\ b \\ c \end{pmatrix}$とおくと、(6.10)は、

（注6.1）

関数$y = x^n$（nは0以上の整数）に対して、関数$y' = nx^{n-1}$を$y = x^n$の導関数という。

ただし、$n = 1$のとき、$y = x$の導関数は、

$$y' = 1 \cdot x^{1-1} = 1 \cdot x^0 = 1 \cdot 1 = 1$$

$n = 0$のとき、$y = x^0 = 1$の導関数は、

> 一般に、$a^0 = 1$とする

$$y' = 0 \cdot x^{0-1} = 0 \cdot x^{-1} = 0$$

とする。

この導関数y'を求めることをyを微分するという。このy'を$\dfrac{dy}{dx}$と書くこともある。

さらに、p、qを定数として、関数$y = px^m + qx^n$の導関数$\dfrac{dy}{dx}$は

$$\frac{dy}{dx} = p \cdot mx^{m-1} + q \cdot nx^{n-1}$$

> それぞれの項の微分

$$= mpx^{m-1} + nqx^{n-1}$$

となる。これを微分の線形性という。

変数が2つ以上あるときは、1つの変数について微分し、他の変数は定数と同じ扱いをする。これを偏微分という。

たとえば、2つの変数x、yの関数$u = px^2 + qxy + ry^2$をxについて微分しよう。

このときxについての導関数を$\dfrac{\partial u}{\partial x}$と書いて、

> ry^2は、$ry^2 = ry^2 \cdot 1$として、1の微分は0だから、ry^2のxでの微分は$ry^2 \cdot 0 = 0$

> x^2の微分だから $2x^{2-1}$

> xの微分だから 1

$$\frac{\partial u}{\partial x} = p \cdot 2x^{2-1} + q \cdot 1 \cdot y + 0$$

$$= 2px + qy$$

となる。そこで、

$$L = a^2 s_x{}^2 + b^2 s_y{}^2 + c^2 s_z{}^2 + 2abs_{xy} + 2bcs_{yz} + 2acs_{xz}$$
$$- \lambda(a^2 + b^2 + c^2 - 1)$$

は、a、b、cを変数と考えたときの関数だから、aについて偏微分すると、

$$\frac{\partial L}{\partial a} = 2a^{2-1} \cdot s_x{}^2 + 0 + 0 + 2 \cdot 1 \cdot bs_{xy} + 0 + 2 \cdot 1 \cdot cs_{xz}$$
$$- \lambda(2a^{2-1} + 0 + 0 - 0)$$

$$= 2as_x{}^2 + 2bs_{xy} + 2cs_{xy} - 2\lambda a$$

となる。

$$\vec{Sp} = \lambda\vec{p} \tag{6.11}$$

となる。つまり、λ は行列 S の固有値で $\vec{p}$ は固有ベクトルである。さらに、(6.9)は 2 次形式だから、

$$s_u^2 = {}^t\vec{p}S\vec{p} \qquad \boxed{277\ \text{ページ参照}}$$

と書けるので、(6.11)$\vec{Sp} = \lambda\vec{p}$ を代入すると、

$$s_u^2 = {}^t\vec{p}\,S\,\vec{p} = {}^t\vec{p}\,(\lambda\vec{p}) = \lambda\,{}^t\vec{p}\,\vec{p}$$

$$= \lambda\,(a\ b\ c)\begin{pmatrix} a \\ b \\ c \end{pmatrix} = \lambda\,(a^2 + b^2 + c^2) = \lambda\cdot 1 = \lambda \qquad \boxed{a^2 + b^2 + c^2 = 1\ \text{より}}$$

と変形できる。これより、

　　「固有値 λ が u の最大の分散 s_u^2 を表す」

ことがわかる。したがって、

　　「分散共分散行列 S の固有値と固有ベクトルを求めればよい」

ことがわかった。そこで、S は対称行列なので、必ず実数の解をもつから、固有多項式

$$|S - \lambda E| = 0 \tag{6.12}$$

を解けばよい。

　ここからは、パソコンを使って計算した結果を示そう。

　以下の数値は、すべて小数第 3 位を四捨五入している。

表6.8より　　$S = \begin{pmatrix} 2.74 & 1.85 & 0.14 \\ 1.85 & 1.55 & 0.35 \\ 0.14 & 0.35 & 1.53 \end{pmatrix}$

であるから、この固有多項式(6.12)は、

$$\begin{vmatrix} 2.74 - \lambda & 1.85 & 0.14 \\ 1.85 & 1.55 - \lambda & 0.35 \\ 0.14 & 0.35 & 1.53 - \lambda \end{vmatrix} = 0$$

となる。以下では、すべて小数第3位を四捨五入して表示している。

サラスの展開より、

286ページ (5.27) を参照

$$\lambda^3 - 5.82\lambda^2 + 7.25\lambda - 1.08 = 0$$

であり、この3次方程式の解を求めると、

$$\lambda_1 = 4.13、\lambda_2 = 1.52、\lambda_3 = 0.18$$

となる。これらが S の固有値である。

次に、$\lambda_1 = 4.13$ の固有ベクトルを求める。

$$S\vec{p_1} = 4.13\vec{p_1}$$

より、連立方程式

$$\begin{cases} 2.74a + 1.85b + 0.14c = 4.13a \\ 1.85a + 1.55b + 0.35c = 4.13b \\ 0.14a + 0.35b + 1.53c = 4.13c \end{cases}$$

を条件 $a^2 + b^2 + c^2 = 1$ の下で次のように解く。

右辺を左辺に移項して、

$$\begin{cases} -1.39a + 1.85b + 0.14c = 0 & \cdots\cdots① \\ 1.85a - 2.58b + 0.35c = 0 & \cdots\cdots② \\ 0.14a + 0.35b - 2.6c = 0 & \cdots\cdots③ \end{cases}$$

①、②から c を消去すると、$b = 0.74a$

③に代入して、$c = 0.15a$

$a^2 + b^2 + c^2 = 1$ に代入して、

$$a^2 + (0.74a)^2 + (0.15a)^2 = 1$$

よって、$a = 0.80$

b、c についても同様に計算して、

$$b = 0.59、\ c = 0.12$$

である。

したがって、固有値が $\lambda_1 = 4.13$ のとき固有ベクトルは、

$$\vec{p_1} = (0.80,\ 0.59,\ 0.12)$$

同じように計算すると、

$\lambda_2 = 1.52$ のときの固有ベクトルは　$\vec{p_2} = (-0.19,\ 0.05,\ 0.98)$

$\lambda_3 = 0.18$ のときの固有ベクトルは　$\vec{p_3} = (0.57,\ -0.81,\ 0.15)$

となる。しかし、ここでは小数第3位を四捨五入しているので、ベクトルの大きさは1にならない(小数第3位を四捨五入して1になる)。さらに、この3つの固有ベクトルは、互いに垂直になるはずだが、ここでは内積が0にならないので注意してほしい。

もっとも大きい固有値 $\lambda_1 = 4.13$ のときの、

$u = 0.80x + 0.59y + 0.12z$ を**第1主成分**

> 固有ベクトル $\vec{p_1}$ の成分を係数とす

といい、2番めに大きい固有値 $\lambda_2 = 1.52$ のときの

$u = -0.19x + 0.05y + 0.98z$ を**第2主成分**

といい、3番めに大きい固有値 $\lambda_3 = 0.18$ のときの

$u = 0.57x - 0.81y + 0.15z$ を**第3主成分**

という。

これらが、バラツキ(分散)の大きい変量である。次に、これらの変量からデータを見るとどのような意味が読み取れるのかを考えよう。

主成分分析の解釈

第3主成分の分散(固有値)$\lambda_3 = 0.18$ は、第1主成分の分散(固有値)$\lambda_1 = 4.13$ と第2主成分の分散(固有値)$\lambda_2 = 1.52$ より小さいので、第1主成分と第2主成分で意味を考えてみよう。

第1主成分を y 軸、第2主成分を x 軸とする座標平面を考える。第1主成分の味 (x) の係数が0.80、第2主成分の味 (x) の係数が -0.19 であるので、

味 (x) の座標は $(-0.19, 0.80)$

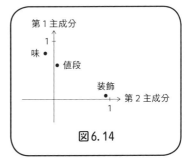

図6.14

となる。この点を座標平面上にとる。

同じように、

値段 (y) の座標は $(0.05, 0.59)$

装飾 (z) の座標は $(0.98, 0.12)$

となるので、座標平面上に取ると、図6.14のようになる。これを**変量プロット**の図と呼ぶ。この図から、第1主成分、第2主成分の意味を読みとる。

この図を見ると、

第1主成分の係数はすべて正なので、各変量が大きくなれば、第1主成分も大きくなる。そこで、第1主成分は「総合評価」を表すと考える。

第2主成分を見ると味と装飾が逆で、装飾が高く評価されて

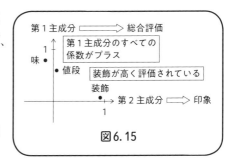

図6.15

いるので、第2主成分は「人に与える印象」を表すと考えられる。

そこで、

第1主成分について、A店からG店までのデータを代入した式

$$0.80(x_i - \bar{x}) + 0.59(y_i - \bar{y}) + 0.12(z_i - \bar{z})$$

を**第1主成分得点**という。たとえば、Aは、

$$0.80(6 - 6.43) + 0.59(6 - 5.86) + 0.12(4.5 - 5.93) = -0.43$$

表6.6の値　　表6.7の値

となる。

第2主成分についても、

$$-0.19(x_i - x) + 0.05(x_i - x) + 0.98(x_i - x)$$

335

が**第2主成分得点**になる。たとえば、Aは、

$$-0.19(6-6.43)+0.05(6-5.86)+0.98(4.5-5.93)=-1.32$$

である。

この2つの主成分得点を座標にもつ点$(-1.32, -0.43)$を、「総合評価」「印象」を座標軸にもつ座標平面上にとる（図6.16）。

同じように、主成分得点を求めると、表6.9となる。

これらの点を座標平面上に点をとると、図6.16になる。

この図から、

	第1主成分得点 （総合評価）	第2主成分得点 （印象）
A店	-0.43	-1.32
B店	-2.25	1.95
C店	0.89	-0.61
D店	-2.23	0.24
E店	1.82	-1.15
F店	3.57	1.66
G店	-1.36	-0.78

表6.9

・B店は「総合評価は低いが、人に良い印象を与える」
・E店は「総合評価は高いが、人に余り良い印象は与えない」
・F店は「総合評価も高いし、人にも良い印象を与える」
ということをこの図から読み取ることができる。

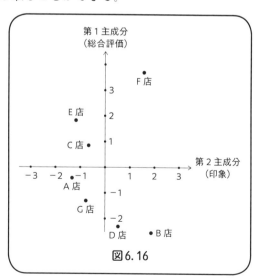

図6.16

問題6.1

$$s_y{}^2 = \{(85-70)^2 + (60-70)^2 + (70-70)^2 + (55-70)^2 \\ + (80-70)^2\} \div 5$$
$$= \{15^2 + (-10)^2 + 0^2 + (-15)^2 + 10^2\} \div 5$$
$$= 650 \div 5 = 130$$
$$s_y = \sqrt{130} = 11.401\cdots \fallingdotseq 11.4$$
$$s_z{}^2 = \{(75-70)^2 + (65-70)^2 + (75-70)^2 + (65-70)^2 \\ + (70-70)^2\} \div 5$$
$$= \{5^2 + (-5)^2 + 0^2 + 5^2 + (-5)^2\} \div 5$$
$$= 100 \div 5 = 20$$
$$s_z = \sqrt{20} = 4.472\cdots \fallingdotseq 4.5$$

問題6.2

$$\overline{x} = (5+7+5+10+8) \div 5 = 35 \div 5 = 7$$
$$s_x{}^2 = \{(5-7)^2 + (7-7)^2 + (5-7)^2 + (10-7)^2 + (8-7)^2\} \div 5$$
$$= 18 \div 5 = 3.6$$
$$s_x = \sqrt{3.6} = 1.897\cdots \fallingdotseq 1.9$$

以上より、

分散 $s_x{}^2 = 3.6$、標準偏差 $s_x \fallingdotseq 1.9$

問題6.3

$$s_{yz} = \{(85-70)(75-70) + (60-70)(65-70) + (70-70)(75-70) \\ + (55-70)(65-70) + (80-70)(70-70)\} \div 5$$
$$= \{15\cdot5 + (-10)\cdot(-5) + 0\cdot5 + (-15)\cdot(-5) + 10\cdot0\} \div 5$$
$$= \{75 + 50 + 0 + 75 + 0\} \div 5$$
$$= 200 \div 5 = 40$$
$$s_{zx} = \{(75-70)(60-70) + (65-70)(75-70) + (75-70)(65-70)$$

$$+ (65-70)(70-70) + (70-70)(80-70)\} \div 5$$
$$= \{5 \cdot (-10) + (-5) \cdot 5 + 5 \cdot (-5) + (-5) \cdot 0 + 0 \cdot 10\} \div 5$$
$$= \{-50 - 25 - 25 + 0 + 0\} \div 5$$
$$= -100 \div 5 = -20$$

問題6.4

下の表を作成する。

番号	x	y	$x - \overline{x}$	$y - \overline{y}$	$(x - \overline{x})^2$	$(y - \overline{y})^2$	$(x - \overline{x})(y - \overline{y})$
①	6	6	-2	-4	4	16	8
②	10	12	2	2	4	4	4
③	8	10	0	0	0	0	0
④	9	8	1	-2	1	4	-2
⑤	7	14	-1	4	1	16	-4
計	40	50			10	40	6
平均	8	10					

1回目の標準偏差を s_{x}、2回目の標準偏差を s_{y}、1回目と2回目の共分散を s_{xy} とおくと、表より、

$$s_{\mathrm{x}} = \sqrt{\frac{10}{5}} = \sqrt{2}、\quad s_{\mathrm{y}} = \sqrt{\frac{40}{5}} = 2\sqrt{2}、\quad s_{\mathrm{xy}} = \frac{6}{5} = 1.2$$

よって、相関係数 r_{xy} は、$r_{\mathrm{xy}} = \dfrac{s_{\mathrm{xy}}}{s_{\mathrm{x}} s_{\mathrm{y}}} = \dfrac{1.2}{\sqrt{2} \cdot 2\sqrt{2}} = 0.3$

著者プロフィール

佐藤 敏明（さとう・としあき）

姉妹書である『文系編集者がわかるまで書き直した　世界一美しい数式「$e^{i\pi}=-1$」を証明する』『文系編集者がわかるまで書き直した　泌みる「フーリエ級数・フーリエ変換」』（ともに日本能率協会マネジメントセンター）の著者。1950年生まれ。1976年に電気通信大学・物理工学科大学院修士課程修了後、都立高校教諭を勤め、2016年に退職する。その他の著書に、『図解雑学 三角関数』『図解雑学 指数・対数』『図解雑学 微分積分』『図解雑学 フーリエ変換』『これならわかる！図解 場合の数と確率』（以上ナツメ社）など多数。

文系編集者がわかるまで書き直した

理工学の基礎「線形代数」に心震える

2024年3月10日　初版第1刷発行

著　者 ——— 佐藤　敏明
　　　　　　©2024 Toshiaki Sato

発行者 ——— 張　　士洛

発行所 ——— 日本能率協会マネジメントセンター

〒103-6009　東京都中央区日本橋2-7-1　東京日本橋タワー
TEL　03（6362）4339（編集）／03（6362）4558（販売）
FAX　03（3272）8127（販売・編集）
https://www.jmam.co.jp/

装丁・本文デザイン —— 岩泉 卓屋
本文DTP ———— 創栄図書印刷株式会社
印 刷 所 ———— シナノ書籍印刷株式会社
製 本 所 ———— 株式会社新寿堂

ISBN 978-4-8005-9186-9 C3041
落丁・乱丁はおとりかえします。
PRINTED IN JAPAN

JMAM の本

文系編集者がわかるまで書き直した 世界一美しい数式「$e^{i\pi}=-1$」を証明する

数学者レオンハルト・オイラーが発見した「$e^{i\pi}=-1$」は、数学史上もっとも美しい式といわれます。ネイピア数の e、虚数の i、円周率の π、これら直感的にまったく無関係と思われる数が、実は深い関わりをもっており、数学的なテクニックを駆使すると整数（移項すると0）になるところが、美しいといわれる所以です。門外漢にとって数学者の研究する中身はまったく理解できないことが多いでしょうが、この式は、三角関数、微積分、対数、虚数の基礎を理解すれば、専門家でなくとも証明できます。美しい数式を、中学・高校レベルの数学の基礎知識だけでエレガントに証明するやり方について解説します。

佐藤敏明 著
A5 判
並製
248 頁

文系の人にも必ず証明できる
ひっかかりがちな部分を徹底的に解説

美しい数学の世界を体感できる
世界一美しい数式を生み出したオイラーの思考が体感できる

数学の基本が身につく
この１冊だけで、他の参考書は不要。「実数と虚数」「三角関数」「指数・対数」「微分」「ベキ級数」の基本が身につく

読むからには、少しの覚悟は必要です

日本能率協会マネジメントセンター

文系編集者がわかるまで書き直した

世界一有名な数式「E = mc²」を証明する

「$E=mc^2$」、アルベルト・アインシュタインは1907年に発表した特殊相対性理論の中で、「物質とエネルギーが可換である」という関係を表す式として「$E=mc^2$」を示しました。世界でもっとも有名な数式といわれていて、この導出には複雑な数学が必要かと思われがちですが、実は根号（$\sqrt{\ }$）と三角比、微分の基本が必須なくらいで高校で習う数学のレベルで証明できてしまいます。さまざまな変換が出てきて、数式の連続に怯んでしまいそうになりますが、1つひとつを丁寧に追っていけば、いつの間にか導出ができてしまいます。「相対論といっても、実はそんなに難しくないんだ」と思ってもらえる、特殊相対性理論の入門書です。

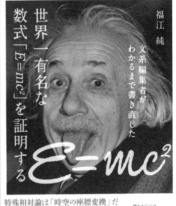

福江 純 著
A5判
並製
264 頁

特殊相対論は「時空の座標変換だ」

○ 文系でも世界一有名な数式
　$E=mc^2$ を証明できる
○ すべてがピタゴラスの定理に収束する
　美しさを体感できる
○ 時空の世界のピタゴラスの定理は
　「$S^2 = A^2 - B^2$」

読むからには、少しの覚悟は必要です

日本能率協会マネジメントセンター

JMAM の本

文系編集者がわかるまで書き直した
沁みる「フーリエ級数・フーリエ変換」

数学って「沁みる」ものです。
数式オンパレードのフーリエ級数・フーリエ変換ですが、覚悟をもって学んでいくと、「数学的テクニックを駆使する様」「それが導く結果の壮大さ」がジワジワと浸透してきて、大きな感動を得ることができます。著者に4回描き直してもらい少しずつ理解が深まっていく中で、わかったという達成感をもっとも言い表すのは「沁みる」という言葉でした。そこで、その感動を伝えるために、そのまま書名に加えました。苦労はしますが、誰もが必ず先達の知識と発想・テクニックを体感できます。そして、フーリエ級数・変換という壮大な世界が身体にジワジワと沁み込んできます。

佐藤 敏明 著
A5 判
並製
360 頁

美しく壮大な風景が体感できる
数学が沁みるものだと実感できます

文系の人にも必ずできる
なぜそうなるのか、展開法を細かに解説します

数学の基本が身につく
「関数の基本」「三角関数」「微分・積分」
「指数・対数」「複素数」がこの本だけでわかります

読むからには、少しの覚悟は必要です

本能率協会マネジメントセンター

世界は単位と公式でできている

「単位から公式を導く」「公式から単位を決める」

力（N）の単位は質量（kg）×加速度（m/s²）だから kgm/s² です。エネルギー（J）は力（N）×距離（m）だから kgm²/s² となります。このように「単位を見れば公式がわかり」ます。またその逆で、「公式を見ればその単位もわかり」ます。7つの SI 基本単位を元にあらゆるものが組立単位で表現でき、そしてその単位を元に、世界の理である公式が導かれています。本書では、読者自ら「単位から公式を導き」「公式から単位を知り」ます。難しくはありません。たとえば、地球の質量と半径から g（ジー）を算出したり、地球からの脱出速度を計算したり、世界一有名な数式「E = mc²」を単位の視点から導いてみたりします。簡単な計算によって、世界の理を導出してみてください。

「単位から公式を導く」
「公式から単位を決める」

福江 純 Fukue Jun

世界は
単位と公式で
できている

自然の摂理を（人間の言葉に）翻訳したのが公式
自然の世界を測るための道具が単位

単位と公式は
世界の在り方を識る道標

単位と
公式を通じて
世界の理を
掴んみよう

日本能率協会マネジメントセンター

福江 純著
A5 判
並製
192 頁

単位と公式は
世界の在り方を識る道標

○ 自然の摂理を（人間の言葉に）
　翻訳したのが公式
○ 自然の世界を測るための道具が単位

日本能率協会マネジメントセンター

JMAM の本

力学は、生産に携わる現役技能者や生産事務に従事する管理者にとって、必要性は痛感していても、「理解に時間を要する」「実際、どのように役に立つのかがわからない」と感じるのも事実です。「日々扱っている機械設備の状態そのものが力学現象である」ことに気づくような、「現場の視点の力学」が必要です。

そこで、普通科高校卒業程度の初心者にも直感的に理解できるように、また、「わかりやすい」だけでなく、「役立つ」「リスクを避ける」ことを目指して本書は生まれました。

汎用機械に現れる力学現象（運動、釣合い、振動、仕事、エネルギー）に力学の基本理論を当てはめて解説する、幅広い力学（流体、機械、材料、熱力学）の基本を示す「現場目線の力学の教科書」です。

現場で使える「力学の教科書」

機械＋材料＋流体＋熱力学の仕組み

A5 判
並製
248 頁

堀田源治、岩本達也、井ノ口章二、鶴田隆治 著

物理学とは違う現場の実学としての力学

○ 機械・材料・流体・熱力学を現場目線で解説

○ 運動・釣り合い・振動・仕事・エネルギーに
　基本理論を当てはめて解説

○ 例題と演習問題で理解が深まる

日本能率協会マネジメントセンター